高职高专计算机任务驱动模式教材

C#程序设计任务驱动教程

陈承欢 赵志茹 王凤岐 编 著

U0342578

清华大学出版社

北京

内 容 简 介

本书对 C♯程序设计的教学内容进行了系统化设计和优化,形成了 4 个学习阶段(C♯基础语法学习、面向对象程序设计、界面设计与交互实现、面向数据库的程序设计)、9 个单元和 3 条主线(教学组织主线、理论知识主线和编程任务主线)的完整体系,按照"程序探析—知识导读—编程实战—同步训练—析疑解难—单元习题"6 个环节有效组织教学。以"程序设计"为中心组织教学内容,设计编程任务,围绕程序学习语法、熟悉算法、掌握方法、实现想法。采用"任务驱动"教学方法,强调"做中学、做中会",强化编程技能的训练,强调良好编程习惯的培养。

本书可以作为计算机各专业和非计算机专业 C♯程序设计课程的教材,也可以作为 C♯程序设计的培训教材以及自学用书。

图书在版编目(CIP)数据

C♯程序设计任务驱动教程/陈承欢,赵志茹,王凤岐编著.—北京:清华大学出版社,2017(2020.10重印)
(高职高专计算机任务驱动模式教材)
ISBN 978-7-302-45797-8

Ⅰ. ①C… Ⅱ. ①陈… ②赵… ③王… Ⅲ. ①C 语言-程序设计-高等职业教育-教材
Ⅳ. ①TP312.8

中国版本图书馆 CIP 数据核字(2016)第 290848 号

责任编辑:张龙卿
封面设计:徐日强
责任校对:袁　芳
责任印制:刘海龙

出版发行:清华大学出版社
网　　　址:http://www.tup.com.cn,http://www.wqbook.com
地　　　址:北京清华大学学研大厦 A 座　　　邮　　编:100084
社 总 机:010-62770175　　　邮　　购:010-62786544
投稿与读者服务:010-62776969,c-service@tup.tsinghua.edu.cn
质量反馈:010-62772015,zhiliang@tup.tsinghua.edu.cn
课件下载:http://www.tup.com.cn,010-62770175-4278

印 装 者:三河市龙大印装有限公司
经　　销:全国新华书店
开　　本:185mm×260mm　　印　张:26　　字　数:593 千字
版　　次:2017 年 2 月第 1 版　　印　次:2020 年10月第 2 次印刷
定　　价:65.00 元

产品编号:067675-02

编审委员会

出版说明

我国高职高专教育经过十几年的发展,已经转向深度教学改革阶段。教育部于 2006 年 12 月发布了教高〔2006〕第 16 号文件《关于全面提高高等职业教育教学质量的若干意见》,大力推行工学结合,突出实践能力培养,全面提高高职高专教学质量。

清华大学出版社作为国内大学出版社的领跑者,为了进一步推动高职高专计算机专业教材的建设工作,适应高职高专院校计算机类人才培养的发展趋势,根据教高〔2006〕第 16 号文件的精神,2007 年秋季开始了切合新一轮教学改革的教材建设工作。该系列教材一经推出,就得到了很多高职院校的认可和选用,其中部分书籍的销售量超过了 3 万册。现重新组织优秀作者对部分图书进行改版,并增加了一些新的图书品种。

目前国内高职高专院校计算机网络与软件专业的教材品种繁多,但符合国家计算机网络与软件技术专业领域技能型紧缺人才培养培训方案,并符合企业的实际需要,能够自成体系的教材还不多。

我们组织国内对计算机网络和软件人才培养模式有研究并且有过一段实践经验的高职高专院校,进行了较长时间的研讨和调研,遴选出一批富有工程实践经验和教学经验的双师型教师,合力编写了这套适用于高职高专计算机网络、软件专业的教材。

本套教材的编写方法是以任务驱动、案例教学为核心,以项目开发为主线。我们研究分析了国内外先进职业教育的培训模式、教学方法和教材特色,消化吸收优秀的经验和成果。以培养技术应用型人才为目标,以企业对人才的需要为依据,把软件工程和项目管理的思想完全融入教材体系,将基本技能培养和主流技术相结合,课程设置中重点突出、主辅分明、结构合理、衔接紧凑。教材侧重培养学生的实战操作能力,学、思、练相结合,旨在通过项目实践,增强学生的职业能力,使知识从书本中释放并转化为专业技能。

一、教材编写思想

本套教材以案例为中心,以技能培养为目标,围绕开发项目所用到的知识点进行讲解,对某些知识点附上相关的例题,以帮助读者理解,进而将知识转变为技能。

考虑到是以"项目设计"为核心组织教学,所以在每一学期配有相应的实训课程及项目开发手册,要求学生在教师的指导下,能整合本学期所学的知识内容,相互协作,综合应用该学期的知识进行项目开发。同时,在教材中采用了大量的案例,这些案例紧密地结合教材中的各个知识点,循序渐进,由浅入深,在整体上体现了内容主导、实例解析、以点带面的模式,配合课程后期以项目设计贯穿教学内容的教学模式。

软件开发技术具有种类繁多、更新速度快的特点。本套教材在介绍软件开发主流技术的同时,帮助学生建立软件相关技术的横向及纵向的关系,培养学生综合应用所学知识的能力。

二、丛书特色

本系列教材体现目前工学结合的教改思想,充分结合教改现状,突出项目面向教学和任务驱动模式教学改革成果,打造立体化精品教材。

(1)参照和吸纳国内外优秀计算机网络、软件专业教材的编写思想,采用本土化的实际项目或者任务,以保证其有更强的实用性,并与理论内容有很强的关联性。

(2)准确把握高职高专软件专业人才的培养目标和特点。

(3)充分调查研究国内软件企业,确定了基于Java和.NET的两个主流技术路线,再将其组合成相应的课程链。

(4)教材通过一个个的教学任务或者教学项目,在做中学,在学中做,以及边学边做,重点突出技能培养。在突出技能培养的同时,还介绍解决思路和方法,培养学生未来在就业岗位上的终身学习能力。

(5)借鉴或采用项目驱动的教学方法和考核制度,突出计算机网络、软件人才培训的先进性、工具性、实践性和应用性。

(6)以案例为中心,以能力培养为目标,并以实际工作的例子引入概念,符合学生的认知规律。语言简洁明了、清晰易懂,更具人性化。

(7)符合国家计算机网络、软件人才的培养目标;采用引入知识点、讲述知识点、强化知识点、应用知识点、综合知识点的模式,由浅入深地展开对技术内容的讲述。

(8)为了便于教师授课和学生学习,清华大学出版社正在建设本套教材的教学服务资源。在清华大学出版社网站(www.tup.com.cn)免费提供教材的电子课件、案例库等资源。

高职高专教育正处于新一轮教学深度改革时期,从专业设置、课程体系建设到教材建设,依然是新课题。希望各高职高专院校在教学实践中积极提出意见和建议,并及时反馈给我们。清华大学出版社将对已出版的教材不断地修订、完善,提高教材质量,完善教材服务体系,为我国的高职高专教育继续出版优秀的高质量的教材。

清华大学出版社

高职高专计算机任务驱动模式教材编审委员会

2016 年 3 月

前　言

C♯是微软公司发布的一种面向对象的、运行于.NET Framework 之上的高级程序设计语言。C♯是一种安全、稳定、简单,由 C 和 C++ 衍生而来的面向对象的编程语言。它在继承 C 和 C++ 强大功能的同时去掉了一些复杂特性(例如它没有宏以及不允许多重继承)。C♯以其强大的操作能力、严谨的语法风格、创新的语言特性和便捷的面向组件编程的支持成为.NET 开发的首选语言。C♯使得程序员可以快速地编写各种应用程序,.NET 提供了一系列的工具和服务来最大限度地满足计算与通信领域的程序开发需要。

本书具有以下特色与创新。

(1) 对 C♯程序设计的教学内容进行了系统化设计和优化,形成了 4 个阶段、9 个单元和 3 条主线的完整体系。

4 个阶段:C♯基础语法学习、面向对象程序设计、界面设计与交互实现、面向数据库的程序设计。

9 个单元:初识 C♯程序及其开发环境、C♯程序中不同类型数据的存储与输入、C♯程序中数据的运算与输出、C♯程序的流程控制与算法实现、面向对象基本程序设计、面向对象高级程序设计、文件操作应用程序设计、用户界面设计与交互实现、数据库访问应用程序设计。

3 条主线:教学组织主线、理论知识主线和编程任务主线。每个单元面向教学全过程设置了完整的教学环节,按照“程序探析—知识导读—编程实战—同步训练—析疑解难—单元习题”6 个环节有效组织教学。每个单元以节的方式组织理论知识,形成了系统性强、条理性强、循序渐进的理论知识体系。每个单元根据学习知识和训练技能的需要设计了系统的编程任务。

(2) 以“程序设计”为中心组织教学内容、设计编程任务,围绕程序学习语法、熟悉算法、掌握方法、实现想法。

作为程序设计课程,让学生在课堂上学到一些知识点、掌握一些具体的语法规则固然重要,但是更重要的是,要教学生解决实际问题的方法,在教学过程中培养学生的思维能力,把训练编程能力放在主体地位,使学生熟悉算法设计,掌握编程方法,提高学生分析问题和解决问题的能力。

（3）采用"任务驱动"教学方法，强调"做中学、做中会"，强化编程技能的训练。

程序设计不是听会的，也不是看会的，而是练会的。写在纸上的程序，看上去是正确的，可是一上机，却发现漏洞不少，上机运行能实现预期的功能且运行结果正确是检验程序正确性的标准。只有让学生动手，才会有成就感，进而对程序设计课程产生浓厚的兴趣，才会主动学习。课堂教学应让学生多动手、动脑，更多地上机实践。学生只有在编写大量程序之后，才能获得真知灼见，感到运用自如。

（4）理论知识与实际应用有机结合，在分析实际需求、解决实际问题过程中学习语法知识、体验语法规则、积累编程经验、形成编程能力。

每个教学单元的"程序探析"环节通过探析一个典型应用程序，引出各个单元的教学内容，对相关知识和技能形成初步印象，同时也让学习者头脑中形成一些问题，带着问题学习知识和动手编程，经过后面环节的学习和训练，化解这些问题，这样带着问题进行探索性地学习，比平淡乏味地学习语法知识效果会更好。每个教学单元的理论知识分别在"知识导读"环节和"析疑解难"环节进行讲解，"知识导读"部分主要阐述每个单元的基础知识，提供基本方法支持；"析疑解难"主要解答一些综合性、有一定难度的问题；"编程实战"环节引导学习者系统性完成多项编程任务，每项任务都给出了详细的实现步骤；"同步训练"部分由学习者自行完成编程任务。学习者在完成每一项编程任务的过程中，应理解程序需求、掌握语法知识、熟悉开发工具，从而形成编程能力。

（5）强调良好编程习惯的培养，强化认真工作态度的训练。

编程过程中除了学习必备知识和训练必需技术之外，还应注重养成良好的习惯，强调程序的规范性、可读性。程序构思要有说明，程序代码要有注释，程序运行结果要有分析，程序算法尽量优化。良好的编程习惯、严谨的设计思路、认真的工作态度，将使学生终身受益。

本书主要由湖南铁道职业技术学院的陈承欢教授和赵志茹，内蒙古电子信息职业技术学院的王凤岐老师编写，包头轻工职业技术学院的张尼奇、池明文，长沙职业技术学院的殷正坤、蓝敏、艾娟，湖南铁道职业技术学院的冯向科、宁云智、肖素华、林保康、张丽芳，湖南工业职业技术学院的刘曼春，广东科学技术职业学院的陈华政，长沙环保职业技术学院的杨茜等老师参与了部分章节的编写工作。

由于编者水平有限，教材中的疏漏之处敬请专家与读者批评、指正，编者的 QQ 为1574819688。本书免费提供电子教案、源代码等相关教学资源，购书的读者请直接联系编者。

编　者
2016 年 8 月

目　录

XV

单元 1 初识 C# 程序及其开发环境

学习 C♯ 程序设计时,首先要认识 C♯ 的关键字和标识符,熟悉 C♯ 程序的基本框架,掌握 C♯ 标识符的命名规则。其次要熟悉 Visual Studio 2010 的集成开发环境,了解 Visual C♯ 环境的定制,了解项目与文件。

程序探析

任务 1-1 打开已有项目与运行 C# 程序

【任务描述】

如表 1-1 所示的 C♯ 程序 Program01. cs,其功能是计算图书订购的总数量。

表 1-1 C♯ 程序 Program01. cs 的代码

行号	C#程序代码
01	int num1, num2;
02	int numTotal;
03	num1= 60;
04	num2= 40;
05	numTotal=num1+num2;
06	System.Console.WriteLine("订购图书的总数量为:{0}", numTotal);

运行该 C♯ 程序,观察程序的运行结果是否为 100,并以此程序的运行过程分析微型计算机的工作原理、数据的存储与运算。

【问题分析】

由于明德学院订购了《C♯ 程序设计》教材 60 本,订购了《数据结构》教材 40 本,所以订购图书的总数量则为 100 本。很显然,60+40 即可得到总数量。

【任务实施】

1. 启动 Microsoft Visual Studio 2012

在 Windows 的"开始"菜单中单击选择"程序"→ Microsoft Visual Studio 2012→

Visual Studio 2012 命令,开始启动 Microsoft Visual Studio 2012,首先会出现如图 1-1 所示的启动初始界面,Visual Studio 2012 启动成功后会显示如图 1-2 所示的"起始页",进入 Visual Studio 2012 的集成开发环境。

图 1-1   启动 Visual Studio 2012 初始界面

图 1-2   Visual Studio 2012 的起始页与开发环境

在 Visual Studio 2012 的起始页可以创建新项目、打开现有项目。

说明:如果 Windows 桌面上已建立 Visual Studio 2012 的快捷方式,直接双击 Visual Studio 2012 的快捷方式图标也可以启动该程序。

2. 打开 Application01. csproj 项目

打开 Application01. csproj 项目的操作过程如下:

(1) 在 Visual Studio 2012 的主界面中选择"文件"→"打开"→"项目/解决方案"命令,如图 1-3 所示。

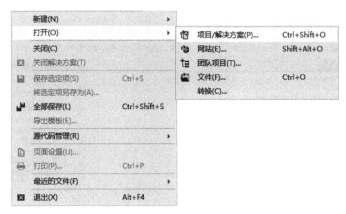

图 1-3　选择"项目/解决方案"菜单命令

（2）弹出"打开项目"对话框，从中查找 Application01 文件夹，接着选择项目文件 Application01. csproj，如图 1-4 所示，然后单击 打开(O) 按钮，即可打开如图 1-5 所示的"解决方案资源管理器"窗口，项目 Application01 也出现在该窗口中。

图 1-4　"打开项目"对话框

图 1-5　"解决方案资源管理器"窗口

（3）在 Visual Studio 2012 右侧的"解决方案资源管理器"窗口中双击 C#程序文件 Program01. cs，则会显示程序文件 Program01. cs 的源代码，如图 1-6 所示。

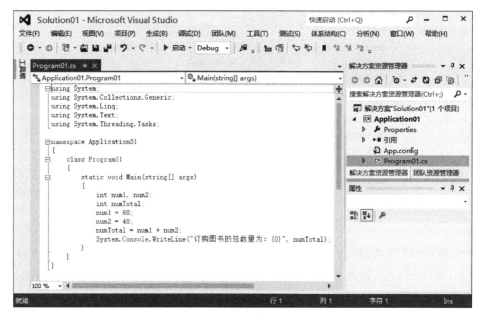

图 1-6　Visual Studio 2012 的编程环境与 Program01.cs 的源代码

提示：也可以在"解决方案资源管理器"窗口中右击 C#程序文件 Program01.cs,在打开的快捷菜单中选择"打开"命令,如图 1-7 所示,也会显示程序文件 Program01.cs 的源代码。

图 1-7　打开 C#程序文件的快捷菜单

3. 代码解读

C#程序 Program01.cs 的功能非常明确：已知条件是两本教材的订购数量分别为60 和 40,计算结果肯定是 100。

我们观察表 1-1 中的程序代码,猜测一下程序代码的含义。

第 01 行定义了 2 个变量,用于存储两本教材的订购数量。

第 02 行定义了 1 个变量,用于存储总订购数量。

第 03 行将 60 存入变量 num1 中。

第 04 行将 40 存入变量 num2 中。

第 05 行计算总订购数量,且将计算结果存入变量 numTotal 中。

第 06 行输出计算结果。

4. 运行程序

按 Ctrl+F5 快捷键,运行 C♯程序 Program01.cs,显示一个控制台窗口,其运行结果如图 1-8 所示。显然程序运行结果是正确的。

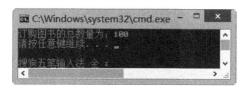

图 1-8　C♯程序 Program01.cs 的运行结果

如果要关闭控制台运行窗口,可以按任意键,也可以单击控制台窗口右上角的"关闭"按钮 ✕ 来关闭该窗口。

5. 程序运行过程分析

对于"60+40"这一个简单的算式,下面使用三种不同的方法进行计算。

(1) 心算

如果我们用心算,其计算过程描述如下:

① 将数字 60 通过眼睛存入"大脑"。

② 将运算符"+"通过眼睛存入"大脑"。

③ 将数字 40 通过眼睛存入"大脑"。

④ 大脑中完成"60+40"的计算,将最终结果 100 暂存"大脑"。

⑤ 将最终计算结果 100 通过"嘴"说出来,通过"手"写在纸上。

整个计算过程可简述为"数据存储"→"数据运算"→"结果输出"三个阶段。在这个计算过程中,"眼睛"起到了"输入"的作用,"嘴"和"手"则起到"输出"的作用,"大脑"完成了"记忆数据""数据运算"的工作,并在整个计算过程中"控制"着眼睛和手的工作。

(2) 使用计算器计算

如果使用计算器计算,其计算过程描述如下:

① 按键 6 和 0,将数字 60 存入计算器的存储器中。

② 按键"+",将运算符"+"存入计算器的存储器中。

③ 按键 4 和 0,将数字 40 存入计算器的存储器中。

④ 按键"=",计算器完成"60+40"的计算,将最终结果 100 显示在计算器的输出屏幕上。

（3）运行程序计算

微型计算机系统的工作过程与人们"心算"的过程相似,需要事先准备数据并安排运算步骤,即编写程序;然后将解题程序和原始数据通过输入设备输入计算机,计算机的存储器能够存储解题程序、原始数据、中间结果和最终结果;计算机的运算器专门负责算术运算或逻辑运算;计算机的控制器按照解题程序指挥和控制其他各个部件协调地工作,控制命令也是存储在存储器中,最后通过输出设备将最终结果输出。计算机的"输入设备""存储器""运算器""控制器"和"输出设备"五个部分协调工作,从而完成数据处理。

微型计算机的基本组成及工作原理如图1-9所示。下面我们仍以"60＋40"为例说明计算机的工作过程。

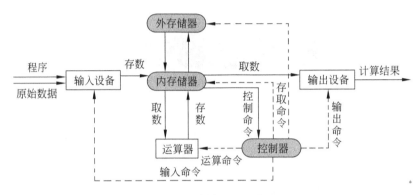

图 1-9　微型计算机的工作原理

第一步：存储程序阶段

通过"键盘"将事先编好的源程序输入到计算机的"存储器"中存放起来,即"存储程序"。

第二步：程序运行阶段

程序运行时,在控制器的控制和指挥下,计算机按事先规定的操作步骤(程序)自动完成以下操作,即"程序控制"。

① 在内存中分配三个存储单元：num1、num2、numTotal,计算机通过单元地址(类似宾馆的房间门牌号)识别这三个存储单元的位置,人们读程序时通过变量名称(num1、num2、numTotal)识别这三个存储单元。

② 分别在num1存储单元中存入数值60,在num2存储单元中存入数值40。

③ 从存储单元中分别取出数值60和40送到微处理器的寄存器中,然后出运算器进行加法运算,运算完成后得到结果100。

④ 将运算器的结果100送回存储器,在numTotal存储单元中存储起来,以备输出。

⑤ 把存储器中的最终结果100送到输出设备,在显示器中的控制台窗口中输出运算的最终结果。

至此解题过程结束。由于计算机的以上工作过程无法通过眼睛观察到,我们只能在大脑中想象其过程,理解计算机的工作原理。

由图1-9可知,计算机的"存储""运算"与"控制"由不同的部件完成,并且分工明确,各负其责。其中"控制器"是整个计算机的"控制中心",它从存储器中取出指令,分析指令,并根据指令产生相应的控制信号对其他各部件发出控制信号,使各部件协调地进行工作。"运算器"的主要功能是完成算术运算(加、减、乘、除)和逻辑运算(与、或、非运算等),在控制器的指挥下不断从存储器中取出数据进行运算,并把结果送回存储器。存储器用于存储原始数据和处理这些数据所需要的程序及中间结果。先通过输入设备把程序和数据存储在存储器中,控制器从存储器逐一取出指令并加以分析,发出控制命令以完成指令的操作,也可以根据控制命令从存储器中取出数据送到运算器中运算或把运算器中的结果送到存储器中保存。CPU 可以直接访问内存,但是 CPU 访问外存时,必须将信息装入内存后才可以使用。

根据上述分析,微型计算机的工作原理可以概括为两方面。

① 存储程序

把事先编好的程序及运行中所需的数据,通过输入设备输入到计算机的存储器中,即为存储程序。

② 程序控制

把程序的第一条指令从存储器中取出,通过控制器译码,按指令的要求,从存储器中取出数据进行运算,然后再按地址把结果送到存储器中,这样自动地逐一取出程序中一条条指令加以分析并执行所规定的操作,使计算机按程序的规定运行,即为程序控制。

程序是按不同使用要求编写出来的计算机指令集合,不同的程序解决不同的问题。计算机在进行科学计算、信息处理、自动控制等方面应用时,都需要编写各种各样的程序。

知识导读

1.1　项目与文件

开发一个较复杂的软件系统时,不得不构建多个项目并通过协同工作来实现开发目标,实现这些目标的所有项目统称为一个解决方案,也就是说解决方案是多个项目的集合。

一个项目通常包含许多对象,每个对象都用硬盘上的一个或多个文件来存储。项目是构成程序或组件的源文件的集合,项目总是包含一个主项目文件,可以包含任意数量的其他文件,例如窗体文件、类文件等,主项目文件存储关于项目的信息。默认情况下,创建项目时,Visual Studio 为新项目创建一个解决方案,打开一个解决方案文件时,解决方案中的所有项目都会被加载。如果解决方案只包含一个项目,那么打开解决方案与打开一个项目一样。程序是指通过将源文件编译成可执行文件(.exe)而创建的二进制文件。

提示:应该在项目互相关联时才将它们组合成一个解决方案。如果有多个项目,每个项目都是独立的,那么每个项目应该在独立的解决方案中。

1.2　C#程序的基本框架

在 Visual Studio 2012 集成开发环境中新建项目 Application01 时，Visual Studio 2012 自动生成的代码如表 1-2 所示。

表 1-2　新建项目 Application01 时 Visual Studio 2012 自动生成的代码

行号	C#程序代码
01	using System;
02	using System.Collections.Generic;
03	using System.Linq;
04	using System.Text;
05	using System.Threading.Tasks;
06	
07	namespace Application01
08	{
09	class Program01
10	{
11	static void Main(string[] args)
12	{
13	}
14	}
15	}

对表 1-2 所示的代码进行分析可知，C#程序必须包含一个 Main()方法，Main()方法是程序的入口，程序运行在该方法中开始，也在该方法中结束。Main()方法在类的内部声明，它必须具有 static 关键字，表明是静态方法。一个 C#程序中不允许出现两个或两个以上的 Main()方法。

C#控制台应用程序的基本框架如表 1-3 所示。

表 1-3　C#控制台应用程序的基本框架

行号	C#程序代码
01	using　<已有的命名空间>;
02	namespace　<自定义命名空间的名称>
03	{
04	class　<自定义类的名称>
05	{
06	static void Main(参数)
07	{
08	…;　//程序代码
09	}

行号	C#程序代码
10	…
11	//其他方法的定义
12	}
13	}

1.3　C#语言的关键字

关键字又称为保留字,是计算机程序设计语言本身固有的标识符号,是一些具有特定意义的英文单词,通常这些关键字并在程序中有着不同的功能,程序设计者只能根据需要加以使用,不能重新定义。

每种程序设计语言(例如 C♯、Java、C++、C 语言)都规定了一些关键字,有部分关键字是相同的。C♯ 中的关键字如表 1-4 所示,这些关键字是 C♯ 语言本身使用的特定标识符,不能另作他用,以免发生错误。

表 1-4　C♯ 中的关键字

abstract	do	in	private	this
as	double	int	protected	throw
base	else	interface	public	true
bool	enum	internal	readonly	try
break	event	is	ref	typeof
byte	explicit	lock	return	uint
case	extern	long	sbyte	ulong
catch	false	namespace	sealed	unchecked
char	finally	new	short	unsafe
checked	fixed	null	sizeof	ushort
class	float	object	stackalloc	using
const	for	operator	static	virtual
continue	foreach	out	string	volatile
decimal	goto	override	struct	void
default	if	params	switch	while
delegate	implicit	get	partial	set
value	where	yield		

C♯ 的关键字是 C♯ 编译器具有特殊意义的保留标识符,它们不能在程序中用作自定义标识符,除非它们有一个@前缀,例如@if 是一个合法的标识符,而 if 不是合法的标识符,因为它是关键字。

9

1.4　C#语言的预定义标识符

　　Visual Studio 本身预定义了许多类、结构、枚举、委托和接口等语法元素，这些类、结构、枚举、委托和接口是 Visual Studio 事先已定义好，供编程时使用，它们都有特定的名称和功能，如表 1-5 所示。观察表 1-5 中的名称可以发现这些类、结构、枚举、委托和接口的名称都是以大写字母开头。另外 Visual Studio 的类、结构、枚举、委托和接口自身也包含多个成员（例如方法、属性、事件等），这些成员也有特定的名称和功能。虽然 Visual Studio 允许编程时将这些预定义的标识符另作他用，也就是说编程时自定义标识符时可以使用这些标识符。但是这些预定义标识符如果另作他用，将会失去系统所规定的原有含义和功能，可能会引起名称混淆，建议不要将这些预定义标识符另作他用。

表 1-5　C#的预定义标识符

名　称	说　明
C#部分预定义类的名称及其说明	
Math	为三角函数、对数函数和其他通用数学函数提供常数和静态方法
Array	提供创建、操作、搜索和排序数组的方法，因而在公共语言运行库中用作所有数组的基类
Console	表示控制台应用程序的标准输入流、输出流和错误流
Convert	表示将一个基本数据类型转换为另一个基本数据类型
String	表示文本，即一系列 Unicode 字符
DBNull	表示空值
Object	支持.NET Framework 类层次结构中的所有类，并为派生类提供低级别服务。这是.NET Framework 中所有类的最终基类
Type	表示类型声明：类类型、接口类型、数组类型、值类型、枚举类型、类型参数、泛型类型定义，以及开放或封闭构造的泛型类型
Random	表示伪随机数生成器，一种能够产生满足某些随机性统计要求的数字序列的设备
SystemException	表示 System 命名空间中的预定义异常定义基类
Exception	表示在应用程序执行期间发生的错误
C#部分预定义结构的名称及其说明	
Boolean	表示布尔值
Byte	表示一个 8 位无符号整数
Char	表示一个 Unicode 字符
ConsoleKeyInfo	描述按下的控制台键，包括控制台键表示的字符以及 Shift、Alt 和 Ctrl 修改键的状态
DateTime	表示时间上的一刻，通常以日期和当天的时间表示
Decimal	表示十进制数
Double	表示一个双精度浮点数字

续表

名　　称	说　　明
Enum	为枚举提供基类
Int16	表示 16 位有符号的整数
Int32	表示 32 位有符号的整数
Int64	表示 64 位有符号的整数
SByte	表示 8 位有符号整数
Single	表示一个单精度浮点数字
TimeSpan	表示一个时间间隔
UInt16	表示 16 位无符号整数
UInt32	表示 32 位无符号整数
UInt64	表示 64 位无符号整数
Void	为不返回值的方法指定返回值类型
C#部分预定义枚举的名称及其说明	
ConsoleColor	指定定义控制台前景色和背景色的常数
ConsoleKey	指定控制台上的标准键
ConsoleModifiers	表示键盘上的 Shift、Alt 和 Ctrl 键
ConsoleSpecialKey	指定能够中断当前进程的控制键的组合
DayOfWeek	指定一周的某天
TypeCode	指定对象的类型
C#部分预定义方法的名称及其说明	
Action	表示对指定的对象执行操作的方法
Comparison	表示比较同一类型的两个对象的方法
EventHandler	表示不生成数据事件的事件处理程序方法

1.5　C#标识符的命名规则

每种程序设计语言都有自己的编程规则,只有按照编程规则编写出来的程序才能被编译器识别。有些规则是编译器强制使用的,有些规则是程序员约定俗成的。

标识符是一串字符(通常是英文单词或英文字母的组合),C#程序中的标识符主要包括关键字、预定义标识符和自定义标识符,这些标识符通常作为一些语法标识符以及命名空间、类、枚举、结构、委托、接口、对象、常量、变量、数组、属性、方法、事件、参数等语法元素的名称。其中关键字是 C#保留的特殊标识符,不允许作为自定义标识符,预定义标识符 Visual Studio 事先声明的名称,为了避免名称冲突,一般也不要用作自定义标识符,自定义标识符是程序员编程时根据需要自行定义的标识符,通常用作类、对象、变量、方法等语法元素的名称。

1. C♯自定义标识符的命名规则

编写 C♯程序,程序员自行定义的标识符应符合以下规则。

(1) 标识符的第一个字符必须是字母或者下划线(_),从第二个字符开始可以使用字母、数字和下划线。

(2) 标识符如果以下划线开头,下划线后面至少要有一个字母或数字。

(3) 自定义标识符不能与任何 C♯关键字同名。如果一定要使用 C♯的关键字作为标识符,应添加"@"字符作为前缀,以区别关键字。

(4) 自定义标识符最好不要与预定义标识符同名,以免产生误解。

例如,Application01、Program01、num1、num2、numTotal、period、name、rate、date 都是合法的自定义标识符,但是 $n-2$、6r、π、δ、ρ、int、this、true、System、Main、Console、Write、WriteLine、Convert、ToString、DateTime、Today、Year、Month、Day、Parse 等都是不合法或不合适的自定义标识符。

2. C♯自定义标识符的命名建议

(1) 程序员编写程序时,自定义标识符代表某个特定的语法元素,命名时最好能"见名知义",这样便于记忆,同时也增强了程序的可读性。例如表示"总和"或"平均值"这样的数据,取 sum、average 作为变量,程序阅读起来就更加容易。Visual Studio 中标识符命名一般取英语的对应单词,不使用缩写。为便于识别,一般不使用中文拼音的缩写。自定义标识符要求"见名知义"只是方便人们阅读程序,其实对于计算机而言,不管变量的名称是什么,一律都按地址取值,与变量名的优劣无关。

(2) C♯的标识符区分大小写,也就是说两个标识符对应字母相同,但是大小写不同,也认为是两个不同的标识符,例如 rate 和 Rate 是两个不同的变量。

(3) 标识符的长度(字符个数)没有特定的限制,但不同的编译系统可以区分的有效标识符长度是不同的。一般要求在"见名知义"的前提下,字符个数尽可能少。

3. 常用的命名规范与本书的命名约定

编程时,如果标识符由多个单词组成,一般不要在各单词之间使用分隔符,如下划线("_")或连字符("-")等。而应使用大小写来指示每个单词的开头。常用的命名规范如下。

(1) Pascal 命名规范:将标识符的首字母和后面连接的每个单词的首字母都大写。可以对三字符或更多字符的标识符使用 Pascal 命名规范。例如,BackColor。

(2) Camel 命名规范:标识符的首字母小写,而每个后面连接的单词的首字母都大写,即大小写混合。例如,backColor。

(3) 全部大写命名规范:标识符中的所有字母都大写。例如,IO、ID、OK 等。

本书的命名约定:程序中所有的命名空间、类、公有成员(包括方法、属性、事件)、枚举、接口都使用 Pascal 命名规范,所有的私有成员的名称、局部变量的名称、方法的参数名称都使用 Camel 命名规范。

编程实战

任务 1-2　认知 Visual Studio 2012 的集成开发环境

【任务描述】

认知 Visual Studio 2012 的集成开发环境的主要组成、功能以及常见操作。

【问题分析】

Visual Studio 2012.NET 的集成开发环境主要包括菜单栏、工具栏、状态栏和多个有特色的窗口,例如"代码"窗口、"解决方案资源管理器"窗口、"团队资源管理器"窗口、"服务器资源管理器"窗口、"体系结构资源管理器"窗口、"SQL Server 对象资源管理器"窗口、"代码定义"窗口、"错误列表"窗口、"输出"窗口、"任务列表"窗口、"属性"窗口和"工具箱"等,作为初学程序开发者,我们主要熟悉"代码"窗口、"解决方案资源管理器"窗口、"错误列表"窗口、"输出"窗口、"任务列表"窗口、"属性"窗口和"工具箱"等常用窗口。

【任务实施】

1. 启动 Microsoft Visual Studio 2012

启动 Microsoft Visual Studio 2012,进入 Visual Studio 2012 的集成开发环境。

2. 认识 Visual Studio 2012 的集成开发环境

Visual Studio 2012.NET 的集成开发环境的主要组成如图 1-10 所示。

(1) 菜单栏

Visual Studio 2012.NET 集成开发环境的菜单包含了丰富的菜单项,菜单项是调用相关命令的基本方式,通过菜单可以实现大部分的操作功能。Visual Studio 2012.NET 主窗口的菜单有"文件""编辑""视图""项目""生成""调试""团队""工具""测试""体系结构""分析""窗口""帮助",如图 1-10 所示。这些菜单随着不同的项目和不同的文件发生动态变化。对于菜单的功能和位置无须死记硬背,随着学习的深入和对于开发环境的熟悉,这些菜单及其菜单项会熟记于心。

(2) 工具栏

工具栏包含了常用命令的快捷按钮,单击这些命令按钮可以执行相应的操作。工具栏是智能化的,它会根据当前任务的不同,自动调整工具栏上的命令按钮,使用起来会非常方便。熟练使用工具栏可以节省开发时间,提高开发效率。用户也可以自定义工具栏,以方便不同的开发人员使用。如图 1-10 所示的"标准"工具栏、"文本编辑器"工具栏,分别用于不同的场合。

标题栏　标准工具栏　代码编辑窗口　菜单栏　文本编辑器工具栏　　　　解决方案资源管理器

图 1-10　Visual Studio 2012.NET 的集成开发环境

（3）"解决方案资源管理器"窗口

"解决方案资源管理器"窗口是显示项目及其文件的有组织的树形结构视图,并提供对项目和文件相关命令的快捷访问方式。其中主要的文件有解决方案文件(扩展名为.sln)、项目文件(扩展名为.csproj)、代码文件(扩展名为.cs)等。"解决方案资源管理器"窗口的顶部有几个快捷按钮,如图 1-11 所示,例如"刷新""显示所有文件""属性"等,这些快捷按钮也会随着在该窗口所选中对象不同而动态变化。

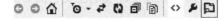

图 1-11　"解决方案资源管理器"窗口的快捷按钮

（4）"属性"窗口

通过"属性"窗口可以方便地查看和修改当前选中对象(例如解决方案、项目、代码文件等)的属性。

（5）"错误列表"窗口

"错误列表"窗口为程序代码中的错误提供了即时的显示,帮助用户观察代码中的错误,并提供解决错误的帮助信息。单击"错误列表"窗口的某个错误项,光标即可定位到相应代码处。

（6）"输出"窗口

"输出"窗口用来查看应用程序调试输出的结果以及项目生成的情况。

（7）"代码编辑"窗口

"代码编辑"窗口是用来输入、显示及编辑程序代码的重要工具,是必须熟练掌握的一个窗口。

设计控制台应用程序时，打开"代码编辑"窗口的方法主要有以下几种。

① 在"解决方案资源管理器"窗口中直接双击程序代码文件（例如 Program01.cs）。

② 在"解决方案资源管理器"窗口中，右击程序代码文件（例如 Program01.cs），在弹出的快捷菜单中选择"打开"命令即可，如图 1-12 所示。

③ 在"解决方案资源管理器"窗口中，右击程序代码文件（例如 Program01.cs），在弹出的快捷菜单中选择"查看代码"命令即可。

④ 在"解决方案资源管理器"窗口中，单击选中程序代码文件（例如 Program01.cs），然后单击"解决方案资源管理器"窗口工具栏中的"查看代码"按钮 <> 或者选择 Visual Studio 2012 主窗口的"视图"→"代码"命令即可。

图 1-12　代码文件的快捷菜单

"代码编辑器"窗口上方有两个下拉列表框，左侧为类名列表框，右侧为方法名称列表框，如图 1-13 所示。

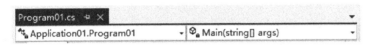

图 1-13　"代码编辑器"窗口上方有两个下拉列表框

使用代码编辑器编写代码具有快速、方便、准确的优点，其主要特点如下。

① 智能缩进对齐：自动为代码块设置合适的缩进量，且能够自动对齐。

② 自动检测语法：代码编辑器会自动检查书写的代码是否符合语法格式，会在错误内容下加上蓝色波浪线，同时将错误信息显示在"错误列表"窗口中，提示用户修改。

③ 列出成员：当输入成员访问运算符"."时，智能感知特性可在列表中显示所有有效成员，此时可以参照进行输入，或直接利用键盘上的↑和↓键进行选择。

④ 参数信息：在方法名之后输入左括号，智能感知特性会在插入点下方的弹出信息中显示完整的功能说明和参数列表。在它的引导下，可以方便地添加调用方法时所需的参数。

⑤ 快速信息：将鼠标指针指向某个方法、属性、变量或常量时，会出现鼠标所指内容的类型、作用域、内容值等相关提示信息，如图 1-14～图 1-16 所示。

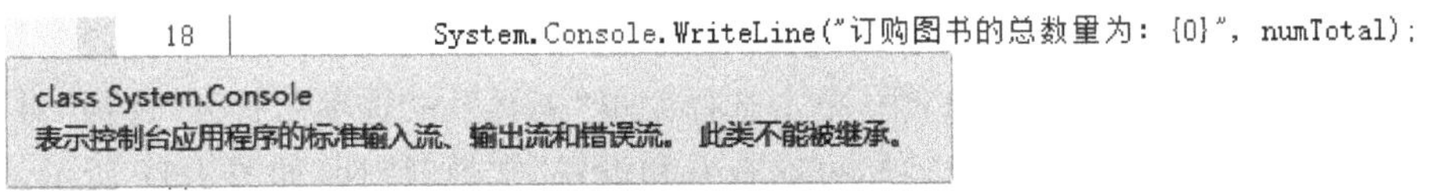

18　　　　　System.Console.WriteLine("订购图书的总数量为：{0}", numTotal);

class System.Console
表示控制台应用程序的标准输入流、输出流和错误流。 此类不能被继承。

图 1-14　Console 类的提示信息

15

18
System.Console.WriteLine("订购图书的总数量为：{0}", numTotal);
void Console.WriteLine(string format, object arg0) (+ 18 重载)
使用指定的格式信息，将指定对象（后跟当前行终止符）的文本表示形式写入标准输出流。
异常:
System.IO.IOException
System.ArgumentNullException
System.FormatException

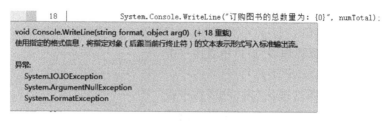

图 1-15　WriteLine 方法的提示信息

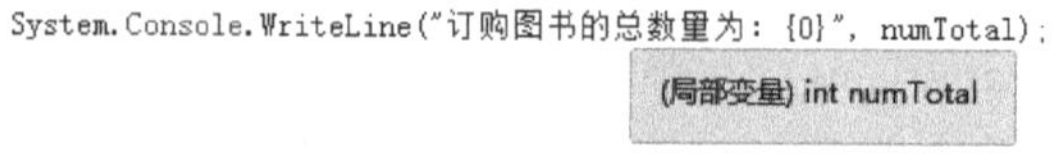

System.Console.WriteLine("订购图书的总数量为：{0}", numTotal);
(局部变量) int numTotal

图 1-16　变量的提示信息

⑥ 完整单词：通过语句设置某个属性值或书写某个方法的参数时，在“完整单词”特性的作用下，会出现一个供选择的列表框，其中列出了相应的参数，此时直接使用键盘上的↑和↓键进行选择即可。

任务 1-3　定制 Visual Studio 集成开发环境

【任务描述】

(1) 对 Visual Studio 的编程环境进行个性化设置。

(2) 对 Visual Studio 主窗口的工具栏进行必要的设置。

(3) Visual Studio 窗口的显示与隐藏操作。

(4) 切换窗口的状态。

【问题分析】

在 Microsoft Visual Studio 中，程序员可以按照自己的喜好与编程习惯对编程环境进行个性设置，也可以自行设置工具栏。Visual Studio 的窗口也可以根据需要进行显示与隐藏。

【任务实施】

1. Visual Studio 的个性化设置

(1) 设置 Visual Studio 的编程环境的“常规”选项

在 Visual Studio 2012 主窗口中，单击选择菜单“工具”→“选项”，打开“选项”对话框，展开“环境”文件夹，单击“常规”选项，可以查看和设置“常规”特性，如图 1-17 所示。这里可以对“视觉体验”“最近使用的文件”、是否显示状态栏等方面进行修改，修改完毕单击“确定”按钮即可。

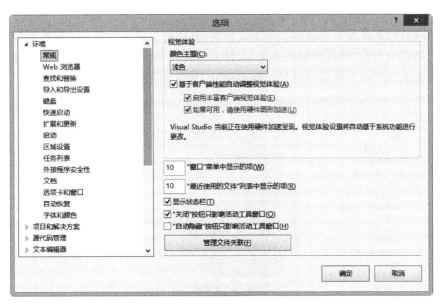

图 1-17　设置 Visual Studio 的编程环境的"常规"选项

（2）设置编程环境的"字体和颜色"选项

在输入程序代码过程中，可以发现 C♯的关键字、预定义标识符、自定义标识符会呈现不同的颜色，其实各种不同类型的标识符的字体和颜色可以自行进行设置。

在"选项"对话框的"环境"文件夹下单击"字体和颜色"，这里可以查看和设置各个显示项的字体、前景色、背景色等，如图 1-18 所示。

图 1-18　设置编程环境的"字体和颜色"选项

17

（3）设置"项目和解决方案"选项

创建项目时如果需要显示解决方案文件夹,在项目生成开始时显示输出窗口,可以在"选项"对话框中单击"项目和解决方案"文件夹进行设置,如图 1-19 所示,单击选中"总是显示解决方案"和"在生成开始时显示输出窗口"复选框即可。

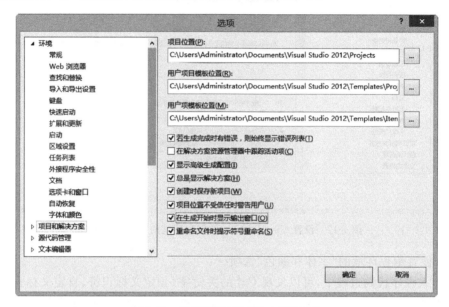

图 1-19　设置"项目和解决方案"选项

（4）设置"代码编辑器"环境

前面在"代码编辑"窗口输入程序代码时可以发现每行代码的左侧显示了行号,实际上默认情况下不会显示行号,而是对"代码编辑器"环境进行修改实现的。在"选项"对话框右侧列表框中依次单击"文本编辑器"→C♯,可以查看和设置 C♯"文本编辑器"的特性,这里可以对"语句结束""设置"和"显示"进行修改。单击选中复选框"自动换行""显示可视的自动换行标志符号"和"行号",那么在书写的代码过长时,代码便会自动换行,为输入长代码提供了方便,如图 1-20 所示。由于选中了"行号"复选框,则代码的左侧会出现行号,这样方便分析和阅读程序代码。

2. 设置 Visual Studio 主窗口的工具栏

启动 Visual Studio 2012 时,初始状态会显示"标准"工具栏,系统会根据开发环境的变化或当前任务的不同显示相应的工具栏,用户也可以自行设置工具栏。其设置方法是:在工具栏区任意位置右击,在弹出的快捷菜单中单击选择需要的工具栏即可。在工具栏的快捷菜单中标识有☑的选项,表示该工具栏已处于显示状态,如图 1-21 所示,再次单击则会取消☑标识,工具栏处于隐藏状态。

提示:在 Visual Studio 2012 主窗口中,单击菜单"视图"→"工具栏",也能显示工具栏选项列表。

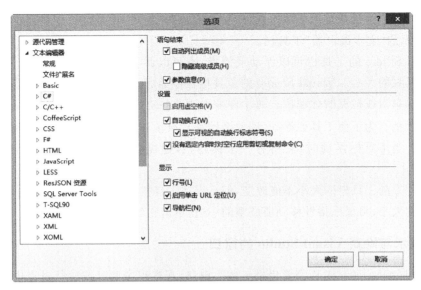

图 1-20　设置 C♯ 的"文本编辑器"选项

图 1-21　"工具栏"的快捷菜单

在"工具栏"的快捷菜单中单击选择"文本编辑器"选项,在主窗口工具栏位置显示如图 1-22 所示的"文本编辑器"工具栏。

Visual Studio 的工具栏可以浮动或停靠,也可以调整浮动工具栏的大小。Visual Studio 的工具栏在停靠时并没有可以单击或拖曳的标题栏。每个停靠的工具栏有

图 1-22 "文本编辑器"工具栏

一个拖曳手柄。为了使工具栏浮动(即取消停靠),单击和拖曳抓取的手柄,拖离工具栏停靠的边缘。当工具栏浮动时,它将有一个标题栏,拖曳标题栏到 一个边缘可使工具栏停靠。

虽然停靠的工具栏的大小不能改变,但是浮动工具栏的大小是可以调整的,要调整浮动工具栏的大小,将鼠标指针移到要调整的一边,单击它然后拖曳边框即可。

3. 显示与隐藏 Visual Studio 的窗口

C#程序编辑、调试过程需要借助一些小窗口,观察程序调试或运行过程中出现的错误、变量值的变化等,这些小窗口常用的有"错误列表"窗口、"输出"窗口、"任务列表"窗口、"命令窗口"等。

如果这些窗口处于隐藏状态,可以单击菜单"视图",在显示的视图列表项单击选择相应菜单项,显示对应窗口即可。对于"命令窗口",则单击菜单"视图"→"其他窗口",如图 1-23 所示,在级联菜单中单击菜单项"命令窗口"即可显示。

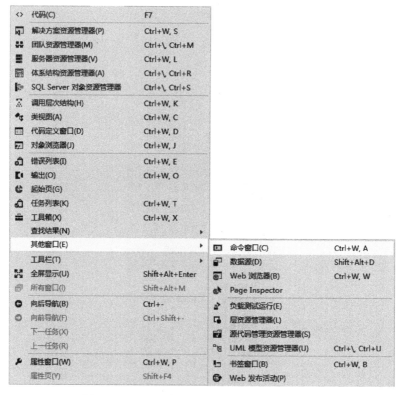

图 1-23 "视图"菜单与"其他窗口"级联菜单项

程序调试过程经常使用的小窗口有"断点""输出""即时"等,这些小窗口在程序调试过程才会出现。如果这些窗口处于隐藏状态,在"调试"工具栏中单击"窗口"按钮,在其下拉菜单中单击相应的菜单项即可显示对应的小窗口,如图 1-24 所示。

4. 切换窗口的状态

Visual Studio 2012 中,像"解决方案资源管理器"窗口、"属性"窗口等一般可以处于四种状态:关闭状态、浮动状态、停靠状态和自动隐藏状态,这四种状态可以相互切换。单击窗口顶端的"窗口位置"按钮▼,在其下拉菜单中单击选择一个状态即可,如图 1-25 所示。

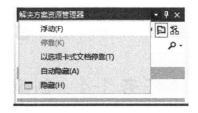

图 1-24 调试过程中出现的窗口列表　　　　图 1-25 "窗口位置"的下拉菜单选项

（1）显示和隐藏窗口

窗口被关闭后,处于不可见状态,它不会出现在 Visual Studio 的设计环境中。为了显示被关闭或隐藏了的窗口,从"视图"菜单中选择对应的菜单项即可,例如,如果"解决方案资源管理器"窗口没有显示在设计环境中,可以单击"视图"→"解决方案资源管理器"菜单来显示它。要关闭窗口,只需单击窗口右上角的"关闭"按钮✕即可。

（2）浮动窗口

浮动窗口是指浮动在工作空间的可见窗口,就像典型的应用程序窗口一样,可以拖曳它们到任意位置。浮动窗口除了可移动之外,还可以拖曳其边框改变窗口大小。要使窗口浮动,单击停靠窗口的标题栏,然后拖曳使其离开当前停靠的边缘。也可以单击窗口顶端的"窗口位置"按钮▼,在其下拉菜单中单击"浮动"命令使其处于浮动状态。

（3）停靠窗口

一般窗口的默认状态是停靠的,停靠窗口紧靠着工作区域的两边、顶部或底部,例如"解决方案资源管理器"窗口和"属性"窗口一般停靠在工作区域的右侧,"错误列表"窗口和"输出"窗口一般停靠在工作区域的底部。要将浮动窗口变为停靠窗口,拖动窗口的标题栏到窗口的边缘,放在需要停靠窗口的位置即可。拖动窗口时,屏幕上会出现一个菱形指南针,在菱形指南针的某个图标上移动鼠标,Visual Studio 将显示一个蓝色的长方形,这是当释放鼠标时窗口将所处的位置。也可直接将窗口拖到一边,这时也会出现同样的蓝色长方形,这个长方形将会"跟踪"停靠的位置。长方形出现的时候放下鼠标,窗口将停靠。

提示:如果不希望浮动窗口处于停靠状态,不管将它拖到什么位置,右击窗口标题栏,在弹出的菜单中单击"浮动"命令即可。

（4）自动隐藏窗口

Visual Studio 窗口可在不使用时自动隐藏。虽然开始时可能觉得有点不安,但是,当打开的窗口比较多时,这是比较高效的工作方式,有效工作区域会大得多。设置为自动隐藏的窗口总是停靠的;浮动窗口不能设为自动隐藏。当窗口自动隐藏时,它显示为停靠的边缘上的标签,就像是最小化的应用程序放在 Windows 任务栏中一样。

看一下设计环境的左边,有一个标题为"工具箱"的竖直标签,这个标签就代表一个自动隐藏的窗口。要显示自动隐藏的窗口,将鼠标指针移动到代码窗口的标签上,就可能显示该窗口;将鼠标指针从该窗口移开时,窗口自动隐藏,这就是"自动隐藏"名称的由来。要使窗口自动隐藏,右击其标题栏或者单击"窗口位置"按钮▼,然后在弹出菜单中选择"自动隐藏"命令即可。也可以单击标题栏中图钉图标📌,当该图标变为📌时,该窗口变成自动隐藏状态。同样如果单击图钉图标📌,当图标变成📌时,该窗口变成非自动隐藏状态。

任务 1-4　创建与运行控制台应用程序

【任务描述】

郝老师 2017 年 1 月的应发工资为 9680 元,各种扣款合计为 1680.3 元,编写一个 C#程序,计算实发工资额,且输出实发工资。

【问题分析】

由于"实发工资＝应发工资－扣款合计",而应发工资为 9680 元,扣款合计为 1680.3 元,所以实发工资应为 7999.7 元。编程时声明三个双精度型变量,分别存储应发工资、扣款合计和实发工资,然后使用 Console 类的方法 WriteLine 输出实发工资。

【任务实施】

1. 启动 Microsoft Visual Studio 2012

启动 Visual Studio 2012,显示 Visual Studio 2012 的"起始页"。

2. 创建基于 C#的控制台应用程序

（1）打开"新建项目"对话框

在 Visual Studio 2012 起始页的"开始"区域中单击超链接"新建项目",打开"新建项目"对话框。

提示:在 Visual Studio 2012 主窗口中单击菜单"文件"→"新建"→"项目",如图 1-26 所示,也可以打开"新建项目"对话框。

（2）选择"项目类型"和"模板"

在"新建项目"对话框左侧的"模板"列表框中选择要创建的项目类型"Visual C#"选

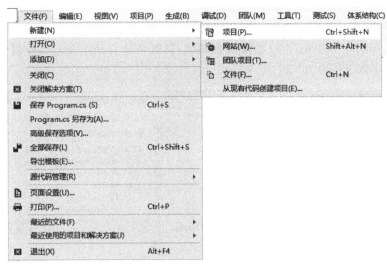

图 1-26　新建项目的菜单

项,在右侧的"模板"列表框中选择"控制台应用程序"模板。

(3)输入"项目名称""项目保存路径"和"解决方案名称"

在"名称"文本框输入项目名称 Application02。在"位置"文本框右侧单击"浏览"按钮,打开"项目位置"对话框,在该对话框中选择保存项目文件的文件夹,即"D:\C#程序设计任务驱动教程案例\单元 1　初识 C#程序及其开发环境",然后单击"打开"按钮。在"解决方案名称"文本框中输入解决方案名称 Solution02,如图 1-27 所示。

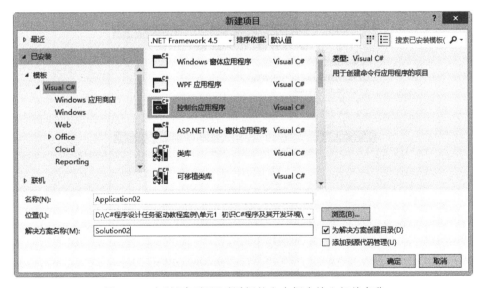

图 1-27　在"新建项目"对话框的文本框中输入相关名称

也可以在"位置"文本框中直接输入项目文件的保存路径,即"D:\C#程序设计任务驱动教程案例\单元 1　初识 C#程序及其开发环境"。

23

（4）自动生成C♯控制台程序的基本框架

在"新建项目"对话框中单击"确定"按钮，关闭"新建项目"对话框，创建一个控制台应用程序，进入 Visual Studio 2012 集成开发环境，同时系统自动生成C♯控制台程序的基本框架，如图 1-28 所示。

图 1-28　Visual Studio 2012 集成开发环境与C♯控制台程序的基本框架

（5）重命名

在"解决方案资源管理器"中，在C♯程序文件"Program. cs"上右击，在弹出的快捷菜单中选择"重命名"命令，如图 1-29 所示，然后将该程序文件的名称修改为"Program02. cs"，此时会弹出如图 1-30 所示的提示信息对话框，在该对话框中单击"是"按钮，完成重命名操作。

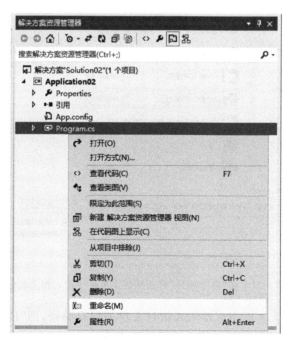

图 1-29　对程序文件"Program. cs"重命名

图 1-30　提示信息对话框

（6）输入程序代码

在 Main()方法的"{"与"}"之间输入程序代码。

在"{"的下一行输入第一个小写字母 d，会出现如图 1-31 所示的列表框及提示信息。

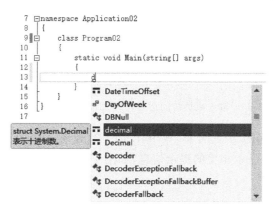

图 1-31　输入字母 d 时出现的相关列表框和提示信息

接着输入字母 ou，亮条会自动停在列表框中的 double 位置，并且出现了相关的提示信息，如图 1-32 所示。此时按键盘上的 Tab 键或 Enter 键即可完整输入 double，这样可有效地提高输入速度。

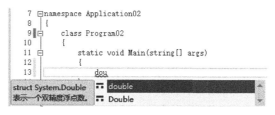

图 1-32　输入字母 dou 时，亮条停在 double 位置

接下来输入以下代码。

```
double dealPay, totalDeductPay;
double realPay;
dealPay=9680;
totalDeductPay=1680.3;
realPay=dealPay-totalDeductPay;
```

25

注意：每一行语句结束位置应输入半角分号";"。

然后输入类名 Console，当在 Console 右侧输入成员访问运算符"."时，会自动出现一个列表框，显示所有相关的成员，如图 1-33 所示。

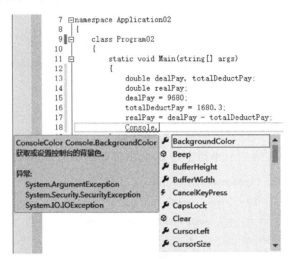

图 1-33　输入成员访问运算符"."出现的有效成员列表

在输入 Console 类的方法名称 WriteL 时，会出现一个列表框，亮条自动停在 WriteLine 位置，并且会显示相关的提示信息，如图 1-34 所示。按 Tab 键或 Enter 键即可完整输入 WriteLine。

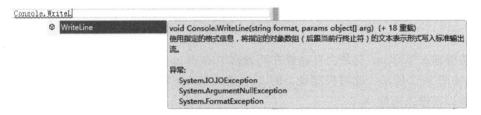

图 1-34　输入 Console 类的方法名 WriteL 时出现的列表框及提示信息

在 Console 类的方法名 WriteLine 右侧输入左括号"("时，会在当前光标位置下方的弹出信息中显示该方法的完整形式及相关的功能提示，如图 1-35 所示。

图 1-35　在方法名"WriteLine"后面输入左括号"("时出现的提示信息

在 Console 类的 WriteLine 方法的第一个参数后面输入","时，会显示该方法的完整参数，并且第二个参数会呈现加粗的外观，如图 1-36 所示。

输入一条语句结束时，如果忘记输入";"，则会出现"应输入;"的提示信息，如图 1-37 所示。

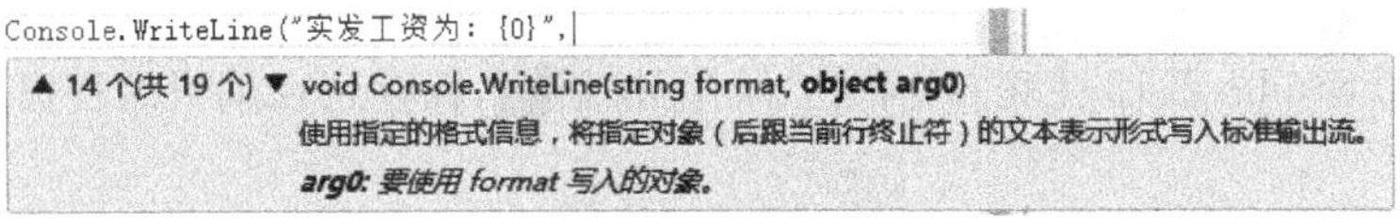

```
Console.WriteLine("实发工资为: {0}",|
```
▲ 14 个(共 19 个)▼ void Console.WriteLine(string format, **object arg0**)
使用指定的格式信息,将指定对象(后跟当前行终止符)的文本表示形式写入标准输出流。
arg0: 要使用 *format* 写入的对象。

图 1-36　在方法 WriteLine 的第一个参数后面输入","时出现的提示信息

```
Console.WriteLine("实发工资为: {0}", realPay)
```
应输入;

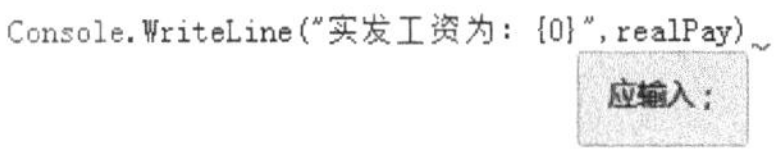

图 1-37　一条语句结束处没有输入";"时出现的提示信息

"代码"窗口中完整的代码如图 1-38 所示。

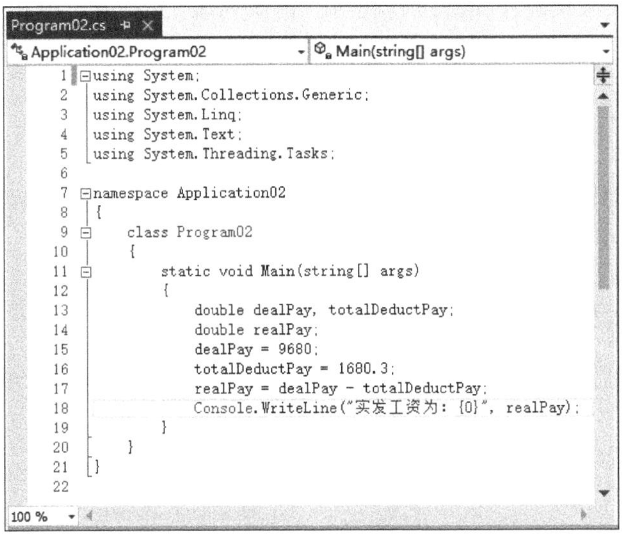

```
Program02.cs
Application02.Program02                    Main(string[] args)
1  using System;
2  using System.Collections.Generic;
3  using System.Linq;
4  using System.Text;
5  using System.Threading.Tasks;
6
7  namespace Application02
8  {
9      class Program02
10     {
11         static void Main(string[] args)
12         {
13             double dealPay, totalDeductPay;
14             double realPay;
15             dealPay = 9680;
16             totalDeductPay = 1680.3;
17             realPay = dealPay - totalDeductPay;
18             Console.WriteLine("实发工资为: {0}", realPay);
19         }
20     }
21 }
22
100 %
```

图 1-38　"代码"窗口中完整的代码

对图 1-38 所示的程序 Program02.cs 简单分析如下:

① 第 1 行表示导入命名空间,其中 using 是 C#导入命名空间的关键字,System 是 C#预定义的命名空间名称。

② 第 7 行表示声明命名空间,其中 namespace 是 C#声明命名空间的关键字,Application02 是自定义命名空间的名称。第 8 行的"{"是命名空间的起始标识符,第 21 行的"}"是命名空间的终止标识符。

③ 第 9 行表示自定义的类,其中 class 是 C#定义类的关键字,Program02 是自定义类的名称。第 10 行的"{"是类的起始标识符,第 20 行的"}"是类的终止标识符。

④ 第 11 行表示声明一个无返回值的静态方法 Main(),其中 static 是表明静态方法的关键字,void 是表明无返回值的关键字,Main 是 C#预定义的方法名称。第 12 行的"{"是方法 Main()的起始标识符,第 19 行的"}"是方法 Main()的终止标识符。第 13~18 行就是 Main 方法的语句。

（7）保存程序

在 Visual Studio 2012 主窗口，单击"保存"按钮，保存正在编辑的程序 Program02. cs。

提示：也可以在 Visual Studio 2012 主窗口中单击"全部保存"按钮，保存项目中的全部文件；或者单击"文件"菜单中"保存 Program02. cs"，如图 1-39 所示；也可以在"文件"下拉菜单中选择"全部保存"命令进行保存。保存当前文件的快捷键是 Ctrl＋S。

（8）生成项目

在 Visual Studio 2012 主窗口，在"生成"下拉菜单中选择"生成 Application02"命令，如图 1-40 所示，这时 C♯编译器将会开始编译、链接程序，并最终生成可执行文件。在编译程序时，将会打开一个"输出"窗口，显示编译过程中所遇到的错误和警告等信息，如图 1-41 所示。如果源代码存在错误，就会在"错误列表"窗口中出现相关提示信息，双击错误提示信息行，就可以直接跳转到出现错误的代码行进行修改。

图 1-39　在"文件"下拉菜单中选择"保存 Program02. cs"命令

图 1-40　在"生成"下拉菜单中选择"生成 Application02"命令

图 1-41　"输出"窗口

（9）运行程序

在 Visual Studio 2012 主窗口，单击菜单"调试"→"开始执行（不调试）"，如图 1-42 所示。或者直接按快捷键 Ctrl＋F5，该控制台程序开始运行，运行结果如图 1-43 所示。

图 1-42　"调试"菜单

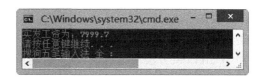

图 1-43　C♯程序 Program02.cs 的运行结果

3. 分析 C♯程序的基本组成

C♯程序 Main 方法的完整代码如表 1-6 所示。

表 1-6　C♯程序 Main 方法的完整代码

行号	C#程序代码
01	double dealPay, totalDeductPay;
02	double realPay;
03	dealPay=9680;
04	totalDeductPay=1680.3;
05	realPay=dealPay-totalDeductPay;
06	Console.WriteLine("实发工资为:{0}", realPay);

对表 1-6 所示的程序代码分析如下：

（1）第 01 行声明了 2 个双精度变量 dealPay、totalDeductPay,分别存储应发工资和扣款合计。

（2）第 02 行声明了 1 个双精度变量 realPay,用于存储实发工资。

（3）第 03 行将数据 9680 存入到变量 dealPay 对应的内存单元中,即给变量 dealPay 赋值。

（4）第 04 行将数据 1680.3 存入到变量 totalDeductPay 对应的内存单元中,即给变量 totalDeductPay 赋值。

（5）第 05 行使用一个算术表达式 dealPay－totalDeductPay 计算实发工资,并且将该表达式的值存入到变量 realPay 对应的内存单元中。

29

（6）第 06 行使用 Console 类的 WriteLine 方法按指定格式输出实发工资。

分析表 1-6 所示的程序代码可以发现，该程序首先声明了多个变量，然后将初始数据存入这些变量对应的内存单元中，就好像外出旅游时入住宾馆一样，先要向宾馆预订房间，然后才入住。其次是对存储在内存单元中的数据进行运算，将运算的中间结果或最终结果存储到对应的内存单元中。最后将中间结果或最终结果通过屏幕输出。

根据以上分析我们可以将程序划分为三个部分。

（1）数据输入与存储

首先声明多个变量，然后通过赋值或者其他数据输入方法将初始数据存储到内存单元中待处理。

（2）数据运算或处理

对存储在内存单元中的数据进行运算或处理，将中间结果或最终结果暂存内存单元中待输出。数据运算或处理有时可以利用已有的计算公式，有时需要设计算法完成。

（3）数据输出

通过屏幕输出程序运行的结果。对于 C♯ 控制台程序可以使用 Console 类的 Write 方法和 WriteLine 方法输出数据，也可以利用其他的类或控件输出数据。

4. 分析 C♯ 程序的标识符

Program02.cs 程序中包括多个 C♯关键字、C♯预定义标识符和自定义标识符。

（1）C♯关键字

Program02.cs 中使用的 C♯关键字分别是 using（导入命名空间）、namespace（声明命名空间）、class（声明类）、static（表明静态方法）、void（表明方法无返回值）、double（双精度型数据）、string（字符串）。

（2）C♯预定义标识符

Program02.cs 中使用的 C♯ 预定义标识符分别是 System、Main、Console、WriteLine，这些预定义标识符第一个字母均为大写。

（3）自定义标识符

Program02.cs 中使用的自定义标识符分别是 Application02、Program02、dealPay、totalDeductPay、realPay。

程序 Program02.cs 中还包含一些其他符号，分别是"，""｛""｝"。

5. 分析 C♯ 程序的运算符和表达式

程序 Program02.cs 中使用了"－"和"＝"2 个运算符，使用了 1 个算术表达式"dealPay－totalDeductPay"。

6. 分析 C♯ 程序的语句

程序 Program02.cs 中包含了多条语句，每一条语句都是以"；"结束，同一条语句可以跨行书写。

程序 Program02.cs 中使用了变量声明语句（例如"double realPay；"）、赋值语句（例如"dealPay ＝ 9680;")、输出语句（例如"Console. WriteLine（"实发工资为：{0}", realPay）;"）。

7. 查看各类文件

在 Windows"资源管理器"窗口的"D:\C♯程序设计任务驱动教程案例\单元 1 初识 C♯程序及其开发环境"文件夹下,将会发现 Solution02 文件夹,这是 Visual Studio 所建立的解决方案文件夹,在该解决方案文件夹中包含了一个项目文件夹 Application02 和两个解决方案文件 Solution02. sln、Solution02. v11. suo,如图 1-44 所示。

图 1-44　Windows 的"资源管理器"窗口中的解决方案文件夹及该文件夹中的文件

同时在项目文件夹 Application02 下也包含 bin、obj 和 Properties 等多个子文件夹和 App. config、Program02. cs、Application02. csproj 等多个文件,如图 1-45 所示。

图 1-45　Windows 的"资源管理器"窗口中的项目文件夹及该文件夹中的文件

在"Solution02 \ Application02 \ bin \ Debug"或"Solution02 \ Application02 \ obj \ Debug"子文件夹中还有可执行文件,如图 1-46 所示,双击文件名就可以运行该程序。

这些文件的扩展名都有特定的含义,解释如下:

（1）解决方案文件 Solution02. sln 的扩展名为 sln,为 Solution 的缩写,双击该解决方案文件可以打开该解决方案。

（2）项目文件 Application02. csproj 的扩展名为 csproj,为 C Sharp Project 的缩写,双击该项目文件可以打开该项目。

31

图 1-46　Debug 子文件夹中的可执行文件

（3）程序文件 Program02.cs 的扩展名为 cs，为 C Sharp 的缩写。

如果需要关闭项目文件，选择菜单中的"文件"→"关闭项目"命令即可。

任务 1-5　查看与设置属性

【任务描述】

（1）查看与设置"解决方案"的属性。

（2）查看与设置"项目"的属性。

【问题分析】

如果"属性"窗口被隐藏，在"视图"下拉菜单中选择"属性窗口"命令即可以显示"属性"窗口，如图 1-47 所示。

【任务实施】

1. 查看属性

如果在"解决方案资源管理器"中单击选择"解决方案名称"，则在"属性窗口"显示解决方案的属性，如图 1 48 所示。

如果在"解决方案资源管理器"中单击选择"项目名称"，则在"属性窗口"显示项目的属性，如图 1-49 所示。

如果在"解决方案资源管理器"中单击选择"程序文件名称"，则在"属性窗口"显示程序文件的属性，如图 1-50 所示。

2. 设置"解决方案"的属性

在"解决方案资源管理器"窗口中右击"解决方案"的名称，在弹出的快捷菜单中单击

图 1-47　在"视图"下拉菜单中选择"属性窗口"命令

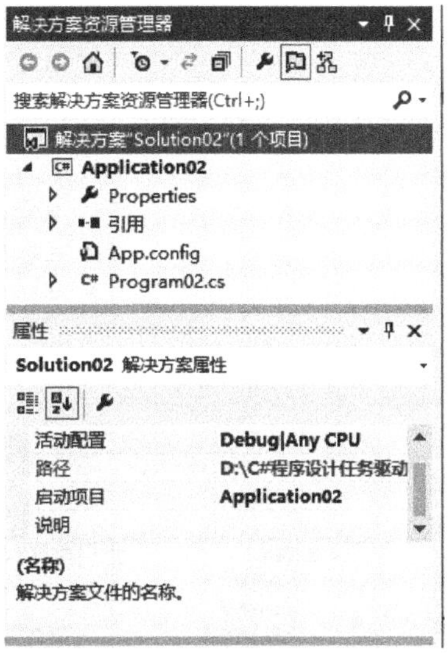

图 1-48　查看解决方案 Solution02 的属性

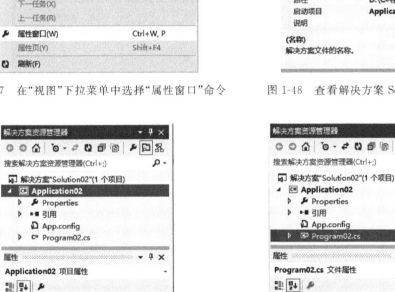

图 1-49　查看项目 Application02 的属性

图 1-50　查看程序文件 Program02.cs 的属性

"属性"按钮,如图 1-51 所示。然后显示"解决方案 Solution02 属性页"对话框,如图 1-52

33

图 1-51 "解决方案"的快捷菜单

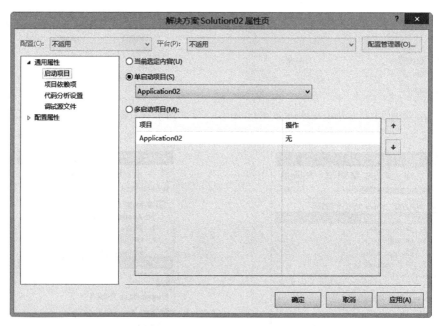

图 1-52 "解决方案 Solution02 属性页"对话框

所示,在该对话框中根据需要设置"解决方案"的"通用属性"或"配置属性"即可。

3. 设置"项目"的属性

在"解决方案资源管理器"窗口中右击"项目"的名称,在弹出的快捷菜单中单击"属性"按钮,如图 1-53 所示。然后打开"项目属性"对话框,如图 1-54 所示。项目的属性显

图 1-53　"项目"的快捷菜单

示为一组竖排的选项卡,根据需要切换到各个选项卡,对项目属性进行设置即可。

在图 1-54 所示的"应用程序"选项卡中可以分别设置"程序集名称""默认命名空间""输出类型""启动对象""图标"以及"程序集信息"等方面的属性。

图 1-54　设置项目属性的对话框

在以后各单元中,如有必要可以打开"项目属性"对话框,对项目属性进行修改,这里暂不做其他修改,单击该对话框右上角的"关闭"按钮⊠,关闭"项目属性"对话框即可。

任务 1-6　使用"解决方案资源管理器"管理项目和文件

【任务描述】

(1) 查看项目 Application02 中程序文件 Program02.cs 的代码。

(2) 在"解决方案资源管理器"中将解决方案 Solution02 的名称修改为 Solution102。

(3) 在解决方案 Solution102 中添加一个新项目 Application03。

(4) 设置启动项目为 Application02。

(5) 在新建项目 Application03 中添加一个程序文件 Program03.cs。

(6) 删除新建项目 Application03 中默认添加的程序文件 Program.cs。

(7) 从解决方案 Solution02 移除新增加的项目 Application03。

【问题分析】

"解决方案资源管理器"窗口是管理简单或复杂解决方案包含的所有文件的工具,该窗口本身也带有工具栏,并且随着选择对象的不同(例如分别选择解决方案、项目、程序文件)呈现工具栏按钮也会有所不同。当选择解决方案时,该工具栏有多个按钮,鼠标指针指向这些按钮时,会显示相应的按钮名称。

使用"解决方案资源管理器"窗口可以添加、重命名和删除项目文件,也可以选择对象来查看它们的属性。如果"解决方案资源管理器"窗口没有显示,则单击菜单"视图"→"解决方案资源管理器"来显示它。

在"解决方案资源管理器"窗口中可以添加新项、添加现有项、添加新解决方案文件夹、设置启动项目、查看解决方案属性。完成这些操作可以利用 Visual Studio 2012 主窗口的"项目"菜单,如图 1-55 所示。也可以利用"解决方案"的快捷菜单,如图 1-56 所示。

图 1-55　在"解决方案资源管理器"窗口中选择解决方案时对应的"项目"菜单

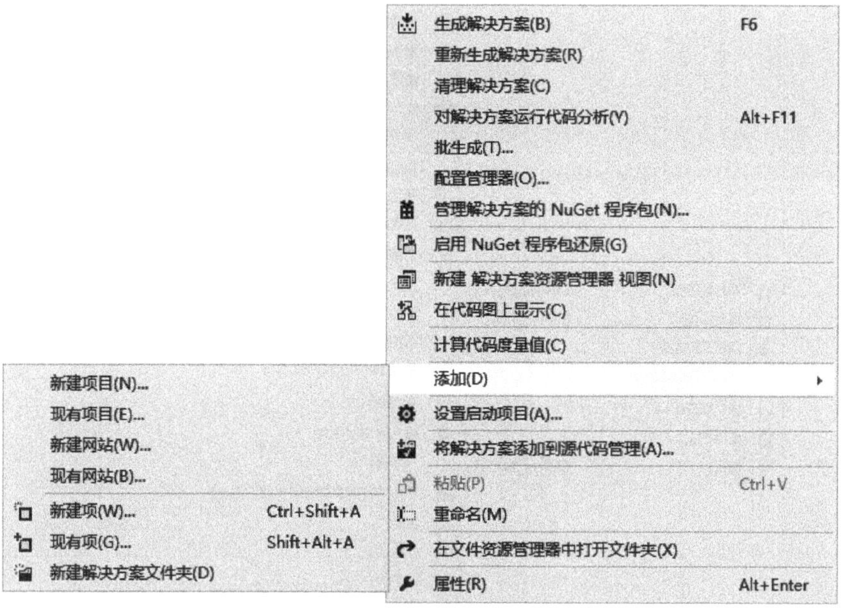

生成解决方案(B)		F6
重新生成解决方案(R)		
清理解决方案(C)		
对解决方案运行代码分析(Y)		Alt+F11
批生成(T)...		
配置管理器(O)...		
管理解决方案的 NuGet 程序包(N)...		
启用 NuGet 程序包还原(G)		
新建 解决方案资源管理器 视图(N)		
在代码图上显示(C)		
计算代码度量值(C)		
添加(D)		▶
设置启动项目(A)...		
将解决方案添加到源代码管理(A)...		
粘贴(P)		Ctrl+V
重命名(M)		
在文件资源管理器中打开文件夹(X)		
属性(R)		Alt+Enter

新建项目(N)...
现有项目(E)...
新建网站(W)...
现有网站(B)...
新建项(W)...　　Ctrl+Shift+A
现有项(G)...　　Shift+Alt+A
新建解决方案文件夹(D)

图 1-56 "解决方案资源管理器"中"解决方案"的快捷菜单

在"解决方案资源管理器"窗口中也可以添加 Windows 窗体、新建文件夹、刷新项目文件、卸载项目,完成这些操作可以利用 Visual Studio 2012 主窗口的"项目"菜单,如图 1-57 所示,也可以利用"项目"的快捷菜单,如图 1-58 所示。

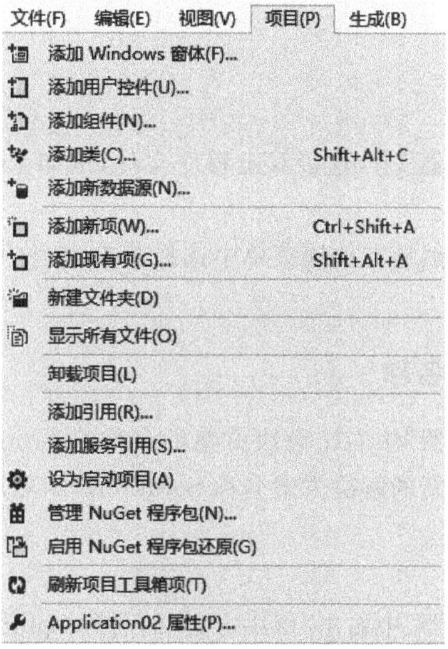

文件(F) 编辑(E) 视图(V) 项目(P) 生成(B)	
添加 Windows 窗体(F)...	
添加用户控件(U)...	
添加组件(N)...	
添加类(C)...	Shift+Alt+C
添加新数据源(N)...	
添加新项(W)...	Ctrl+Shift+A
添加现有项(G)...	Shift+Alt+A
新建文件夹(D)	
显示所有文件(O)	
卸载项目(L)	
添加引用(R)...	
添加服务引用(S)...	
设为启动项目(A)	
管理 NuGet 程序包(N)...	
启用 NuGet 程序包还原(G)	
刷新项目工具箱项(T)	
Application02 属性(P)...	

图 1-57 在"解决方案资源管理器"窗口中选择项目时对应的"项目"菜单

37

图 1-58　"解决方案资源管理器"中"项目"的快捷菜单

【任务实施】

1. 查看代码

在"解决方案资源管理器"中,直接双击程序文件,例如 Program02. cs,即可打开"代码"窗口来查看程序代码。

也可以右击程序文件,然后在快捷菜单中选择菜单项"打开"或"查看代码",打开"代码"窗口,查看程序代码。

2. 重命名解决方案名称

在"解决方案资源管理器"中右击解决方案的名称 Solution02,在弹出的快捷菜单中选择菜单项"重命名",输入新的解决方案名称 Solution102,然后按 Enter 键即可。

3. 添加新项目

在"解决方案资源管理器"中右击"解决方案"的名称 Solution102,在弹出的快捷菜单中选择"添加"菜单,然后单击"新建项目"菜单项。打开"添加新项目"对话框,在该对话框中选择"项目类型"和"模板",在"名称"文本框中输入项目名称,如图 1-59 所示。如有必要则更改保存文件的位置,然后单击"确定"按钮即可。

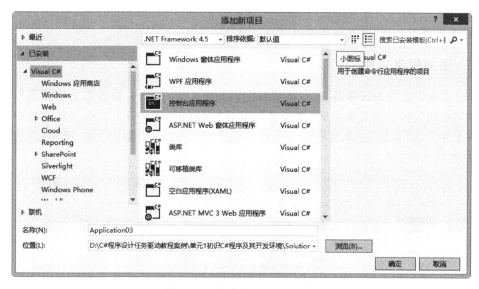

图 1-59 "添加新项目"对话框

4. 设置启动项目

在"解决方案资源管理器"中右击"解决方案"的名称,在弹出的快捷菜单中选择菜单项"设置启动项目",打开"解决方案 Solution102 属性页"对话框,在对话框中设置启动项目即可,如图 1-60 所示。

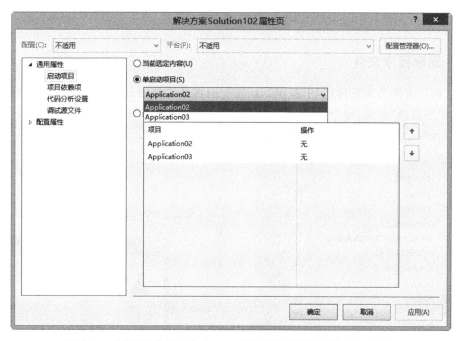

图 1-60 在"解决方案 Solution102 属性页"对话框中设置启动项目

也可以在"解决方案资源管理器"中右击项目的名称 Application02,在弹出的快捷菜单中直接选择菜单项"设为启动项目"即可。

5. 添加程序文件

在"解决方案资源管理器"中右击项目的名称 Application03,在弹出的快捷菜单中选择菜单"添加",然后单击菜单项"新建项",打开"添加新项"对话框。在该对话框中选择"代码文件",在"名称"文本框中输入文件名称 Program03.cs,如图 1-61 所示,然后单击"添加"按钮即可。

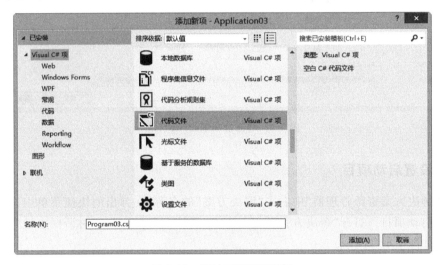

图 1-61 "添加新项"对话框

6. 删除程序文件

在"解决方案资源管理器"中右击默认添加的程序文件的名称 Program.cs,在弹出的快捷菜单中选择"删除"命令即可,如图 1-62 所示,此时会弹出提示信息对话框,如图 1-63 所示,在该对话框中单击"确定"按钮即可删除所选择的文件。

图 1-62 "解决方案资源管理器"中"程序文件"的快捷菜单　图 1-63 删除程序文件时弹出的提示信息对话框

程序文件被删除后,硬盘中的对应文件也被删除了。如果只需从项目中排除该文件,则单击快捷菜单中的"从项目中排除"菜单项即可。

7. 移除项目

在"解决方案资源管理器"中,右击需要移除的项目名称 Application03,在弹出的快捷菜单中单击菜单项"移除",此时会弹出如图 1-64 所示的提示信息对话框,在该对话框中单击"确定"按钮即可移除所选的项目。

图 1-64 移除项目时弹出的提示信息对话框

被移除的项目并没有从硬盘中删除,只是暂时脱离了本解决方案的控制,如果需要重新添加,只需通过添加"现有项"的方法添加即可。

任务 1-7 尝试调试程序与排除程序错误

【任务描述】

(1) 如果表 1-6 的程序中 Main 方法的代码输入时出现了一些输入错误,则运行程序会产生不同类型的错误,试根据输出窗口中的提示信息修改这些错误,以保证程序能正常运行,并输出正确的结果。

(2) 逐过程运行程序,观察输出窗口中输出的数据。

【问题分析】

调试程序既是一种技巧也是一门艺术。对于 Visual C#新手来说,程序代码中可能包含多个错误,程序中出现错误并不可怕,只要我们熟练掌握跟踪和纠正错误的基本技巧,尽快发现错误并且排除错误即可。

【任务实施】

1. 调试程序与修改错误

(1) 如果将表 1-6 中的第 01 行写成"double totalDeductPay;"的形式,即程序只声明了 2 个变量,处理数据却用到了 3 个变量。也就是说 dealPay 变量未声明,违背了 C#程序中变量要先声明、后使用的基本原则。

生成项目后,"错误列表"窗口中会出现"当前上下文中不存在名称 dealPay"的错误信息,并且详细列出了该错误来自哪一个项目的哪一个文件,位于该文件中哪一行哪一列,如图 1-65 所示,这样便于查找错误。"输出"窗口中显示编译过程中所遇到的错误和警告信息,如图 1-66 所示。

在代码区该变量名称下面也会出现波浪线,当鼠标指针移到带波浪线的代码时,会出

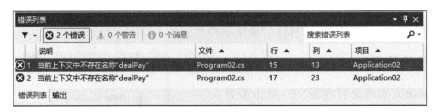

图 1-65　变量未声明的错误列表

图 1-66　"输出"窗口中显示编译过程所遇到错误和警告信息

现一条错误提示信息,如图 1-67 所示。

图 1-67　未声明变量的错误标识及提示信息

　　如果将表 1-6 中的第 01 行写成"double dealpay,totalDeductPay;"的形式,即声明 dealpay 变量时,字母 p 为小写字母,而使用时却变成 dealPay。生成项目后,"错误列表" 窗口会出现图 1-67 所示的错误。其原因是 C♯语言区别字母的大小写,dealpay 与 dealPay 是两个不同的变量名。

　　(2) 将表 1-6 中第 01 行语句的结束符";"删除,生成项目后,"错误列表"窗口会出现 如图 1-68 所示错误。

图 1-68　"应输入;"的错误信息

　　(3) 如果将表 1-6 中第 02 行语句写成"int realPay;"的形式,即将 realPay 变量声明 为整型数据,生成项目后,"错误列表"窗口会出现如图 1-69 所示错误。

图 1-69　"无法将类型'double'隐式转换为'int'……"的错误信息

在代码区相应表达式下面也会出现波浪线，当鼠标指针移到带波浪线的表达式时，会出现一条错误提示信息，如图 1-70 所示。

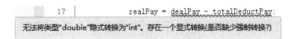

图 1-70　类型无法隐式转换的错误提示信息

（4）如果将表 1-6 中第 06 行写成"WriteLine("实发工资为：{0}"，realPay)；"，即没有指定 WriteLine 方法所属的类，生成项目后，"错误列表"窗口会出现如图 1-71 所示错误。

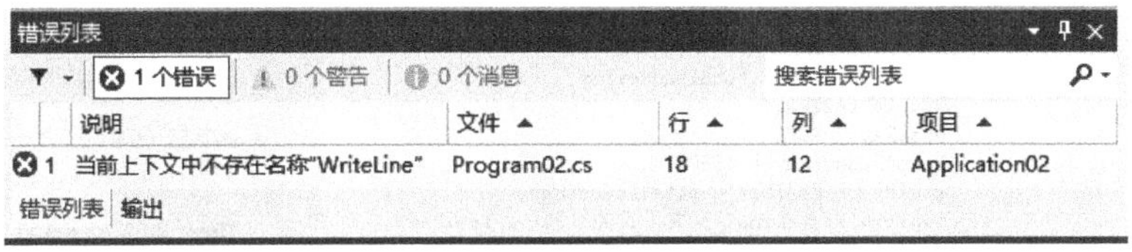

图 1-71　"当前上下文中不存在名称'WriteLine'"的错误信息

在代码区相应类名称 WriteLine 下面也会出现波浪线，当鼠标指针移到带波浪线的表达式时，会出现一条错误提示信息"当前上下文中不存在名称'WriteLine'"。

（5）如果将表 1-6 中第 06 行写成"Console. Writeline("实发工资为：{0}"，realPay)；"，即将方法名称 WriteLine 改写为 Writeline，生成项目后，"错误列表"窗口会出现如图 1-72 所示错误。

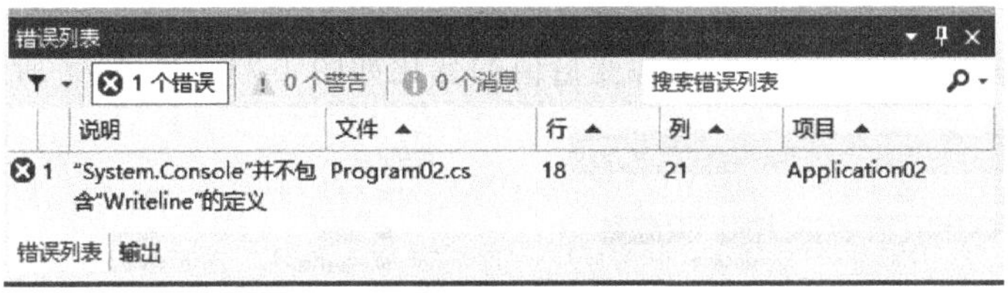

图 1-72　方法名称有误的错误信息

以上列举了一些初学编程者经常会出现的错误，希望从中吸取经验教训，编程尽量少犯类似错误。

提示：编写 C# 程序时，应牢记以下基本原则。

（1）每一条语句都必须以"；"结束，如果一条语句太长，可以跨行书写，不必使用分行符。

（2）C# 语言区分大小写，关键字都是小写字母，Visual C# 预定义的标识符一般都以大写字母开头，如果大写字母写成小写，系统将无法识别。系统预定义类的属性、方法名称一般都采用 Pascal 命名规范，即每个单词的首字母都为大写字母。

（3）编程时自定义的标识符采用大写字母还是小写字母只是一种约定，并没有明确的限制。对于变量名称，使用时的名称必须与声明时的名称完全一致，否则会出现变量未声明的错误。

2．逐过程运行程序

在 Visual Studio 2012 的主窗口打开程序文件 Program02.cs,然后单击菜单"调试"→"逐过程",或者直接按快捷键 F10,程序开始运行。箭头停在 Main()方法的起始位置"{"处,同时自动显示"局部变量""即时窗口""错误列表""调用堆栈""监视"窗口等调试小窗口,如图 1-73 所示。

图 1-73　逐过程调试程序

程序运行过程中"自动窗口"中各变量值的变化如图 1-74～图 1-77 所示。

图 1-74　程序开始运行(1)

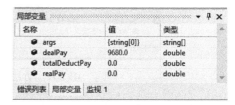

图 1-75　程序开始运行(2)

图 1-76　程序开始运行(3)

图 1-77　程序开始运行(4)

同步训练

任务 1-8　编写 C# 程序输出欢迎信息

（1）编写 C♯程序输出"欢迎您选购商品！"的欢迎信息。

（2）分析 C♯程序代码组成、代码中包含的标识符和语句。

（3）运行 C♯程序，观察程序运行结果。

析疑解难

【问题 1】　计算机语言分为哪几类？各有何特点？C♯属于哪一类计算机语言？

计算机语言分为机器语言、汇编语言和高级语言三类。

（1）机器语言

机器语言是指直接使用计算机指令与计算机交换信息。它是用二进制代码表示的指令系统，是计算机唯一能够直接识别和执行的程序设计语言。机器指令由 0 和 1 组成，是计算机能直接识别的代码。一条机器指令用来控制计算机完成一个操作，它告诉计算机应进行什么运算，哪些数据参与运算，这些数据存放在何处，计算结果应送到什么地方去等。所谓机器语言是指机器指令的集合，用机器语言写程序就是要写出由一条条机器指令组成的程序。用机器语言编写的程序执行速度快，占用存储空间小，但是二进制指令代码很长，难学、难写、难记，而且编出的程序全是 0 和 1 的数字，直观性差，容易出错，程序的检查和调试都较困难。

（2）汇编语言

汇编语言实际是由一组与机器语言指令一一对应的符号指令和简单语法组成的。例如"ADD A B"表示将 A 单元中的数据和 B 单元中的数据相加后，将结果存入 A 单元中，它与某个机器语言指令直接对应。汇编语言程序要由一种"翻译"程序来将它翻译为机器语言程序，这种翻译程序称为汇编程序。任何一种计算机都配有只适合自己的"汇编程序"。汇编语言适用于编写直接控制机器操作的底层程序，它与机器密切相关，比较难掌握。

（3）高级语言

为了解决机器语言的难学、难写、难记、难修改等缺陷，人们创造了"高级语言"，目前常用的高级语言很多，例如 C♯、Visual Basic. NET、C++、Java、C 语言等。高级语言使用一套符号更接近人们的习惯，对问题的描述方法也接近人们对问题求解过程的表示方法，便于书写，易于掌握。

与其他语言类似，计算机语言有自己的词汇表，词汇表是具有特定意义的词的集合。

编程语言词汇里的词称为关键字,编程语言的文法规则称为语法。编写程序时遵循某一编程语言的语法,可以确保使用该语言编写的程序指令能被正确地执行。

【问题 2】 计算机能否直接执行 C♯ 程序?将高级语言编写的程序"翻译"成机器指令通常有几种方法?Visual Studio 开发环境中的.NET 程序如何执行?

计算机并不能直接执行用 C♯ 之类的高级语言编写的程序,因此必须要有"翻译"操作,把人们用高级语言编写的程序(称之为"源程序")翻译成机器指令的程序,然后再让计算机执行机器指令。

将高级语言编写的程序"翻译"成机器指令通常有两种方法,即编译方式和解释方式。

(1) 编译方式是:事先编好一个称为"编译程序"的机器指令程序,并存放在计算机中,把用高级语言写的源程序输入计算机,编译程序便把源程序整个地翻译成用机器指令表示的目标程序。然后执行该目标程序,得到计算结果,如图 1-78 所示。用编译语言编写的程序必须先编译才可以运行,常见的编译语言有 C、C++ 等。

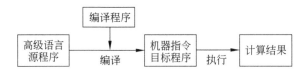

图 1-78 高级语言的源程序编译成机器指令的目标程序

(2) 解释方式是:事先编好一个称为"解释程序"的机器指令程序,并存放在计算机中,当源程序输入计算机后,逐句地翻译,译出一句立即执行,即边解释边执行。解释方式执行速度慢,但可以进行人机对话,随时可以修改执行中的源程序。常见的解释语言有Basic、Perl 等。

Visual Studio 开发环境中的.NET 中使用了新的程序执行技术,结合了编译执行和解释执行的优点。.NET 程序被编译器编译成为微软中间语言(MSIL)。与一般编译语言不同的地方在于.NET 编译器所产生的 MSIL 并不是本地代码,不能直接在任何现存的CPU 上执行。.NET 程序启动后,在执行的过程中由 MSIL 编译器将 MSIL 编译成为本地代码,再调入 CPU 中执行。虽然每次执行的过程中都要经过 MSIL 编译器对 MSIL 代码进行编译,但是由于 MSIL 语句相对简单,与机器码非常接近,因此编译速度远比一般编译语言快。在程序执行时 CPU 中运行的是本地代码,因此也比解释执行的语言快得多。由于结合了编译方式和解释方式的优点,.NET 程序比解释语言的执行速度更快。

【问题 3】 解释计算机程序、编程、源程序、编译几个术语。

计算机程序是人们利用计算机解决某一个具体问题时,用一种程序设计语言书写的并能被计算机执行的一组规则和步骤。程序在计算机内是以文件的形式存储、管理和使用的,当执行某个程序时,计算机通过指定的路径找到源程序文件,然后将其调入内存,根据程序中的语言逐条执行,最终输出所需的结果。

编程就是用一种计算机高级语言(例如 C♯、Visual Basic.NET、C++、Java、C)描述解题方法和过程。编程时,必须把程序语句存储在一个文件中,该文件称为源程序。计算机本身并不能理解高级语言编写的源程序,必须将源程序翻译为机器语言代码,计算机才能执行,将源程序翻译为机器语言代码的过程称为编译。当编译成功后,通过加载程序将存储在磁盘中的机器语言代码装入内存,CPU 取出并执行每条指令,执行的结果暂存于内存中,通过输出控制将其输出到输出设备,使用户能看到程序运行的结果。

【问题 4】 程序中添加必要的注释有何作用? C#语言提供了哪些注释方法?

在程序编写过程中常常要对程序中比较重要或需要注意的地方做些说明,但这些说明又不会参与程序的执行,通常采用注释的方式将这些说明写在程序中,合理的注释非但不会浪费编写程序的时间,反而能让程序更加清晰,这也是具有良好编程习惯的表现之一。

在 C#语言中,提供了两种注释方法。

(1) 在每一行中"//"后面的内容作为注释内容,该方式只对本行生效。

(2) 需要多行注释的时候,在注释内容的开始位置加"/*",在结束位置加"*/",也就是说被"/*"与"*/"所包含的内容都作为注释内容。

【问题 5】 简述 C#的产生及其特点,说明 C#语言与.NET 平台的关系与区别。

Microsoft 公司在 2000 年 6 月正式发布了 Visual Studio 语言,简称 VC#或 C#(即 Visual C-Sharp)。C#是 Microsoft 公司专门为.NET 平台开发的,也是.NET 开发环境中最重要的编程语言,C#集成在 Visual Studio 开发工具中。

C#语言是.NET 平台上的一种编程语言,专门为.NET 设计,用于生成面向.NET 环境的代码,但它本身并不是.NET 的一部分。.NET 是 C#语言的编译和运行环境。.NET 支持的特性并不一定 C#都支持,C#支持的特性也不一定.NET 全支持。

C#是一种类型安全的、现代的、由 C/C++衍生而来的面向对象的编程语言。它牢牢根植于 C 和 C++,能够很快被 C/C++程序员熟悉;它借鉴了 Java 语言的优点,综合了 Visual Basic 语言的高效率。

【问题 6】 如何打开已创建的 C#应用程序?

当需要编辑已有的 C#程序时,首先需要打开该应用程序,可以采用以下几种方法。

(1) 在 Visual Studio 2012 主窗口中单击菜单"文件"→"打开"→"项目/解决方案",显示"打开项目"对话框,选择要打开的项目文件(扩展名为.csproj)或解决方案文件(扩展名为.sln),单击"打开"按钮,即可打开项目文件或解决方案文件。

(2) 单击工具栏中的"打开"按钮,显示"打开项目"对话框,选择要打开的项目文件或解决方案文件,单击"打开"按钮,即可打开项目文件或解决方案文件。

(3) 在 Windows 操作系统的"资源管理器"或"我的电脑"中直接双击项目文件或解决方案文件,也可以打开项目文件或解决方案文件。

单元习题

(1) C#源程序文件的扩展名为(   )。

  A..vb   B..c   C..cpp   D..cs

(2) 按(   )键可以运行 C#程序。

  A. F9   B. Ctrl+F5   C. F10   D. F11

（3）通过（　　）菜单可以打开项目或解决方案。

  A. 编辑　　　　　　B. 文件　　　　　　C. 窗口　　　　　　D. 视图

（4）C♯项目文件的扩展名是（　　）。

  A. .sln　　　　　　B. .proj　　　　　　C. .csproj　　　　　D. .cs

（5）Visual Studio. NET 开发环境中，F5 功能键的作用是（　　）。

  A. 显示相关帮助　　　　　　　　　　B. 打开属性窗口

  C. 运行程序　　　　　　　　　　　　D. 打开代码编辑器

（6）以下标识符中，正确的是（　　）。

  A. _strName　　　B. Main　　　　　C. 4A　　　　　　D. x5♯

（7）关于 C♯程序的书写，下列说法中不正确的是（　　）。

  A. 区分大小写

  B. 一行可以写多条语句

  C. 一条语句可写成多行

  D. 一个类中只能有一个 Main()方法，因此多个类中可以有多个 Main()方法

（8）C♯程序的主入口点是（　　）。

  A. main 方法　　　　　　　　　　　B. Main 方法

  C. Run 方法　　　　　　　　　　　　D. Form_Load 方法

（9）C♯程序中，入口方法的正确声明为：（　　）。

  A. static int main(){…}　　　　　　B. static void main(){…}

  C. static void Main(){…}　　　　　　D. static Main(){…}

（10）以下说法中，正确的是（　　）。

  A. Main 方法是由 C♯语言提供的标准方法，不需要用户编写它的内容

  B. 在 C♯程序中，要调用的方法必须在 Main 方法中定义

  C. 在 C♯程序中，必须显式调用 Main 方法，它才起作用

  D. 一个 C♯程序无论包含多少个方法，C♯程序总是从 Main 方法开始执行

（11）下列关于解决方案的叙述中，不正确的是（　　）。

  A. 一个解决方案可以包含多个项目

  B. 一个解决方案只能包含一个项目

  C. 新建项目时，会默认生成一个解决方案

  D. 解决方案文件的扩展名为“.sln”

（12）在 Visual Studio. NET 窗口的（　　）窗口中可以查看当前项目的类和类型的层次信息。

  A. 解决方案资源管理器　　　　　　B. 类视图

  C. 资源视图　　　　　　　　　　　　D. 属性

（13）以下窗口不属于 Visual Studio. NET 开发环境本身的窗口的是（　　）。

  A. 解决方案资源管理器窗口　　　　B. 属性窗口

  C. 控制台窗口　　　　　　　　　　　D. “错误列表”窗口

（14）设计控制台应用程序时，以下方法无法打开“代码编辑器”窗口是（　　）。

A. 在"解决方案资源管理器"窗口中双击程序代码文件

B. 在"解决方案资源管理器"窗口中单击程序代码文件

C. 在"解决方案资源管理器"窗口中,右击程序代码文件,在弹出的快捷菜单中选择"代码"命令即可

D. 在"解决方案资源管理器"窗口中,右击程序代码文件,在弹出的快捷菜单中选择"查看代码"命令即可

（15）在 Visual Studio. NET 开发环境中创建一个项目 project01,那么在该项目文件夹中自动创建的子文件夹不包括(　　)。

A. bin　　　　　　B. obj　　　　　　C. Properties　　　　D. Program

单元 2　C#程序中不同类型
数据的存储与输入

计算机程序的主要功能是数据的运算与处理,所处理的数据有多种不同的表现形式,即数据类型不同。数据运算与处理时原始数据、中间结果与最终结果都必须占用一定的内存空间,即分配一定的存储单元,不同类型的数据占用的内存大小会有所不同。

程序探析

任务 2-1　编写程序输出教师的基本信息

【任务描述】

明德学院武明老师的个人基本信息如下:"职员编号:A6688;性别:男;部门名称:计算机系;身份证号:480202197811261017;出生日期:1978 年 11 月 26 日;联系电话:15807331688;已婚;工龄:15 年;基本工资:3600 元;工龄补贴:每年 5 元。"编写程序按以下约定的格式输出其基本信息。

```
武明老师的个人基本信息如下。
职员编号:A6688
性　　别:男
部门名称:计算机系
身份证号:480202197811261017
联系电话:15807331688
婚　　否:已婚
工　　龄:15 年
基本工资:3600 元
工龄工资:75 元
```

【问题分析】

(1) 从数据的字面形式对表示个人基本信息的数据进行分析。

表示个人基本信息的数据从字面形式可以分为三类:①数字形式的数据,例如

480202197811261017、15807331688、15、3600、5 等,这些数据全由纯数字组成;②字符形式的数据,例如 A6688、男、计算机系、已婚等,这些数据包含字母、数字、汉字等;③特殊形式的数据,例如表示日期的数据"1978-11-26"等,这些数据具有特定的格式和含义,对于日期数据由年、月、日组成。

（2）从数据的性质对表示个人基本信息的数据进行分析。

对于字面形式为数字的数据,有些数据具有数学意义,能够参与算术运算,例如工资、成绩、工龄、年龄、学分、价格、数量等,这类数据能够确切地表示数量关系,是真正的数值类型的数据,这类数据还可以细分为整数和小数。但有些数据虽然字面形式为数字,却不具有数学意义,不能表示数量关系,如果参与算术运算,其运算结果毫无意义,例如编号、学号、身份证编号、电话号码、邮政编码、房间号、存折号码等,这类数据使用纯数字表示简单明了,有时也能包含字母或者其他字符,例如职工编号用 A6688 表示,身份证编号末位加"X"等,这类数据本质上不属于数值类型的数据,所以一般将它们归属于字符类型的数据。对于字符形式的数据,有些数据很特殊,一般只有两个取值,例如:"婚否:已婚、未婚;及格否:及格、不及格;成立否:成立、不成立。"这类数据逻辑上具有相互否定的关系,一般将它们归属于逻辑型数据。另外对于具有特定日期格式的数据当然归属于日期数据。

（3）从数据占用内存大小对表示个人基本信息的数据进行分析。

对于十进制的整数,按照除以 2 取余的方法,将十进制整数转换为二进制整数,然后根据数据的位数确定其占用的内存容量。由此可以确定 5 占用 1 字节,15 占用 1 字节,3600 占用 2 字节。

对于字符型数据,Visual C# 采用 Unicode 编码来表示,不管是半角字符(例如英文字母、数字等)还是全角字符(例如汉字、全角标点符号等),每个字符一律占用 2 字节。由此可以确定数据"男"占用 2 字节,"计算机系"占用 8 字节,"A6688"占用 10 字节,"15807331688"占用 22 字节,"480202197811261017"占用 36 字节。

对于逻辑型数据,则以"是"和"否"形式进行存储,也就是 true 和 false 的形式,只需要占用 1 字节。

根据以上分析可以确定个人基本信息中所涉及数据的类型,如表 2-1 所示。

表 2-1　个人基本信息中所涉及数据的类型

中文名称	变 量 名 称	取　　　值	数据类型	数据类型标识符
工龄	workYear	15	字节型	byte
基本工资	basePay	3600.00	双精度型	double
婚否	marriage	true	布尔型	bool
性别	sex	'男'	字符型	char
职员编号	employeeNumber	"A6688"	字符串	string
姓名	name	"武明"	字符串	string
部门名称	department	"计算机系"	字符串	string
身份证编号	IDcardNumber	"480202197811261017"	字符串	string
联系电话	phoneCode	"15807331688"	字符串	string
工龄工资	subsidyPeriod	75	整型	int
出生日期	birthday	1978-11-26	日期时间型	DateTime

【任务实施】

（1）启动 Visual Studio 2012。

（2）创建解决方案 Solution02 和项目 Application0201。在 Visual Studio 2012 开发环境中新建一个名称为 Solution02 的解决方案，该解决方案中创建一个名称为 Application0201 的项目。

（3）编写方法 Main（）的代码。Application0201 项目中 C♯程序 Program. cs 的 Main（）方法的代码如表 2-2 所示，该程序直接使用赋值的方法获取个人基本信息的数据。

表 2-2　Application0201 项目中 C♯程序 Program. cs 的 Main（）方法的代码

行号	C#程序代码
01	byte workYear;
02	double basePay,subsidyPeriod;
03	bool marriage;
04	char sex;
05	string employeeNumber,name,department,IDcardNumber,phoneCode;
06	DateTime birthday;
07	workYear=15;
08	basePay=3600.00;
09	marriage=true;
10	sex='男';
11	employeeNumber="A6688";
12	name="武明";
13	department="计算机系";
14	IDcardNumber="480202197811261017";
15	phoneCode="15807331688";
16	birthday=new DateTime(1978, 11, 26);
17	subsidyPeriod=workYear * 5;
18	Console.WriteLine("{0}老师的个人基本信息如下:",name);
19	Console.WriteLine("职员编号:{0}",employeeNumber);
20	Console.WriteLine("性　　别:{0}",sex);
21	Console.WriteLine("部门名称:{0}",department);
22	Console.WriteLine("身份证号:{0}",IDcardNumber);
23	Console.WriteLine("出生日期:{0}",birthday);
24	Console.WriteLine("联系电话:{0}",phoneCode);
25	Console.WriteLine("婚　　否:{0}",marriage?"已婚":"未婚");　//使用"?:"运算符
26	Console.WriteLine("工　　龄:{0}年",workYear);
27	Console.WriteLine("基本工资:{0}元",basePay);
28	Console.WriteLine("工龄工资:{0}元", subsidyPeriod);

保存程序文件 Program. cs。

（4）运行程序，输出结果。按 Ctrl＋F5 快捷键开始运行程序，其输出结果如图 2-1 所示。

图 2-1　输出武明老师的个人基本信息

知识导读

2.1　数据类型

2.1.1　数据类型的多样性分析

计算机程序的主要功能是数据的运算与处理，"数据"是程序处理的对象，数据的类型具有多样性，主要体现在以下几个方面。

（1）从数据本身是否具有数值特征区分，可分为数值数据和字符数据

对于基本工资、年龄、工龄、学生人数、课程成绩、藏书数量、图书单价等数据具有数值特征，为数值数据。对于职员编号、身份证号、姓名、性别、部门名称、电话号码、图书名称、出版社名称等数据不表示数量的大小，仅代表一种字符，为字符数据。

（2）数据有大小之分

由于数据有大小之分，计算机处理数据时，所有数据都存储在有限的内存空间中，如果不能合理地分配数据的存储空间，那么内存的容量将很快被耗尽，程序执行效率也就很低。例如计算个人所得税时通常需要涉及以下数据：0、105、555、1005、1500、2755、4500、5505、9000、13505、35000、55000、80000，这些数据全都为正整数。如果按无符号整数存储，0、105 占用 1 字节，555、1005、1500、2755、4500、5505、9000、13505、35000、55000 占用 2 字节，80000 占用 4 字节。由于这些数据的大小不同，占用内存空间不同，有必要根据其大小分配合适的存储空间。

（3）数值型数据有整型数据与实型数据之分

整型数据与实型数据在内存中存放格式不同，数值范围、数据精度也不同。对于整型数据只有大小之分，没有数据精度的限制。对于实型数据，除了有大小之分，还有数据精度的

要求,例如对于圆周率,如果取 7 位有效数字,其值为 3.1415927;如果取 16 位有效数字,其值为 3.1415926535897932;如果取 20 位有效数字,其值为 3.14159265358979323846。数据的精度越高对计算机的资源要求越高,一般编程语言在对精度要求不高的情况下,可以采用单精度类型,而在精度要求较高的情况下可以使用双精度类型。

（4）数据处理时存在一些特定形式的数据

例如,"出生日期"是一种特定形式的数据,由年、月、日组成,"婚否""通过否""及格否"是一种特定形式的数据,只有两个值:true 和 false。

由于数据类型具有多样性,所以分配内存空间时应根据数据的特性进行合理分配,优化配置有限的内存空间。

2.1.2　内存空间的划分与管理

程序运行时,程序代码和数据都存放在内存中,根据存储内容的不同可以从逻辑上将内存空间划分为:代码区、数据区、栈区和堆区。代码区存放程序代码;数据区存储静态成员和常量;栈区是程序的工作空间,用于存储值类型数据;堆区是动态分配的自由存储区,用于存储引用类型的数据。

数据区的使用和管理方法有两种:静态空间分配和动态空间分配。在编译阶段就确定下来的存储空间,称为静态空间分配。例如静态成员和常量,在编译时就可以确定所需的空间大小,在程序加载时就分配了相应的数据空间,直到程序运行结束时,这块空间才被释放。在程序运行过程中产生的空间分配称为动态空间分配。

为了充分利用有限的内存空间,提高程序运行效率,必须根据数据的性质,合理分配内存空间,达到既不浪费内存空间,也不会产生数据溢出的目的。基于这个原因,程序中的所有数据都与一种具体的数据类型联系在一起,数据类型决定了数据在内存中所占存储空间的容量、取值范围及其能够参与的运算。

2.1.3　C#语言的数据类型

编写 C#程序时,需要为其中用到的数据指定数据类型。C#作为一种完全面向对象的语言,支持通用类型系统(Common Type System,CTS),所有的数据类型是一个真正的类,具有格式化、系列化的特性。

通用语言运行环境中的通用类型系统(CTS)是定义数据如何声明和使用的组件。通用语言运算环境可以支持跨语言集成,主要归功于通用类型系统。过去,每一种语言都使用自己的数据类型,并且以自己的方式管理数据。这使得以不同语言开发的应用程序难以进行相互通信,因为没有相互间进行数据传递的标准。

通用类型系统确保了所有的.NET 应用程序都使用相同的数据类型,它提供了自描述的类型信息(称为元数据),并且控制所有的数据操作机制,使所有.NET 应用程序中的数据操作都以相同的方式进行存储和处理。这使得在所有.NET 应用程序中都以相同的方式处理数据(包括对象)。

根据在内存中存储位置的不同,C♯中的数据类型分为两类:值类型(存放于栈区)和引用类型(存放于堆区)。

1. 值类型

C♯的值类型是基本的数据类型,值类型主要包括四种:整型、浮点型、字符型和布尔型。

(1) 整型

C♯支持八种整型数据类型,这八种整型数据类型又分为符号整数和无符号整数,具体含义和取值范围如表 2-3 所示。

表 2-3　C♯的整型

类型名称	CTS 类型名称	说　明	所占字节	取 值 范 围
sbyte	System. SByte	8 位有符号整数	1	$-128 \sim 127(-2^7 \sim 2^7-1)$
byte	System. Byte	8 位无符号整数	1	$0 \sim 255$
short	System. Int16	16 位有符号整数	2	$-32768 \sim 32767(-2^{15} \sim 2^{15}-1)$
ushort	System. Uint16	16 位无符号整数	2	$0 \sim 65535$
int	System. Int32	32 位有符号整数	4	$-2147483648 \sim 2147483647(-2^{31} \sim 2^{31}-1)$
uint	System. Uint32	32 位无符号整数	4	$0 \sim 4294967295$
long	System. Int64	64 位有符号整数	8	$-9223372036854775808 \sim 9223372036854775807(-2^{63} \sim 2^{63}-1)$
ulong	System. Uint64	64 位无符号整数	8	$0 \sim 18446744073709551615$

提示:C♯程序中出现的整数常数(例如 20)默认为整型,C♯语言会按 int、uint、long、ulong 的顺序来判断该常数的数据类型。如果程序中的常数需要明确指定某种整型,可以在整型常数后面加上类型标识符 L 或 l,例如 1375L 或 1375l 表示该数据为 long 型整数。如果一个整数超过了对应类型所能表示的范围,编译程序时,将会出现错误信息。

所有的无符号数据类型的标识符都是以 u 作为前缀,例如 uint。由于不包括负数,无符号数的正数取值范围是有符号数正数取值范围的两倍。

C♯语言中还可以使用十六进制来表示整型常数,在整数前面加"0x"即可,例如 0x0080、0xffffu。

(2) 浮点型

小数在 C♯语言中用浮点型的数据来表示和处理,C♯支持三种浮点型,它们都是有符号类型,浮点型的具体含义和取值范围如表 2-4 所示。定义浮点型数据,在保证不溢出的前提下,应尽量使用占用内存少的数据类型,以避免造成资源浪费。Decimal 类型是一种高精度类型,一般用于财务计算,通常用来表示货币值,也可以在其他需要高精度的地方使用。

表 2-4　C#的浮点型

类型名称	CTS 类型名称	说　明	标识符号	所占字节	取 值 范 围
float	System. Single	32 位单精度浮点数，有效位为 7 位	F 或 f	4	$\pm(1.5\times10^{-45}\sim3.4\times10^{38})$
double	System. Double	64 位双精度浮点数，有效位为 15 至 16 位	D 或 d	8	$\pm(5.0\times10^{-324}\sim7\times10^{308})$
decimal	System. Decimal	128 位双精度浮点数，有效位为 28 至 29 位	M 或 m	16	$\pm(1.0\times10^{-28}\sim7.9\times10^{28})$

提示：小数数字默认为 double 类型。如果要指定为 float 类型，可以小数数字后加 F 或 f，例如 3.14159F 或 3.14159f 表示该数据为 float 类型。

decimal 类型的取值范围要比浮点型数据的取值范围小得多，但是数据精度要比浮点型高得多。所以相同的数字对于两种类型来说可能表达的内容并不完全相同。

要把数字指定为 decimal 类型，必须在数字后面加上 M 或 m，否则就会认为是 double 类型，例如 3.1415926535897932M 或 3.1415926535897932m 表示该数据为 decimal 类型。

对于浮点型的数据进行运算，如果运算结果在精度范围内小到一定程度，系统就会当作 0 值处理。同样，如果运算结果在精度范围内大到一定程度，那么就会被系统当作无穷大。如果操作数出现 0.0/0.0 这种非法运算的时候就会出现非数字值（Not a Number，即 NaN）。如果二元运算的操作数都是 NaN 数据，那么运算结果也是 NaN 数据。

（3）字符型

单个字符在 C#语言中用字符型（char）数据来表示和处理。char 类型如表 2-5 所示。

表 2-5　C#的字符型

类型名称	CTS 类型名称	说　明	所占字节	取值范围
char	System. Char	表示一个 16 位的 Unicode 字符	2	Unicode 字符集

C#的字符型采用 Unicode 字符集，Unicode 编码用双字节（16 位）来表示一个字符，从而在更大范围内将数字代码映射到多种语言的字符集，ASCII 编码是 Unicode 编码的一个子集。

字符型的类型标识符是 char，也称为 char 类型。由单引号括起来的一个字符（例如 'k'）就表示一个字符常数，单引号内的有效字符数量必须有且只有一个，并且不能是单引号或者反斜杠（\）。如果要表示单引号和反斜杠（\）等特殊字符，可使用转义字符来表示，C#语言提供的转义字符如表 2-6 所示。

表 2-6 　C#的转义字符

转义字符	替代的字符名称	转义字符	替代的字符名称
\'	单引号(0x0027)	\f	换页符(0x000c)
\"	双引号(0x0022)	\n	换行符(0x000a)
\\	反斜杠(0x005c)	\r	回车符(0x000d)
\0	空字符(0x0000)	\t	水平制表符(0x0009)
\a	警告(0x0007)	\v	垂直制表符(0x000b)
\b	退格符(0x0008)		

(4) 布尔型

布尔型数据用于表示逻辑真和逻辑假,布尔型的标识符是 bool。布尔型常数只有两个:true(表示逻辑真)和 false(表示逻辑假),如表 2-7 所示。

表 2-7 　C#的布尔型

类型名称	CTS 类型名称	说　　明	所占字节	取值范围
bool	System. Boolean	表示逻辑值	1	true 或 false

2. 引用类型

引用类型不存储它们所代表的实际值,而是指向所要存储的值,即引用类型所存储的实际数据是所指向数据的地址,因此引用类型变量的值会随着所指向值的变化而变化。C#语言的引用类型主要有四种:类、数组、接口和委托。这里暂只介绍 object 类型(对象类型)和 string 类型(字符串类型)。

(1) object 类型

C#语言中每一个类型都对应一个类,object 数据类型是基类型,它是所有类型的基类,所有数据类型都是直接或间接派生于 object 类型。因此,对于任意一个 object 类型变量,均可以赋予任何类型的值。

如果将一个变量声明为 object 数据类型,那么可以存储任意类型的值。Visual C#将在给变量赋值时确定使用哪种数据类型。使用 object 数据类型比其他数据类型占用更多的内存空间,系统处理 object 类型的数据时要花费更长的时间。

(2) string 类型

C#语言中,字符串是被双引号包含的一串字符,例如:"计算机系"。string 类型是专门用于处理字符串的引用类型,string 是一个关键字,等效于 System. String,是 System. String 的别名。用 string 关键字声明一个对象变量,可以存储 Unicode 编码的字符串,并可以实现字符串之间的运算。

C#支持以下两种形式的字符串常数。

① 常规字符串常数。被双引号包含的一串字符,就是一个常规字符串常数,例如:"武明"。除普通字符外,一个字符串常数也能包含一个或多个转义字符。

② 逐字字符串常数。逐字字符串常数以@开头,后跟一对双引号,在双引号中放入字符,例如:@"武明"。

在 C# 字符串中使用转义字符的时候容易出错,为了避免错误,可以使用逐字字符串。

逐字字符串常数与常规字符串常数的区别在于:在逐字字符串常数的双引号中,每个字符都代表其最原始的意义,在逐字字符串常数中不能使用转义字符。也就是说,逐字字符串常数双引号内的内容在被接收时是不变的,并且可以跨越多行。所以,可以包含新行、制表符等,而不必使用转义字符。唯一例外的是,如果要包含双引号(''),就必须在一行中使用两个双引号(" ")。简而言之,常规字符串要对字符串中的转义字符进行解释,而逐字字符串除了对双引号进行解释外,对其他字符,用户定义成什么样,显示结果就是什么样。逐字字符串常数的"不包含转义字符"规则的唯一例外情况就是,在逐字字符串中用双重双引号表示一个双引号。

2.1.4　C#数据类型的应用技巧

1. C#程序中数值常数所属数据类型的正确判断

在程序中书写一个十进制的数值常数时,C#默认按照以下方法判断该数值常数属于哪一种数据类型。

(1) 如果一个数值常数不带小数点,则该常数的类型是整型。

(2) 对于一个属于整型的数值常数,C#按如下顺序判断该数的类型:int、uint、long、ulong。

(3) 如果一个数值常数带小数点,则该常数的类型是 double 类型。

2. 数值常数标识符

如果不希望 C# 语言使用上述默认的方式来判断一个十进制数值常数的类型,可以通过给数值常数加后缀的方法来指定该数值常数的类型,常用数值常数标识符有以下几种。

(1) 整型常数后面加 U 或者 u,表示该常数是 uint 类型或者 ulong 类型,根据整数的大小,可以判断出其类型为 uint 还是 ulong,C#优先匹配 uint 类型。

(2) 整型常数后面加 L 或者 l,表示该常数是 long 类型或者 ulong 类型,根据整数的大小,可以判断出其类型为 long 还是 ulong,C#优先匹配 long 类型。

注意:虽然小写字母"l"也可以用作后缀。但是,因为字母"l"容易与数字"1"混淆,会产生编译错误。为清楚起见,建议使用大写字母"L"。

(3) 整型常数后面加 UL(或者 ul、Ul、uL),表示该常数的类型为 ulong。

(4) 任何一种数值常数后面加 F 或者 f,表示该常数是 float 类型。

(5) 任何一种数值常数后面加 D 或者 d,表示该常数是 double 类型。

(6) 任何一种数值常数后面加 M 或者 m,表示该常数是 decimal 类型。

3. 编程时确定数据类型的基本规则

第一眼看到数据类型列表时,可能会觉得有点压力,其实选择数据类型时有一定的基本规则,如下所述。

(1) 如果要存储文本,则使用 string 类型。string 类型用于存储任何有效的键盘字符,包括数字和非字母字符。例如程序 Program.cs 中的文本"A6688"、"武明"、"计算机系"、"15807331688"都属于字符串常数。

(2) 只存储 true 或 false 时,使用 bool 数据类型。例如程序 Program.cs 中的变量 marriage。

(3) 如果要存储不包含小数点且在 -32768～32767 之间的数字,使用 short 类型。

(4) 如果要存储不包含小数点且值超过了 short 取值范围的数字,使用 int 或 long 类型。

(5) 如果要存储包含小数点的数字,使用 float 类型。对于包含小数点的数字,float 数据类型几乎就足够了,除非写的是极其复杂的数学程序或者需要保存很大的数,这些情况下才需要使用 double 类型。

(6) 如果要存储货币值,就使用 decimal 类型。

(7) 如果要存储一个字符,就使用 char 类型。

(8) 如果要存储日期或时间,就使用 DateTime 结构类型,当使用 DateTime 结构类型时,Visual C# 将使用通用的日期和时间格式。

不同的数据占用不同的内存空间,为节省系统资源,最好使用占用内存最少,但提供的数据范围又足以存储所有可能值的数据类型。由于 Visual C# 将程序中不带小数点的数值常数视为整型,将带小数点的数值常数视为 double 类型,一般我们所编写的程序占用资源很少,可以简单地将不带小数点的数值常数声明为 int 类型,将带小数点的数值常数声明为 double 类型即可。

2.2　数据类型转换

在大多数情况下,Visual C# 不允许将一种类型的数据赋给另一种类型的变量,将数据从一种数据类型转换为另一种数据类型的过程称为类型转换。数据类型要进行转换主要是考虑数据类型的一致性。主要基于以下原因。

(1) 如果表达式中包含多种类型的数据,必须转换为同一种类型后,才能进行运算。

(2) 赋值语句赋值时,被赋值的变量与所赋值的数值常数类型要一致。

C# 有两种类型转换方式:隐式转换和显式转换。隐式转换由编译器自动执行,显式转换使用类型关键字和类型转换方法显式地进行。

2.2.1　隐式类型转换

隐式转换是系统默认的方式,不需要加以声明就可以进行类型转换,当两个不同类型的操作数进行运算时,编译器会试图对其进行自动类型转换,使其变成同一种类型。由于不同的数据类型具有不同的存储空间,如果试图将一个需要较大存储空间的数据转换为

存储空间较小的数据,就会出现错误。例如,对于以下程序段:

```
int result;
long val1;
val1=1;
result=val1;
```

编译时将会出现错误,无法将类型"long"隐式转换为"int"。

基本值类型的转换规则遵守"由低级(字节数和精度)类型向高级类型转换,结果为高级类型"的原则。所以当一个较为低级的数据类型和较高级的数据类型混合运算时,低级的数据类型首先要转换成高级的数据类型,然后再参与运算,最终结果也转换成了高级类型。

C#支持的隐式类型转换如表 2-8 所示。

表 2-8　C#支持的隐式类型转换

源类型	目标类型
sbyte	short、int、long、float、double、decimal
byte	short、ushort、int、uint、long、ulong、float、double、decimal
short	int、long、float、double、decimal
ushort	int、uint、long、ulong、float、double、decimal
int	long、float、double、decimal
uint	long、ulong、float、double、decimal
long	float、double、decimal
ulong	float、double、decimal
float	double
char	ushort、int、uint、long、ulong、float、double、decimal

例如,计算圆周长的表达式 2 * 3.14159 * 3.5 的数据转换过程为:由于数值 2 为 int 类型,先转换为 double 类型,然后完成乘法运算,表达式的结果为 double 类型。

隐式转换在多种情形下都可能发生,例如赋值语句中、数据间混合运算、调用方法等,其基本原则概括如下:

(1) 整型可以隐式转换到任何其他的高级的数值数据类型,包括 float、double、decimal 三种数据类型。

(2) 在整型内或浮点型内精度低的数据类型可以隐式转换到精度高的数据类型。

(3) 不能将存储大小较大的数据类型隐式转换为存储人小较小的类型。

(4) 不存在从有符号类型到无符号类型的隐式转换。

(5) 不存在 float、double 两种类型向 decimal 类型的隐式转换。

(6) 不存在到 char 类型的隐式转换。

2.2.2　显式类型转换

显式类型转换是指由于某种原因,强迫编译器将一个数据转换成其他类型。显式类型转换也称为强制类型转换,显式类型转换常见的有显式数值转换和显式枚举转换。显式数值转换用于通过显式转换表达式,将任何数字类型转换为任何其他数字类型。

显式数值转换可能导致精度损失或引发异常。

(1) 将 float、double 或 decimal 值转换为整型时,值会被截断,将舍入得到最接近的整型值。如果该结果整数值超出了目标值的范围,则可能会出现转换异常。

(2) 将 double 转换为 float 时,double 值将舍入为最接近的 float 值。如果 double 值因过小或过大而使目标类型无法容纳它,则结果将为零或无穷大。将 float 或 double 转换为 decimal 时,源值将转换为 decimal 表示形式,并舍入为第 28 个小数位之后最接近的数。

(3) 将 decimal 转换为 float 或 double 时,decimal 值将舍入为最接近的 double 或 float 值。

这几种类型转换可能会使精度降低,但不会出现转换异常。

2.2.3　显式数值转换的主要方法

显式数值转换的方法有两种:一种是使用类型关键字进行转换;另一种是使用 Convert 类的类型转换方法、ToString()方法和 Parse()方法等专用类型转换方法进行转换。

1. 使用类型关键字进行转换

使用类型关键字进行数据转换的语法格式为:

(类型标识符)表达式

即将关键字置于括号中,将括号后面的表达式强制转换为类型标识符所指定的类型。例如:

```
int y;
double x=3.14159;
y=(int)x;
```

2. 使用专用的类型转换方法进行转换

(1) 使用 Convert 类的类型转换方法

要显式地将数据从一种类型转换为另一种类型,可以使用 Convert 类的类型转换方法,Convert 类常用的类型转换方法如表 2-9 所示。

表 2-9　Convert 类常用的类型转换方法

方法名称	目标类型	方法名称	目标类型
ToBoolean()	bool	ToInt16()	short
ToByte()	byte	ToInt32()	int
ToChar()	char	ToInt64()	long
ToDateTime()	DateTime	ToSingle()	float
ToString()	string	ToDouble()	double

这些方法的使用很简单,将需要转换的数据作为方法的参数,该方法将以其返回类型返回该值。例如:

```
int y;
double x=3.14159;
y=Convert.ToInt32(x);
```

(2) 使用 Object 类的 ToString()方法

Object 类的 ToString()方法将数据转换为等效的字符串表示形式。

例如:

```
int x=10;
string y=x.ToString();
```

(3) 使用 Parse()方法

要将指定字符串表示形式转换为等效的其他有效数据类型,可以使用所有预定义值类型都支持的 Parse()方法。常用的有 Boolean. Parse、Byte. Parse、Char. Parse、DateTime. Parse、Double. Parse、Int. Parse、Int16. Parse、Int32. Parse、Int64. Parse、Single. Parse 等。

例如:

```
string str="20";
int y=int.Parse(str);
```

2.3 常量与枚举

2.3.1 常量

常量是指在程序运行过程中其值不发生变化的数据,编写程序时除了使用常数,还经常会使用符号常量。

1. 常数

程序中字面形式为常数的数据通常称为直接常量,习惯称为常数。例如,计算个人所得税时涉及的以下数据:0、105、555、1005、1500、2755、4500、5505、9000、13505、35000、55000、80000、0.03、0.10、0.20、0.25、0.30、0.35、0.45。这些数据的字面值表达了数值的大小和精度。C♯语言常见的直接常量有整数(例如 105、1500)、小数(例如 0.10、0.45)、char 常量(例如'a'、'6')、bool 常量(包括 true、false),这些常数在编程时按字面形式直接书写即可。

2. 符号常量

编写程序时,经常用到一些固定不变的数据,这些数据频繁出现并且其值不变,有时这些数据是很难记忆的数字,例如圆周率等。在这种情况下,为了提高代码的可读性和可维护性,可定义一个符号常量来代表在程序运行过程中保持不变的数据。符号常量是用一个标识符代表一个直接常量,该标识符称为符号常量名。

（1）符号常量的定义

定义符号常量的语法格式如下:

const <类型标识符> <符号常量名称> = <表达式>;

符号常量名称必须是 C# 合法的标识符,程序中通过常量名称来访问该常量。类型标识符指示所定义常量的数据类型。表达式的值是所定义的常量的值,表达式的形式可以是数值常量、字符串常量或由常量与运算符组成的表达式。

声明常量 rate 的示例如下:

const int rate=4;

上述语句定义了一个 int 型的常量 rate,其值为 4。

定义了符号常量之后,可以在程序中使用常量名来代替常量的值。

（2）符号常量的特点

C# 程序中,符号常量一旦赋予了一个常量初始值,那么该符号常量的值在程序运行过程中就不允许改变。

符号常量定义时,表达式中的操作数只允许出现常量和常数,不能出现变量。

（3）程序中使用符号常量的优点

在程序中使用符号常量代替常数,可以减少数据输入,增强程序的可读性,使代码更容易维护和更新,保证程序中多次使用的数据具有一致性。例如,程序中如果要多次用到圆周率,使用符号常量 PI 代替常数 3.14159,可以减少数据的输入量,提高输入速度,保证数据的正确性,编译器能够捕获名称拼写错误或未声明的常量,但却无法判断所输入的常数是否正确。由于圆周率可以取不同的有效位,如果需要将 3.14159 改为 3.14159265,必须核对整个程序,进行重复修改,这样工作量大,并且容易出错。

说明：Visual C# 本身也定义了一些符号常量,例如 System. Math. PI、System. Math. E。

2.3.2　枚举及应用

在现实问题中经常会用到一些常数,例如 1 月至 12 月、星期日至星期六、一年的四季等,这些常数如果使用有意义的英文名称表示会更直观,而且使得程序的可读性更好,并且它们的取值在限定的范围内,例如月份限定在 1～12 之间的整数范围内,星期限定在 0～6 之间的整数范围内。C# 语言用枚举类型来解决类似问题。

前面所分析的"符号常量"可以替代程序中不变的数字或字符串,声明符号常量后,程序中可以直接使用符号常量名。对于一组相关的数字或字符串,例如一周中的七天相对应的整型常数（0～6）,也可以声明为多个符号常量,但这些符号常量彼此之间没有特定的关系,声明为"枚举"更合理,在代码中使用这七天的名称而不是它们的整数值。

1. 枚举的基本概念

枚举是一组相关常数的集合,枚举提供了一种使用成组的相关常数以及将常数值与名称相关联的方便途径。C♯语言中,枚举(Enumerate)是从 System. Enum 类继承而来的类型,是用户自定义的值类型。每个枚举有一个名称和一组成员,每个成员表示一个常数,且具有一个名称。在程序中使用枚举成员的名称有助于更好地阅读和理解程序。

枚举其实是一个整数类型,用于定义一组基本整数数据,并可以给每个整数指定一个便于记忆的名称。

2. 声明枚举

枚举类型是一种用户自定义的由一组指定常量集合而成的自定义数据类型,声明枚举类型的语法格式如下:

```
enum <枚举名>
{
    <枚举成员 1>,
    <枚举成员 2>,
      ⋮
    <枚举成员 n>
};
```

枚举声明的说明:

(1) 声明枚举类型必须使用关键字 enum。

(2) 枚举名称和枚举成员的名称要符合 C♯的标识符的命名规则。

(3) 由一对大括号"{"和"}"括起来的部分是枚举成员列表,枚举成员通常使用易于理解的标识符名称,它们之间用半角逗号","分隔。

(4) 大括号"}"后面的分号";"允许省略不写。

(5) 任何两个枚举成员不能有相同的名称。

3. 枚举成员的赋值

声明一个枚举类型,枚举成员的枚举值都默认为整型,并且第一个成员的值默认为0,它后面的每一个枚举成员的值依次递增1,也可以单独指定值。

用户在声明枚举类型时,对枚举成员的赋值可以不采用默认赋值,而且根据实际需要为枚举成员赋其他的值。

(1) 为第 1 个枚举成员赋值

声明枚举类型时,只为第 1 个枚举成员赋值,其他的枚举成员依次取值,后一个枚举成员的值比前一个枚举成员的值大 1。

(2) 为中间某一个枚举成员赋值

声明枚举类型时,也可以直接为中间的某个枚举成员(不是第 1 个)显式赋值,那么从第 1 个枚举成员到被显式赋值的枚举成员前的那一个枚举成员是按默认方式赋值,即第 1 个枚举成员的值为 0,后面的枚举成员依次往上加 1。被显式赋值的枚举成员后面的枚举成员则在所赋值的基础上依次增加 1。

（3）为多个枚举成员赋相同的值

每个枚举成员都有一个与之对应的常量值，在定义枚举类型时，可以让多个枚举成员取相同的常量值。

4. 枚举成员的访问

C#语言中，可以通过枚举类型名称和枚举型变量两种方式访问枚举成员。

（1）通过枚举类型名称访问枚举成员

通过枚举类型名称访问枚举成员的一般形式如下：

<枚举类型名>.<枚举成员名>

通过枚举类型名称访问枚举成员增强了程序的可读性，访问更简单。

（2）通过枚举型变量访问枚举成员

通过枚举型变量访问枚举成员之前，先应声明一个枚举型变量，声明枚举型变量的一般形式如下：

<枚举类型名><变量名>；

例如，如果首先声明了一个枚举类型 WeekDays，然后声明该枚举类型的变量，代码如下：

```
WeekDays week;
```

声明枚举变量之后，就可以用该变量访问枚举成员了。

访问枚举成员，且为枚举类型变量赋值的示例如下：

```
week=WeekDays.Wednesday;
```

2.4　使用单个变量存储数据

编写程序时，存储单个数据或多个关联性不强的数据，应使用单个或多个变量。在程序中使用变量时，Visual C#将在执行代码时用变量的值代替变量名。但是，并不像符号常量那样在程序编译时发生，而发生在程序运行时刻，即变量被引用时。

2.4.1　认识变量

变量是一个被命名的内存空间，变量中存储的数据在程序运行过程中可以改变，所以称为"变量"，程序员编写程序时通过变量识别内存中存储的数据。

变量是程序运行过程中用于存储数据的存储单元，它具有名称、数据类型、值、作用域、生存期等特性。主要作用是存储数据与传递数据。

变量的命名直接关系到程序的可读性,变量的命名规则与标识符的命名规则相同,变量名的命名除了要遵守一般的命名规则之外,还要含义清楚,便于记忆和阅读。变量名称严格区分大小写,如果两个变量只是字母的大小写不同,也被视为两个不同的变量,例如任务1-7所介绍的声明的变量名为dealpay,而使用时却变成dealPay,就会出现"当前上下文中不存在名称dealPay"的错误。

变量类型限定了变量中所存储值的数据类型,包括占用内存空间的大小和数据存储方式两个方面。

变量值是指变量所占用的内存空间所存储的数据。变量名与变量值是两个不同的概念,变量名实际上是一个符号地址,在程序中从变量中取值,实际上是通过变量名找到相应的内存地址,从其存储单元中读取数据。如图2-2所示,地址值相当于宾馆会议室的编号,变量名相当于简称,变量值相当于参加会议的人。

图 2-2　变量名、变量值与地址值示意图

2.4.2　变量的声明

程序运行过程中,通过变量读/写内存中的数据,在使用变量之前必须先进行声明,变量的声明是为该变量与内存单元之间建立对应关系,即为变量分配内存单元。

声明变量的语法格式如下:

```
<数据类型名>  <变量名>;
```

声明一个变量包括定义变量名和变量数据类型,通过变量名来区分变量并获得变量中存储的数据,通过定义变量的数据类型规定存储在变量中值的数据类型。Visual C♯是强类型的语言,声明变量必须指定数据类型。

变量声明举例说明如下所示。

(1) 一个声明语句声明一个变量。例如:

```
string name;              //声明一个名为 name 的 string 类型的变量
int subsidy;              //声明一个名为 subsidy 的 int 类型的变量
```

(2) 一个声明语句声明多个变量,变量名之间半角逗号","分隔。例如:

```
double basePay,dealPay;   //声明 2 个数据类型相同的变量
```

虽然 Visual C♯允许一个声明语句声明多个变量,但为了提高程序的可读性,减少错误,建议一个声明语句只声明一个变量。

2.4.3 变量的赋值

变量的实质是内存中用于存储数据的存储单元,变量声明后将数据存储到系统为变量所分配的内存单元中,也就是通常所说的"变量赋值"。

1. 赋值符号与赋值的格式

C♯语言的赋值符号为"＝",变量赋值的语法格式为:

<变量名>=<表达式>;

其中表达式是由常量、变量和运算符组成的一个算式,类似于数学中的公式,例如 basePay＋subsidy 就是一个表达式,注意单个常数或者变量也可以构成表达式。

变量赋值的过程是先计算赋值符号"＝"右边表达式的值,然后将这个值赋给赋值符号"＝"左边的变量。

对变量进行赋值时,表达式值的类型必须与变量的数据类型相同,如果类型不同,则按 C♯ 的默认数据转换规则进行隐式转换。对于数值类型的赋值,如果表达式值的类型所能表示的数值范围正好落在被赋值变量的类型所表示的数值范围之内,则允许这样赋值。例如可以将 3600 赋给一个 double 型变量 basePay,这是由于 double 类型能表示的范围覆盖了 int 类型,但是反之则不允许。如果系统自动转换不了,则会出现错误。

2. 变量赋值的要点

(1) 变量必须先声明后使用。

(2) 变量定义时就赋初值,是好的编程习惯。

(3) Visual C♯要求所有变量在使用之前都必须赋值,并不会默认地为变量指定初值。

(4) 程序中可以给一个变量多次赋值,变量的当前值等于最近一次给变量的值。

(5) 对变量的赋值过程是"覆盖"过程。所谓"覆盖"就是在变量地址单元中用新值去替换旧值。

(6) 读出变量的值后,该变量中存储的原值保持不变,相当于从中复制一份。

(7) 参与表达式运算的所有变量都保持原来的值不变。

表 2-10 所示的程序代码说明了上述变量赋值的要点,其执行过程示意图如图 2-3 所示。

表 2-10 变量赋值运算

01	`static void Main(string[] args)`
02	`{`
03	`int x;          //声明 x 为整型变量`
04	`int a;          //声明 a 为整型变量`
05	`int b;          //声明 b 为整型变量`
06	`x=5;           //x 赋值 5`

07	a=x;　　　　　　　　//将 x 单元的值 5 赋给 a 单元
08	x=x+1;　　　　　　　//将 x 单元中原来的值加上 1 重新赋给 x 单元,其值为 6
09	//将 x 单元的值 6 与 a 单元的值 5 相加赋给 b 单元,其值为 11,但 x 单元与 a 单元原来的值不变
10	b=x+a;
11	x +=1;　　　　　　　//将 x 单元中原来的值加上 1 重新赋给 x 单元,其值为 7
12	Console.WriteLine("x={0},a={1},b={2}", x, a, b);
13	}

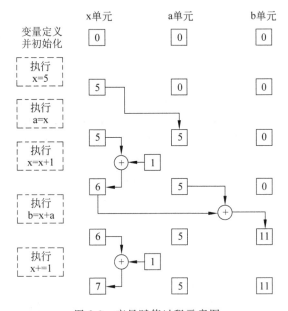

图 2-3　变量赋值过程示意图

程序的输出结果为:

x=7,a=5,b=11

3. 变量的初始化

声明变量的同时,给变量赋初始值称为变量初始化。C♯语言对变量进行初始化的语法格式如下:

<数据类型名><变量名>=<表达式>;

例如:

```
string name="武明";
int subsidy=80;
```

初始化变量时,"＝"两边的数据类型必须匹配,否则会现编译错误。

例如,对于变量声明语句"float basePay＝3600.00;",编译时会出现"不能隐式地将 Double 类型转换为'float'类型,请使用'F'后缀创建此类型"的错误提示信息,其原因是 C♯编译器默认所有带小数的数字都是 double 类型的。此时,需要附加后缀 F 来指定数字的类型,也就是变量声明改为"float basePay＝3600.00F;"的形式即可。

声明变量时给变量赋初始值,提供的初始值并不能使变量的值保持不变,它仍是一个变量,变量的值可在任何时候改变。一条初始化的声明语句"int subsidy＝80;"实质上相当于两个条语句,分别是"int subsidy;"和"subsidy＝80;",即先声明一个变量,然后给该变量赋值。

2.5　使用数组存储数据

程序中如果要存储一门课程的成绩,定义一个变量即可。如果要存储一个学生 5 门课程的成绩,可以定义 5 个变量。如果要存储一门课程 40 个学生的成绩,则要定义 40 个变量。如果要存储 5 门课程 40 个学生的成绩,则要定义 200 个变量。这样做显然不合理,原因是:①要定义 200 个不同变量,很烦琐、效率低。②定义 200 个不同的变量,系统为这些变量分配内存空间时不会连续分配,不便于对这些数据进行处理。所以需要更简便的方法处理这些数据,定义 200 个不同的变量改成定义一个有 200 个元素的数组即可,数组中的每个元素都存储一个值,可通过指定元素的索引进行访问。

存储一组相关且数据类型相同的数据,一般使用一维数组;存储多组相关且数据类型相同的数据,一般使用多维数组。

2.5.1　认识数组

数组是若干个具有相同数据类型和名称的变量的集合,组成数组的这些变量称为数组元素。使用数组可以为处理成批的有内在联系的数据提供便利,使用数组有助于代码的精炼和简洁,因为可以使用索引号设置循环来高效地处理数组的元素。数组通过同一名称引用一系列的变量,并使用一个称为"索引值"或"下标"的数字来进行区分。

1. 数组与单个普通变量的主要区别

数组与单个普通变量主要有以下区别。

(1) 单个变量只占用一个存储单元,只能存储单个值。一个数组是一个包含许多单元的变量。

(2) 声明多个变量时,在内存中占用的空间不一定是连续的,而数组的各个元素占用的内存空间是连续的。

2. 数组的主要特点

(1) 数组在使用前必须先定义。

（2）数组用来存储一组具有相同数据类型的数据。

（3）数组中第一个元素为下界，最后一个元素为上界，数组元素的存储在上界与下界之间是连续有序的，并且系统会在运行时为数组分配连续的内存空间。

（4）数组由数组元素组成，所有的数组元素共用一个数组名，数组元素是特殊的变量，每个数组元素都有一个编号，这个编号称为数组的索引值（也称为下标），可以通过数组名和索引值来区别和访问数组元素。不同的数组元素通过索引值进行标识，C#语言规定第一个数组元素的索引值（也称为下标）为 0，后面的数据元素索引值依次为 1，2，…最后一个数据元素的索引值为数组元素的个数减 1。数组元素的个数称为数组的长度。

2.5.2　一维数组及应用

一维数组是指使用一个下标来区分数组中各个元素的数组，一维数组是最简单和最常用的数组。

1. 一维数组的声明

声明一维数组时在数据类型名称后面加上"[]"，即可表示它是一维数组而不是存储单个数据的普通变量。

声明一维数组的语法格式如下：

<数据类型名>[]　<数组名>;

例如：

```
double[] realPay;              //声明了一个双精度类型的一维数组 realPay
int[] period;                  //声明了一个整型类型的一维数组 period
```

一维数组声明时指定了数组名、数据元素的数据类型。数组名的命名遵循标识符的一般命名规则。

2. 一维数组的初始化

一维数组声明后必须对数组进行初始化，初始化后才能使用。初始化数组可以采用静态初始化和动态初始化两种方法。

（1）一维数组的静态初始化

当数组元素个数较少，而且可以穷举时，可以采用静态初始化，静态初始化数组是指声明数组的同时指定数组元素的初值，初值必须以大括号"{}"括起来，并且用","分隔。

静态初始化一维数组的语法格式如下：

<数据类型名>[]　<数组名>={<值 1>,<值 2>, ...};

静态初始化一维数组时，数组元素的个数由所赋值的个数确定。系统自动为数组元素分配所需的内存空间。例如：

```
double[] realPay ={6919.70,6415.15,5985.89,5903.58};
```

表示数组 double 有 4 个数组元素,数组长度与大括号中的元素个数相同。

（2）一维数组的动态初始化

当数组元素个数较多时,可以使用动态初始化。动态初始化数组必须使用 new 关键字为数组元素分配内存空间,并为各个数组元素赋初值。

① 声明数组与动态初始化分为两条语句

首先声明一个一维数组,然后进行动态初始化,动态初始化数组的语法格式如下：

```
<数组名>=new <数据类型名>[<数组长度>];
```

动态初始化先确定数组的类型,然后确定数组的长度,其中数据类型为数组元素的数据类型,数组长度可以是整型常数,也可以整型变量。

② 声明数组与动态初始化结合为一条语句

在声明一维数组时进行动态初始化的语法格式如下：

```
<数据类型名>[] <数组名>=new <数据类型名>[<数组长度>];
```

③ 声明数组、动态初始化与为各个数组元素赋初值结合为一条语句

声明数组、动态初始化与为各个数组元素赋初值结合为一条语句的语法格式如下：

```
<数据类型名>[] <数组名>=new <数据类型名>[<数组长度>] {<值 1>,<值 2>,...};
```

在动态初始化时为各个数组元素赋予其他的值。

注意：

① 动态初始化数组时,可以把数组声明与初始化分开在不同的语句中进行,静态初始化数组时必须与数组声明结合在一条语句中,否则程序编译时会出现错误。

② 在数组初始化语句中,如果大括号中已明确列出了数组中的元素值,即确定了元素的个数,则表示数组元素个数的数值（即方括号中的数值）必须是常数,并且该数值必须与数组元素个数一致。例如：

```
int[] x=new int[3] {1,2,3};
```

3. 一维数组的使用

声明数组并初始化数组之后,就可以对数组元素进行操作,例如为数组元素赋值,数组元素参与表达式运算,输入或输出数组元素的值等,这些操作都会涉及数组元素的引用。

C#语言中通过数组名和索引值来引用数组元素的,引用一维数组元素的语法格式如下：

```
<数组名>[<索引值>]
```

“索引值”代表了被引用的数组元素在内存中的相对位置,可以是整型常量、变量或整型类型的表达式,例如以下形式都合法的：realPay[0]、realPay[11]、realPay[i]、realPay [i+1]。

索引值必须在初始数组时所指定的数组长度范围内,否则会出现"索引超出了数组界限"的错误。

一般情况下,在程序中允许简单变量出现的地方都可以使用数组元素,例如参加表达式运算、赋值运算等。

2.5.3 二维数组及应用

数组可以是一维数组,也可以是二维或多维数组。二维或多维数组的维数是数组下标的个数,通过多个索引值可以声明二维或多维数组。二维数组是最常用的多维数组,本小节只讲解二维数组。

1. 二维数组的声明

声明二维数组的语法格式如下:

<数据类型名>[,] <数组名>;

其中"数据类型名"是指数组元素的数据类型名,数组名的命名必须符合C♯标识符的命名规则,"[]"中的半角逗号","用于隔开数组的每一维,其他格式与声明一维数组相同。例如:

double[,] realPay

声明二维数组之后也要进行初始化来为其分配内存空间,然后才能使用。

多维数组的元素总个数是所有维数大小的乘积。例如,二维数组的元素总个数＝第1维的维数大小×第2维的维数大小。

2. 二维数组的初始化

同一维数组一样,二维数组的初始化可以静态初始化,也可以动态初始化。

(1) 二维数组的静态初始化

二维数组的静态初始化必须在声明二维数组时完成,二维数组的静态初始化的语法格式如下:

<数据类型名>[,] <数组名>={ {…}, {…}, {…} … };

数组静态初始化必须和数组声明结合在一起,数组的长度为数组元素的个数。静态初始化二维数组时必须用大括号来设置每一个维度的元素个数。第一层"{ }"内的大括号的数量为第一维的大小,第二层大括号内数据的数量为第二维的大小。

(2) 二维数组的动态初始化

① 声明数组与动态初始化分为两条语句

首先声明一个二维数组,然后进行动态初始化,动态初始化二维数组的语法格式如下:

<数组名>＝new <数据类型名>[<数组长度 1>，<数组长度 2>]；

其中"数组长度 1"和"数组长度 2"可以是整型常量，也可以是整型变量，它们表示二维数组的第一维的长度和第二维的长度。

② 声明数组与动态初始化结合为一条语句

在声明二维数组时进行动态初始化的语法格式如下：

<数据类型名>[，]　<数组名>＝new <数据类型名>[<数组长度 1>，<数组长度 2>]；

③ 声明数组、动态初始化与为各个数组元素赋初值结合为一条语句

声明数组、动态初始化与为各个数组元素赋初值结合为一条语句的语法格式如下：

<数据类型名>[，]　<数组名>＝new <数据类型名>[<数组长度 1>，<数组长度 2>] { {…}，{…}，{…} … }；

在声明时动态初始化二维数组，且给各个数组元素赋予初始值。

3. 二维数据的使用

二维数组的使用与一维数组的使用相似，也是通过数组名和下标来引用，只不过二维数组用两个索引值才能标识一个数组元素。第一个索引值相当于行，从 0 开始的；第二个索引值相当于列，也是从 0 开始的。例如：数组中的 realPay[1，2]表示第 2 行第 3 列的数组元素。

2.6　使用结构存储数据

2.6.1　认识结构

存储多个具有相关关系且数据类型不同的数据时，通常使用结构。

一般情况下，数组用于存储一组数据类型相同的数据，例如学生的课程成绩。但在实际应用时，需要将不同类型的数据组织在一起，例如处理学生信息，每个学生的数据信息至少包括学号、姓名、性别、出生日期、成绩等不同类型的数据。结构正好能处理类似问题，它可以将许多相同或者不同的数据类型的数据封装在一起。

2.6.2　结构类型的声明

C#语言中的结构是一种自定义数据类型，一般由一个或多个基本数据类型组成，是一个或多个不同数据类型的成员的串联。尽管可以单独访问其各个成员，但结构还是被视为一个独立的单元。

在 C#中，结构是用户自定义的数据类型，必须先用 struct 语句声明，结构声明后，它成为复合数据类型，就可以声明结构变量。

声明结构类型的语法格式如下所示。

```
struct  <结构名>
{
    <结构成员定义>;
}
```

说明：struct 为关键字，表示声明的是结构类型。结构名称和成员名称都必须符合标识符的命名规则。大括号中定义了结构所包含的成员。

"结构名"是定义结构变量时所使用的类型标识符，代码的其他部分可以使用这个标识符声明变量、参数和函数返回值的数据类型。

结构成员可分为两类：实例成员和静态成员。静态成员使用关键字 static 声明。成员的数据类型既可以是基本数据类型，也可以是用户自定义的结构类型。

2.6.3　结构变量的声明

结构类型声明后，可以声明结构类型的变量，声明方法与普通变量相同，其语法格式为：

<结构类型名>　<变量名>;

说明：结构类型名称为已声明的结构类型的名称，变量名称必须符合C#标识符的命名规则，表示结构类型的变量。

2.6.4　结构成员的使用方法

结构的实例成员可以通过结构变量名访问，其语法格式为：

<结构类型变量名>.<结构成员名>

结构的静态成员则可以直接使用结构类型名访问，其语法格式为：

<结构类型名>.<结构静态成员名>

如果两个结构变量的类型为同一结构类型，可以将一个结构变量赋给另一个结构变量，这样会将一个结构变量中的所有成员变量的值相应地复制到另一结构变量中相应的成员变量。

使用结构有如下优点。

（1）结构占用栈内存，对其操作的效率要比类高。

（2）结构在使用完后能够自动释放所占用的内存。

（3）结构容易复制，只需要使用赋值符号"="就可以把一个结构赋值给另一个结构。

2.6.5　DateTime 结构及应用

C#程序中经常会使用日期时间类型的数据，例如出生日期、参加工作日期等。C#

语言没有提供专门的日期时间数据类型,而是提供了 DateTime 结构,使用 DateTime 结构可以获取当前的系统日期和时间,获取日期的年、月、日,也可以实现日期、时间运算,以及格式化时间和时间等操作。

DateTime 值类型表示值范围在公元 0001 年 1 月 1 日午夜 12:00:00 到公元 9999 年 12 月 31 日晚上 11:59:59 之间的日期和时间。

DateTime 结构的属性和方法非常多,常用的属性如表 2-11 所示,常用的方法如表 2-12 所示。

表 2-11　DateTime 结构的常用属性

名　　称	说　　明
Date	获取此实例的日期部分
Day	获取此实例所表示的日期为该月中的第几天
DayOfWeek	获取此实例所表示的日期是星期几
DayOfYear	获取此实例所表示的日期是该年中的第几天
Num	获取此实例所表示日期的小时部分
Minute	获取此实例所表示日期的分钟部分
Month	获取此实例所表示日期的月份部分
Now	获取一个 DateTime 对象,该对象设置为此计算机上的当前日期和时间
Second	获取此实例所表示日期的秒部分
Ticks	获取表示此实例的日期和时间的刻度数
TimeOfDay	获取此实例的当天的时间
Today	获取当前日期
Year	获取此实例所表示日期的年份部分

表 2-12　DateTime 结构的常用方法

名　　称	说　　明
Add	将指定的 TimeSpan 的值加到此实例的值上
AddDays	将指定的天数加到此实例的值上
AddNums	将指定的小时数加到此实例的值上
AddMilliseconds	将指定的毫秒数加到此实例的值上
AddMinutes	将指定的分钟数加到此实例的值上
AddMonths	将指定的月份数加到此实例的值上
AddSeconds	将指定的秒数加到此实例的值上
AddTicks	将指定的刻度数加到此实例的值上
AddYears	将指定的年份数加到此实例的值上
Compare	比较 DateTime 的两个实例,并返回它们相对值的指示
DaysInMonth	返回指定年和月中的天数
GetDateTimeFormats	将此实例的值转换为标准 DateTime 格式说明符支持的所有字符串表示形式
GetType	获取当前实例的 Type

75

名　　称	说　　明
IsLeapYear	返回指定的年份是否为闰年的指示
Parse	将日期和时间的指定字符串表示转换成其等效的 DateTime
ParseExact	将日期和时间的指定字符串表示转换成其等效的 DateTime。该字符串表示形式的格式必须与指定的格式完全匹配
Subtract	从此实例中减去指定的时间或持续时间
ToLongDateString	将此实例的值转换为其等效的长日期字符串表示形式
ToLongTimeString	将此实例的值转换为其等效的长时间字符串表示形式
ToShortDateString	将此实例的值转换为其等效的短日期字符串表示形式
ToShortTimeString	将此实例的值转换为其等效的短时间字符串表示形式
ToString	将此实例的值转换为其等效的字符串表示
TryParse	将日期和时间的指定字符串表示转换成其等效的 DateTime
TryParseExact	将日期和时间的指定字符串表示转换成其等效的 DateTime。该字符串表示形式的格式必须与指定的格式完全匹配

Visual C♯ 可以直接使用 DateTime 结构获取当前的系统日期和时间,例如 DateTime. Today 返回当前的系统日期,DateTime. Now 获取当前的系统日期及时间。

也可以先定义一个 DateTime 类型的变量,然后通过该 DateTime 变量使用日期和时间。

例如,以下程序代码输出当前日期的年份。

```
DateTime date1=DateTime.Now;
Console.WriteLine("{0}", date1.Year);
```

以下程序代码输出日期数据 1978 年 11 月 26 日的月份。

```
DateTime date2=DateTime.Parse("1978-11-26");
Console.WriteLine("{0}", date2.Month);
```

以下程序代码输出日期 1978 年 11 月 26 日的星期名称。

```
DateTime date3=new DateTime(1978, 11, 26);
Console.WriteLine("{0}", date2.DayOfWeek);
```

注意:DateTime 类型变量总是存储日期和时间,但是不能将日期形式的字符串(例如:"1978-11-26")直接赋给一个 DateTime 变量,可以使用 DateTime. Parse 方法进行转换,也可以使用 DateTime 的构造函数创建一个具有指定日期的 DateTime 变量。

2.7　控制台中 C# 程序中的数据输入

控制台的数据输入主要使用 Console 类的输入方法:ReadLine()方法和 Read()方法。

1. ReadLine()方法

ReadLine()方法的功能是从标准输入流读取一行字符,直到用户按下 Enter 键结束,即将用户在控制台窗口输入(第一个"回车"符之前)的全部字符,读入控制台应用程序。

但是 ReadLine()方法并不接收 Enter 符。如果 ReadLine()方法没有接收任何数据,或者接收了无效的字符,则返回 null。

2. Read()方法

Read()方法的功能是从标准输入流读取下一个字符,并以 Unicode 编码值(整数)的形式保存,注意它一次只能从输入流中读取一个字符,并且直到用户按 Enter 键才会返回。当该方法返回时,如果输入流中包含了有效的输入字符,则返回一个表示输入字符的整数;如果输入流中没有数据,则返回−1。

如果用户输入了多个字符,然后按 Enter 键(此时输入流中将包含用户输入的字符加上回车符'\r'(13)和换行符'\n'(10)),则 Read()方法只能返回用户输入的第 1 个字符。但是,用户可以多次调用 Read()方法,来获取所输入的字符。

例如,用户在控制台中输入了"ABCD",然后按 Enter 键,此时的输入流为"ABCD\r\n",也就是包含回车符'\r'和换行符'\n',但是 Read()方法只读取字符'A',并返回字符'A'的 Unicode 编码值,即 65,其他字符可以用后面的 Read()方法获取数据。

编程实战

任务 2-2　应用枚举类型实现星期数据输出的程序设计

【任务描述】

将一周的七天(星期日、星期一、星期二、星期三、星期四、星期五和星期六)定义成一个枚举类型 WeekDays,并且分别赋予整数值 0、1、2、3、4、5、6,也就是星期日为 0,星期一至星期六依次为 1~6,要求输出星期三的英文名称和对应整数值。

【问题分析】

首先定义一个枚举类型,其名称为 WeekDays,它包含的 7 个枚举成员分别是 Sunday、Monday、Tuesday、Wednesday、Thursday、Friday、Saturday,分别赋予默认的整数值 0、1、2、3、4、5、6,然后可以直接输出枚举成员的名称及其整数值,也可以先声明枚举变量,再通过枚举变量来访问枚举成员。

【任务实施】

(1) 启动 Visual Studio 2012。

（2）创建项目 Application0202。

在 Visual Studio 2012 开发环境中,在已有的解决方案 Solution02 中创建一个名称为 Application0202 的项目。

（3）编写 Main()方法的代码。

项目 Application0202 中 C#程序 Program. cs 的代码如表 2-13 所示。

表 2-13 项目 Application0202 中 C# 程序 Program. cs 的代码

行号	C#程序代码
01	using System;
02	
03	namespace Application0202
04	{
05	class Program
06	{
07	enum WeekDays
08	{
09	Sunday=0,
10	Monday,
11	Tuesday,
12	Wednesday,
13	Thursday,
14	Friday,
15	Saturday,
16	Invalid=-1
17	}
18	static void Main()
19	{
20	Console.WriteLine("星期三的英文名称是:{0}",WeekDays.Wednesday);
21	Console.WriteLine("星期三对应的整数值:{0}",(int)WeekDays.Wednesday);
22	}
23	}
24	}

注意:枚举成员的值在不经过显式转换前,是不会转换成整数值的,如表 2-13 中 Program. cs 的第 20 行输出的枚举成员的标识符字符串,第 21 行输出的是经过显式数据 类型转换的常量值。要输出枚举成员的常量值,需要显式转换为整型。

（4）运行程序并输出结果。

设置项目 Application0202 为启动项目,然后按 Ctrl+F5 快捷键开始运行程序,其输 出结果如图 2-4 所示。

对于 Program. cs 程序,如果要改为通过枚举变量访问枚举成员,并要输出枚举成员 的枚举值和常量值,将 Main()方法的代码改写为如下所示内容即可。

```
static void Main()
```

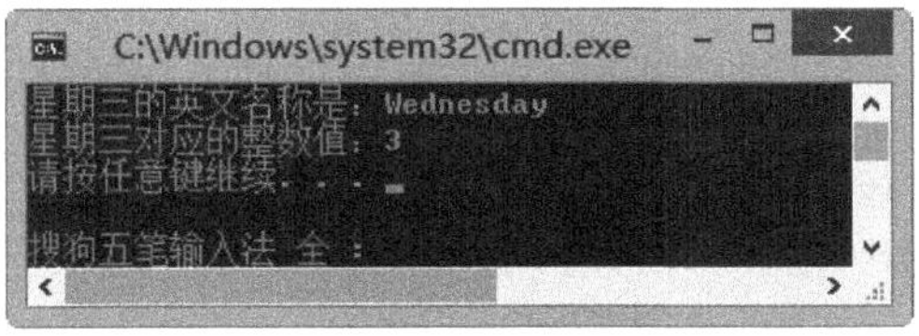

图 2-4 项目 Application0202 中 C♯ Program. cs 程序的运行结果

```
{
  WeekDays week3;
  week3=WeekDays.Wednesday;
  Console.WriteLine("星期三的英文名称是:{0}",week3);
  Console.WriteLine("星期三对应的整数值:{0}", Convert.ToInt32(week3));
}
```

任务 2-3 使用单个变量存储教师数据的程序设计

【任务描述】

明德学院的武明老师 2017 年 2 月的基本工资为 3600 元,补贴为 80 元,编写一个 C♯程序计算应发工资。

【问题分析】

该程序主要涉及四个数据:姓名、基本工资、补贴和应发工资,其中姓名为字符串类型,其他三个数据为数值型,为了验证数据类型和类型转换,将姓名声明为 string 类型,补贴声明为 int 类型,基本工资和应发工资声明 double 类型,分别使用 Console 类的 Write 和 WriteLine 两个方法输出数据。

【任务实施】

(1) 创建项目 Application0203。

在 Visual Studio 2012 开发环境中,在已有解决方案 Solution02 中创建一个名称为 Application0203 的项目。

(2) 编写方法 Main()的代码。

项目 Application0203 中 C♯程序 Program. cs 的 Main()方法的代码如表 2-14 所示。

表 2-14 项目 Application0203 中 C♯程序 Program. cs 的 Main()方法的代码

行号	C#程序代码
01	static void Main()
02	{
03	string name;
04	int subsidy;

续表

行号	C#程序代码
05	`double basePay,dealPay;`
06	`basePay=3600;`
07	`subsidy=80;`
08	`name="武明";`
09	`dealPay=basePay+subsidy;`
10	`Console.Write("{0}老师", name);`
11	`Console.Write("2017年2月的应发工资为:");`
12	`Console.WriteLine("{0}元", dealPay);`
13	`}`

（3）运行程序，输出结果。

设置项目 Application0203 为启动项目，然后按 Ctrl＋F5 快捷键开始运行程序，其输出结果如图 2-5 所示。

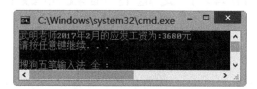

图 2-5　项目 Application0203 中 C#程序 Program. cs 的输出结果

【代码解读】

对表 2-14 中程序 Program. cs 主要应用了变量声明与赋值、数据类型转换、数据输出等方面的知识，代码解释如下：

（1）第 03 行声明了一个 string 类型的变量 name，用于存储姓名。第 04 行声明了一个 int 类型的变量 subsidy，用于存储补贴。

（2）第 05 行声明了两个 double 类型的变量 basePay 和 dealPay，分别用于存储基本工资和应发工资。

（3）第 06 行将一个整型常数 3600 存储到变量 basePay 对应的内存单元中，由于赋值号"＝"右边是一个整型数据，而左边是一个双精度类型变量，系统能够将整型数据隐式转换为双精度类型。

（4）第 07 行将一个整型常数 80 存储到变量 subsidy 对应的内存单元中，由于赋值号"＝"右边是一个整型数据，左边也是一个整型变量，这种情况下不会发生类型转换。

（5）第 08 行将字符串"武明"赋给 string 类型的变量。

（6）第 09 行计算表达式"basePay＋subsidy"的值，由于变量 basePay 的值为 double 类型，变量 subsidy 的值为 int，首先转换为同一种类型，即 double，然后进行运算，最后将运算结果赋给 double 变量 dealPay。

（7）第 10 行使用 Console 类的 Write 方法输出变量 name 的值。

（8）第 11 行使用 Console 类的 Write 方法输出字符串"2017 年 2 月的应发工

资为:"。

（9）第 12 行使用 Console 类的 WriteLine 方法输出变量 dealPay 的值。

任务 2-4　使用一维数组存储工资数据的程序设计

【任务描述】

明德学院郝亮老师 2017 年 1 至 12 月的实发工资如下：6919.70 元、6415.15 元、5985.89 元、5903.58 元、6460.40 元、6435.14 元、7552.70 元、6662.00 元、6441.80 元、7232.00 元、7350.10 元、6732.50 元。编写程序计算 2017 年郝亮老师实发工资总额和平均工资，并且输出 1 月和 12 月的实发工资、全年的实发工资总额、平均工资。

【问题分析】

要计算 2017 年 12 个月的实发工资总额和平均工资，可以声明 14 个普通变量，其中 12 个变量分别存储每个月的实发工资，另外两个变量分别存储工资总额和平均工资，这样做显然是可行的。如果要计算明德学院 300 名职员 2017 年的平均工资，则需要声明 3600 个普通变量，分别存储每位职员每个月的实发工资，这样做显然增加了难度，也不便于程序的调试和维护。如果改用数组则会更加方便，要计算武明老师 2017 年的平均工资，可以声明两个普通变量，分别存储工资总额和平均工资，另外声明一个包含 12 个成员的一维数组，利用一维数组的 12 个成员分别存储 12 个月的实发工资即可。

【任务实施】

（1）创建项目 Application0204。

在 Visual Studio 2012 开发环境中，在解决方案 Solution02 中创建一个名称为 Application0204 的项目。

（2）编写 Main()方法的代码。

项目 Application0204 中 C#程序 Program.cs 的 Main()方法的代码如表 2-15 所示。

表 2-15　项目 Application0204 中 C#程序 Program.cs 的 Main()方法的代码

行号	C#程序代码
01	`static void Main(string[] args)`
02	`{`
03	`    double totalPay,averagePay;`
04	`    double[] realPay ={ 6919.70,6415.15,5985.89,5903.58,`
05	`                        6460.40,6435.14,7552.70,6662.00,`
06	`                        6441.80,7232.00,7350.10,6732.50};`
07	`    totalPay=realPay[0]+realPay[1]+realPay[2]+realPay[3]`
08	`            +realPay[4]+realPay[5]+realPay[6]+realPay[7]`
09	`            +realPay[8]+realPay[9]+realPay[10]+realPay[11];`

续表

行号	C#程序代码
10	averagePay=totalPay / 12;
11	Console.WriteLine("武明老师1月的实发工资为:{0}元", realPay[0]);
12	Console.WriteLine("武明老师12月的实发工资为:{0}元", realPay[11]);
13	Console.WriteLine("武明老师2017年实发工资总额为:{0}元", totalPay);
14	Console.WriteLine("武明老师2017年平均实发工资为:{0}元", averagePay);
15	}

（3）运行程序,输出结果。

设置项目 Application0204 为启动项目,然后按 Ctrl＋F5 快捷键开始运行程序,其输出结果如图 2-6 所示。

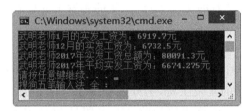

图 2-6　项目 Application0204 中 C♯ 程序 Program.cs 的输出结果

【代码解读】

表 2-15 中所示的代码解释如下:

（1）第 03 行声明了两个 double 类型的普通变量。

（2）第 04 行至第 06 行声明了一个 double 类型的一维数组,该数组有 12 个成员,且分别赋予了初始值。

（3）第 07 行至第 09 行利用数组的 12 个成员计算实发工资总额。

（4）第 10 行计算平均工资,其中变量 totalPay 为 double 类型,常数 12 为整型。计算表达式的值时,先将整数 12 转换为 double 类型,然后进行计算,且将计算结果赋给 double 变量。

（5）第 11 行输出 1 月的实发工资,一维数组第 1 个成员的访问方法为 realPay[0]。

（6）第 12 行输出 12 月的实发工资,一维数组第 12 个成员的访问方法为 realPay[11]。

（7）第 13 行输出实发工资总额,第 14 行输出平均实发工资。

表 2-15 中程序 Program.cs 的一维数组的声明与初始化可以改成以下形式。

```
double[] realPay;
realPay=new double[12];
realPay[0]=6919.70;
realPay[1]=6415.15;
realPay[2]=5985.89;
```

```
realPay[3]=5903.58;
realPay[4]=6460.40;
realPay[5]=6435.14;
realPay[6]=7552.70;
realPay[7]=6662.00;
realPay[8]=6441.80;
realPay[9]=7232.00;
realPay[10]=7350.10;
realPay[11]=6732.50;
```

表 2-15 中程序 Program.cs 的一维数组的声明与动态初始化可以改成以下形式。

```
double[] realPay=new double[12];
realPay[0]=6919.70;
realPay[1]=6415.15;
  ⋮
realPay[10]=7350.10;
realPay[11]=6732.50;
```

上面的语句"double[] realPay= new double[12];"声明并动态初始化数组 realPay,它包含从 realPay[0]至 realPay[11]这 12 个元素,new 关键字用于创建数组,并用默认值对数组元素进行初始化,这里数组元素的值被初始化为 0。

表 2-15 中程序 Program.cs 的一维数组的声明、动态初始化与数组元素赋值可以改成以下形式。

```
double[] realPay=new double[12] { 6919.70,6415.15,5985.89,5903.58,
                                  6460.40,6435.14,7552.70,6662.00,
                                  6441.80,7232.00,7350.10,6732.50 };
```

此时数组元素的初始化值就是大括号中列出的值,方括号中的数值 12 与大括号中列出的数组元素值个数一致。

任务 2-5　使用二维数组存储工资数据的程序设计

【任务描述】

2017 年 1 月明德学院计算机系软件教研室的 4 位教师(向东、刘丽、谭浩和叶琳)的实发工资如下:6919.70 元、6415.15 元、5985.89 元、5903.58 元,2 月的实发工资如下:6460.40 元、6435.14 元、7552.70 元、6662.00 元,3 月的实发工资 6441.80 元、7232.00 元、7350.10 元、6732.50 元。编写程序计算 2017 年第 1 季度软件教研室的四位教师每个月的平均实发工资、第一季度每位老师的平均实发工资和第 1 季度每月每位老师的平均实

83

发工资,并且输出软件教研室 2017 年 1 月的平均实发工资、向东老师 2017 年第 1 季度的平均实发工资和软件教研室 2017 年第 1 季度每月每位老师的平均实发工资。

【问题分析】

2017 年第 1 季度明德学院计算机系软件教研室四位老师的实发工资整理如表 2-16 所示。

表 2-16　2017 年第 1 季度软件教研室四位老师的实发工资表

月份 \ 姓名	向　东	刘　丽	谭　浩	叶　琳
1 月	6919.70(元)	6415.15(元)	5985.89(元)	5903.58(元)
2 月	6460.40(元)	6435.14(元)	7552.70(元)	6662.00(元)
3 月	6441.80(元)	7232.00(元)	7350.10(元)	6732.50(元)

声明 1 个普通变量存储第 1 季度每月每位老师的平均实发工资,声明 2 个一维数组分别存储 4 位教师每个月的平均实发工资和第 1 季度每位老师的平均实发工资,声明 1 个包含 12 个成员的二维数组,利用二维数组的 12 个成员分别存储第 1 季度 4 位老师的实发工资。

【任务实施】

(1) 创建项目 Application0205。

在 Visual Studio 2012 开发环境中,在解决方案 Solution02 中创建一个名称为 Application0205 的项目。

(2) 编写 Main()方法的代码。

项目 Application0205 中 C#程序 Program. cs 的 Main()方法的代码如表 2-17 所示。

表 2-17　项目 Application0205 中 C♯程序 Program. cs 的 Main()方法的代码

行号	C#程序代码
01	static void Main(string[] args)
02	{
03	double averagePay;
04	double[] monthPay;
05	monthPay=new double[3];
06	double[] personPay=new double[4];
07	double[,] realPay=new double[3, 4]
08	{ { 6919.70,6415.15,5985.89,5903.58 },
09	{ 6460.40,6435.14,7552.70,6662.00 },
10	{ 6441.80,7232.00,7350.10,6732.50 } };
11	monthPay[0]=(realPay[0, 0]+realPay[0, 1]+realPay[0, 2]+realPay[0, 3])/4;
12	monthPay[1]=(realPay[1, 0]+realPay[1, 1]+realPay[1, 2]+realPay[1, 3])/4;
13	monthPay[2]=(realPay[2, 0]+realPay[2, 1]+realPay[2, 2]+realPay[2, 3])/4;

行号	C#程序代码
14	`personPay[0]=(realPay[0, 0]+realPay[1,0]+realPay[2, 0])/3;`
15	`personPay[1]=(realPay[0, 1]+realPay[1,1]+realPay[2,1])/3;`
16	`personPay[2]=(realPay[0, 2]+realPay[1,2]+realPay[2,2])/3;`
17	`personPay[3]=(realPay[0,3]+realPay[1,3]+realPay[2,3])/3;`
18	`averagePay = (monthPay[0]+monthPay[1]+monthPay[2])/3;`
19	`Console.WriteLine("软件教研室2017年1月平均实发工资为:{0}元",monthPay[0]);`
20	`Console.WriteLine("向东老师2017年第1季度平均实发工资为:{0}元",personPay[0]);`
21	`Console.WriteLine("软件教研室2017年第1季度平均实发工资为:{0}元",averagePay);`
22	`}`

（3）运行程序，输出结果。

设置项目 Application0205 为启动项目，然后按 Ctrl＋F5 快捷键开始运行程序，其输出结果如图 2-7 所示。

图 2-7　项目 Application0205 中 C#程序 Program.cs 的输出结果

【代码解读】

表 2-17 中的代码解释如下：

（1）第 03 行声明 1 个双精度类型的普通变量 averagePay。

（2）第 04 行声明 1 个双精度类型的一维数组 monthPay。

（3）第 05 行对一维数组 monthPay 进行动态初始化。

（4）第 06 行声明一维数组 personPay，同时进行动态初始化。

（5）第 07 行至第 10 行声明 1 个 3 行 4 列的双精度型二维数组 realPay，对该数组进行动态初始化且为各个数组元素赋予初始值。

二维数组 realPay 第一维的大小为 3，第二维的大小为 4，其中数组元素 realPay[1,2] 的值为 7552.70。

二维数组好比一张表格，第一维对应"行"，第二维对应"列"，3 个月对应 3 行，4 位老师对应 4 列，共有 12 个数据，对应表格中的 12 个单元格，如表 2-18 所示。

各个数组元素的引用如表 2-18 所示。每一行的第一维索引值相同，每一列的第二维索引值相同。计算每月的人平均实发工资实际上是计算每一行的平均值，计算每人的月平均实发工资实际上是计算每一列的平均值。

计算 1 月的平均实发工资时，二维数组 realPay 的第一维的下标值全为 0，第二维的下标值依次为 0~3。计算第 1 位老师的平均实发工资时，二维数组 realPay 的第二维的下标值全为 0，第一维的下标值依次为 0~2。

表 2-18　二维数组与表格的对应关系

	第 1 列	第 2 列	第 3 列	第 4 列	行平均值
第 1 行	(0,0) 6919.70	(0,1) 6415.15	(0,2) 5985.89	(0,3) 5903.58	3056.08
第 2 行	(1,0) 6460.40	(1,1) 6435.14	(1,2) 7552.70	(1,3) 6662.00	2777.67
第 3 行	(2,0) 6441.80	(2,1) 7232.00	(2,2) 7350.10	(2,3) 6732.50	3688.9975
列平均值	3274.08	3027.43	2962.93	3432.556667	3174.249167

（6）第 11 行计算 2017 年 1 月的每位老师的平均实发工资。

（7）第 12 行计算 2017 年 2 月的每位老师的平均实发工资。

（8）第 13 行计算 2017 年 3 月的每位老师的平均实发工资。

（9）第 14 行计算武明老师第 1 季度每月的平均实发工资。

（10）第 15 行计算刘丽老师第 1 季度每月的平均实发工资。

（11）第 16 行计算谭浩老师第 1 季度每月的平均实发工资。

（12）第 17 行计算叶琳老师第 1 季度每月的平均实发工资。

（13）第 18 行计算软件教研室第 1 季度每位老师每月的平均实发工资。

（14）第 19 行输出软件教研室 2017 年 1 月的平均实发工资。

（15）第 20 行输出武明老师 2017 年第 1 季度的平均实发工资。

（16）第 21 行输出软件教研室 2017 年第 1 季度每位老师每月的平均实发工资。

表 2-18 中程序 Program.cs 的二维数组的声明与动态初始化可以改成以下形式。

```
double[,]realPay;
realPay=new double[3, 4];
realPay[0, 0]=6919.70;
realPay[0, 1]=6415.15;
realPay[0, 2]=5985.89;
realPay[0, 3]=5903.58;
realPay[1, 0]=6460.40;
realPay[1, 1]=6435.14;
realPay[1, 2]=7552.70;
realPay[1, 3]=6662.00;
realPay[2, 0]=6441.80;
realPay[2, 1]=7232.00;
realPay[2, 2]=7350.10;
realPay[2, 3]=6732.50;
```

表 2-18 中程序 Program.cs 的二维数组的声明与动态初始化可以改成以下形式。

```
double[,] realPay=new double[3, 4];
realPay[0, 0]=6919.70;
realPay[0, 1]=6415.15;
```

```
     ⋮
realPay[2, 2]=7350.10;
realPay[2, 3]=6732.50;
```

上面的语句"double[,] realPay=new double[3，4];"中 new 关键字用于创建数组，并使用默认值对数组元素进行初始化，这里所有数组元素的值都被初始化为 0。其中第 1 维的长度为 3，第 2 维的长度为 4。

表 2-18 中程序 Program.cs 的二维数组的声明与静态初始化可以改成以下形式。

```
double[,] realPay={ { 6919.70,6415.15,5985.89,5903.58 },
                    { 6460.40,6435.14,7552.70,6662.00 },
                    { 6441.80,7232.00,7350.10,6732.50 } };
```

任务 2-6   使用结构存储教师数据的程序设计

【任务描述】

明德学院计算机系的全墨老师的 2017 年 1 月应发工资为 6680 元，扣款合计为 1280.3 元，编写程序自定义一个结构类型，该结构类型封装了 4 个成员变量和 1 个方法，4 个成员变量分别是：部门名称、姓名、应发工资和扣款合计，方法 displayInfo 用于输出个人的基本信息，包括部门名称、姓名、应发工资、扣款合计和实发工资。使用所定义的结构类型声明一个结构类型变量，输出全墨老师的基本信息。

【问题分析】

部门名称、姓名、应发工资和扣款合计四个数据的类型不完全相同，前两个（部门名称和姓名）为 string 类型，后两个（应发工资、扣款合计）为 double 类型，这四个数据无法使用一个数组来存储，而使用 C#提供的结构类型有组织地把这些不同类型的数据组织在一起。

【任务实施】

（1）创建项目 Application0206。

在 Visual Studio 2012 开发环境中，在解决方案 Solution02 中创建一个名称为 Application0206 的项目。

（2）编写 Main()方法的代码。

项目 Application0206 中 C#程序 Program.cs 的 Main()方法的代码如表 2-19 所示。

（3）运行程序并输出结果。

设置项目 Application0206 为启动项目，然后按 Ctrl+F5 快捷键开始运行程序，其输出结果如图 2-8 所示。

87

表 2-19　项目 Application0206 中 C#程序 Program. cs 的 Main()方法的代码

行号	C#程序代码
01	using System;
02	
03	namespace Application0206
04	{
05	struct Teacher
06	{
07	public string department;　　　　//部门名称
08	public string name;　　　　//姓名
09	public double dealPay;　　　　//应发工资
10	public double deductPay;　　　　//扣款合计
11	
12	public void displayInfo()
13	{
14	Console.WriteLine("部门名称:{0}", department);
15	Console.WriteLine("姓　　名:{0}", name);
16	Console.WriteLine("应发工资:{0}", dealPay);
17	Console.WriteLine("扣款合计:{0}", deductPay);
18	Console.WriteLine("实发工资:{0}", dealPay-deductPay);
19	}
20	}
21	class Program
22	{
23	static void Main(string[] args)
24	{
25	Teacher emp=new Teacher();
26	emp.department="计算机系";
27	emp.name="全墨";
28	emp.dealPay=6680;
29	emp.deductPay=1280.3;
30	emp.displayInfo();
31	}
32	}
33	}

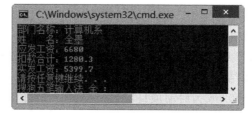

图 2-8　项目 Application0206 中 C#程序 Program. cs 的输出结果

【代码解读】

表 2-19 所示的代码解释如下：

（1）第 05～20 行声明了一个结构类型，其中第 07、08 行声明了两个 string 类型的成员，第 09、10 行声明了两个 double 类型的成员，第 12～19 行声明了 1 个方法。

（2）第 25 行声明了一个结构类型的变量 emp。

（3）第 26～29 行访问结构变量的成员。

（4）第 30 行输出调用结构的方法，输出个人基本信息。

任务 2-7　编写程序按约定的格式　　输出教师的基本信息

【任务描述】

通过控制台窗口分别输入武明老师的姓名、工龄补贴、基本工资和性别，然后在控制台窗口输出这些数据。

【问题分析】

通过控制台输入/输出数据主要使用 Console 类的方法实现，输入数据使用 ReadLine()方法和 Read()方法来实现，输出数据使用 WriteLine()方法和 Write()方法来实现。

【任务实施】

（1）在解决方案 Solution02 新建项目 Application0207。

在解决方案 Solution02 中新建一个项目 Application0207，然后在该项目中添加一个代码文件 Program.cs。

（2）编写方法 Main()的代码。

项目 Application0207 中 C♯程序 Program.cs 的 Main()方法的代码如表 2-20 所示。

表 2-20　项目 **Application0207** 中 **C♯**程序 **Program.cs** 的 **Main()**方法的代码

行号	C#程序代码
01	`static void Main(string[] args)`
02	`{`
03	`    string name;`
04	`    char sex;`
05	`    int subsidy;`
06	`    double basePay, dealPay;`
07	`    Console.Write("请输入姓名:");                    //武明`
08	`    name=Console.ReadLine();`

续表

行号	C#程序代码
09	Console.Write("请输入工龄补贴:");
10	subsidy=int.Parse(Console.ReadLine()); //75
11	Console.Write("请输入基本工资:");
12	basePay=double.Parse(Console.ReadLine()); //3600.00
13	Console.Write("请输入性别:"); //男
14	sex=Convert.ToChar(Console.Read());
15	dealPay=basePay+subsidy;
16	Console.Write("{0}老师(性别为{1})", name, sex);
17	Console.WriteLine("2017年2月的应发工资为{0}元", dealPay);
18	}

（3）运行程序并输出结果。

设置项目 Application0207 为启动项目，然后按 Ctrl＋F5 快捷键开始运行程序，其输出结果如图 2-9 所示。

图 2-9　项目 Application0207 中 C♯程序 Program.cs 的运行结果

【代码解读】

表 2-20 中的代码解释如下：

（1）第 03 行声明 1 个 string 类型的变量 name，第 04 行声明 1 个 char 类型的变量 sex。

（2）第 05 行声明 1 个 int 类型的变量 subsidy，第 06 行声明 2 个 double basePay 和 dealPay。

（3）第 07、09、11、13 行，使用 Console 类的 Write()方法输出字符串，用于提示用户输入合适的数据。

（4）第 08 行使用 Console 类的 ReadLine()方法，输入一个字符串，即姓名。由于被赋值的变量 name 也是 string 类型，所以不需要转换数据类型，直接赋值即可。

（5）第 10 行使用 Console 类的 ReadLine()方法，输入一个全为数字字符的字符串，即工龄补贴，由于控制台读取的数据为 string 类型，但是被赋值的变量 subsidy 为 int 类型，所以必须使用 Parse 方法转换数据类型。

（6）第 12 行使用 Console 类的 ReadLine()方法，输入一个全为数字字符的字符串，即基本工资，由于控制台读取的数据为 string 类型，但是被赋值的变量 basePay 为 double

类型,所以必须使用 Parse 方法转换数据类型。

(7) 第 14 行使用 Console 类的 Read()方法,输入一个字符,即性别。由于 Read()方法一次只能从输入流中读取一个字符,并且返回一个表示输入字符的整数,即控制台读取的数据为整型,但是被赋值的变量 sex 为 char 类型,所以必须使用 Convert 类的 ToChar()方法转换数据类型。

(8) 第 15 行计算应发工资,由于两个变量 basePay 和 subsidy 的数据类型不一致,系统隐式转换为同一种类型,即 double 类型,然后进行求和运算,且将运算结果赋给 double 类型的变量 dealPay。

(9) 第 16 行使用 Console 类的 Write()方法输出数据,第 17 行使用 Console 类的 WriteLine()方法输出数据。

同步训练

任务 2-8　编写程序输出学生的基本信息

明德学院黄莉同学的个人基本信息如下:“学号:201703100105;性别:女;出生日期:2000 年 5 月 14 日;政治面貌:中共党员;籍贯:湖南;班级名称:软件 1701;本学期的课程平均成绩:92.5。”编写 C♯程序输出该同学的基本信息。

任务 2-9　应用枚举类型实现季节数据输出的程序设计

编写一个 C♯程序,将一年的四季,即春(spring)、夏(summer)、秋(autumn)、冬(winter)定义成一个枚举类型 season,并且分别赋予整数值 1、2、3、4,也就是春季为 1,夏季为 2,秋季为 3,冬季为 4,要求输出秋季的英文名称和对应整数值。

任务 2-10　使用单个变量存储 1 个学生多门课程成绩的程序设计

明德学院软件班黄莉同学本学期 4 门课程的成绩分别为:“英语”为 95 分、“体育”为 87 分、“C♯程序设计”为 92 分、“数据库应用”为 96 分,编写 C♯程序计算其平均成绩。

提示:计算平均成绩的方法比较简单,利用 4 门课程成绩的总和除以 4 就可以得到平均成绩。使用 4 个存储单元存储 4 门课程的成绩,平均成绩也需要使用 1 个存储单元存储。

任务 2-11　使用单个变量存储多个学生 1 门课程成绩的程序设计

明德学院的软件班第 3 小组有 5 位同学：黄莉、张皓、赵华、肖芳、刘峰，"C♯程序设计"课程成绩分别为 92、96、71、85、89，编写 C♯程序计算第 3 小组 5 位同学的平均成绩。

提示：声明 5 个变量存储 5 位同学的课程成绩，另外声明 1 个变量存储平均成绩。

任务 2-12　使用一维数组存储 1 个学生多门课程成绩的程序设计

明德学院软件班黄莉同学本学期 4 门课程的成绩分别为："英语"为 95 分、"体育"为 87 分、"C♯程序设计"为 92 分、"数据库应用"为 96 分，编写 C♯程序利用一维数组计算其平均成绩。

任务 2-13　使用二维数组存储多个学生多门课程成绩的程序设计

明德学院的软件班第 3 小组有 5 位同学：黄莉、张皓、赵华、肖芳、刘峰，4 门课程的成绩如表 2-21 所示。编写 C♯程序分别计算人均成绩、课程平均成绩和总平均成绩，要求输出这些平均成绩数据，且将程序运行结果填入表 2-21 中。

表 2-21　软件班第 3 小组 5 位同学的课程成绩

姓名	英语	体育	C♯程序设计	数据库应用	人均成绩
黄莉	95	87	92	96	
张皓	84	91	96	80	
赵华	90	84	71	92	
肖芳	86	88	85	89	
刘峰	82	94	89	93	
课程平均成绩					

任务 2-14　使用结构存储学生数据的程序设计

明德学院软件班的黄莉同学的基本信息如下：学号为 201703100105，性别为女，出生日期为 2000 年 5 月 14 日，政治面貌为中共党员，籍贯为湖南，班级名称为软件 1701，本学期的课程平均成绩为 92.5。编写 C# 程序自定义一个结构类型,该结构类型封装了 7 个成员变量和 1 个方法,7 个成员变量分别是:学号、性别、出生日期、政治面貌、籍贯、班级名称和成绩,displayInfo 方法用于输出个人的基本信息,包括学号、性别、出生日期、政治面貌和成绩。使用所定义的结构类型声明一个结构类型变量,输出黄莉同学的基本信息。

析疑解难

【问题 1】　简述微型计算机硬件系统的基本组成及各自的功能。

一个完整的计算机系统包括两大部分:硬件系统和软件系统。所谓硬件系统,是指构成计算机的物理设备,例如主机、键盘、鼠标、显示器、打印机等。软件系统是指在硬件设备中运行的各种程序以及有关文档资料。所谓程序,实际上是指挥计算机执行各种科学计算或数据处理的指令集合。

计算机硬件系统由运算器、控制器、存储器、输入设备、输出设备五大基本部件构成。通常把运算器和控制器合称为中央处理器,简称为 CPU。在微型计算机中,运算器和控制器集成在一块芯片中,称之为微处理器。存储器和 CPU 通常都位于机箱中,合称为主机。其他设备与主机相连,称为外部设备,外部设备又包括输入设备(例如键盘、鼠标等)和输出设备(例如显示器、打印机等)。

存储器分为内存储器与外存储器。内存储器简称为内存,它直接和运算器、控制器联系,容量小,但存储速度快,用于存放那些急需处理的数据或正在运行的程序;外存储器简称为外存,也称为辅助存储器,是为了弥补内存容量的不足和永久性地保存信息而设的,它间接和运算器、控制器联系,存储速度比内存慢,但存储容量大。

内存一般分为只读存储器(ROM)和随机存储器(RAM)。ROM 中主要存放开机自检程序、系统初始化程序、基本输入输出设备处理程序等,在计算机运行过程中,ROM 中的信息只能读出,而不能写入新的内容或修改现有的内容,无论是否断电,ROM 中的信息不会消失。RAM 可读可写,其内容可以随时根据需要读出,也可以重新写入新的信息。一旦关机或断电,RAM 中存储的信息便会消失,程序运行时的代码、临时数据都存储在 RAM 中。

从存储器中取出数据通常称为“读”,存入数据通常称为“写”。

常见的输入设备是键盘和鼠标。键盘用于输入程序代码以及程序运行过程中输入数据等。鼠标在可视化程序设计时,通过单击、双击执行各种命令,通过拖动绘制各种控件或选择各种对象等。

常见的输出设备是显示器与打印机。显示器用于查看输入到计算机的程序、数据等信息和程序运行的中间结果或最终结果。打印机将计算机输出的各种信息打印在纸上长期保存。

【问题 2】　常用的进制有哪几种？计算机内部采用哪一种进制,并说明其原因。

我们在编写程序时一般采用十进制或者十六进制,而计算机内部采用二进制,因此要将其他进制的数转换为二进制数,计算机才能进行计算。

计算机内部都是采用二进制表示数据,这是由于二进制数在电气元件中容易实现,容易运算。二进制只有两个数,即 0 和 1,在电学中具有两种稳定状态以代表 0 和 1 的东西很多,例如:电压的高和低,电灯的亮和灭,电容器的充电和放电,脉冲的有和无,晶体管的导通和截止等,但是要找出一种具有十个稳定状态的电气元件很困难的,所以从实现角度分析应该选择二进制。

【问题 3】 计算机处理数据时,如何表示数值型数据?

1) 计算机中正、负数的表示方法

在数学中,将正号"+"和负号"-"放在数值前表示该数是正数还是负数的。而在计算机中则使用符号位来表示正、负数,规定在数的最高位设置一位符号位,用 0 表示正数,用 1 表示负数。这样,数的符号也数码化了。如果用 8 个二进制位表示一个有符号整数,则最高位为符号位,具体表示数值的只有 7 位。如果用 16 个二进制位表示一个有符号整数,除去最高位的符号位,具体表示数值的只有 15 位。因此,在表示一个数时,使用的二进制位越多,所表示数值的范围越大。

例如,十进制数+50 与-50 的二进制表示分别为:

$$(+50)_{10} \rightarrow (+0110010)_2 \rightarrow (00110010)_2$$
$$(-50)_{10} \rightarrow (-0110010)_2 \rightarrow (10110010)_2$$

其中最左边的位(即最高位)为符号位,0 表示正数,1 表示负数。

带有正、负符号的数(例如+0110010、-0110010)称为真值,把正负符号数字化的带符号数(例如 00110010、10110010)称为机器数。也就是说,机器数中用 0 或 1 取代了真值形式中的正负号。

2) 正数的原码、反码与补码

正数的原码、反码与补码是相同的。

例如,对于真值+1001001,其原码为 01001001,反码、补码也是 01001001。

3) 负数的原码、反码与补码

负数的反码,将它的原码除符号位不变外,其余各位取反(即 0 变为 1,1 变为 0)。

负数的补码,将它的原码除符号位不变外,其余各位取反(即 0 变为 1,1 变为 0),且在末位加 1。

例如对于真值-1011001,其原码 11011001,反码为 10100110,补码为 10100111。

4) 计算机中小数的表示方法

在计算机中,小数通常有两种表示方法,即定点数和浮点数。

(1) 定点数

定点数是小数点位置固定的数。通常,一个数的最高位是符号位,而小数点的位置通常有两种表示方法。

如果小数点在符号位之后(但小数点不占二进制位),符号位右边的第一位是小数的最高位,用这种表示法表示的数称为定点小数。

如果小数点在整个二进制数的最后(小数点不占二进制位),符号位左边的所有位数表示的是一个整数,用这种表示法表示的数称为定点整数。

由此可知,通常只有纯小数或整数才能方便地使用定点数表示。

（2）浮点数

浮点数的小数点位置不固定,通常它既有整数部分又有小数部分。一个十进制数 R 可以表示为 $R=\pm Q\times10^{\pm n}$,其中 Q 是一个纯小数。同样,一个二进制数 P 也可以表示为 $P=\pm S\times2^{\pm N}$,其中 P、S、N 均为二进制数,S 称为 P 的尾数,是一个定点小数,N 称为 P 的阶码,是一个定点整数,$\pm N$ 指明了二进制数 P 的小数点的实际位置。

在计算机内部,阶码通常采用补码形式的二进制整数表示,尾数通常采用原码形式的二进制小数表示。阶码和尾数占用的位数可以灵活地设定,阶码确定数的表示范围,尾数确定数的精度。浮点数的表示范围要比定点数大得多。

浮点数的机内表示一般采用以下形式。

阶码符号位	阶码部分	尾数符号位	尾数部分

常用的浮点数有以下两种格式。

① 单精度浮点数为 32 位,其中阶码占 8 位,尾数占 24 位（包含 1 位符号位）。

② 双精度浮点数为 64 位,其中阶码占 11 位,尾数占 53 位（包含 1 位符号位）。

计算机内部整数一般用定点数表示,实数一般用浮点数表示。

【问题 4】　计算机处理数据时,如何表示字符数据?

计算机不但要处理数值数据,而且还必须处理字符数据,例如英文字母、数字、汉字等。要处理字符数据,必须将它们以二进制形式的字符编码表示,计算机才能对它们进行识别、存储和处理。

（1）Unicode 编码

"Unicode 标准"是用于字符和文本的通用字符编码方案。它为世界上的书面语言中使用的每一个字符赋予一个唯一的数值（称为码位）和名称。例如,字符"A"由码位"U+0041"和名称"LATIN CAPITAL LETTER A"表示。有 65000 个以上的字符编码,并且还有再支持多达一百万个字符的余地。

以往,不同区域性的不同语言要求迫使应用程序在内部使用不同的编码方案表示数据。这些不同的编码方案迫使开发人员为操作系统和应用程序创建零碎的基本代码,如用于欧洲语言的单字节版本、用于亚洲语言的双字节版本以及用于中东语言的双向版本。这种零碎的代码库使得难以在不同的区域性之间共享数据,并且对于开发支持多语言用户界面的全球通用应用程序来说尤为困难。

Unicode 数据编码方案简化了开发全球通用应用程序的过程,因为它允许用单个编码方案来表示世界上使用的所有字符。应用程序开发人员不必再跟踪用于产生特定语言字符的编码方案,并且数据可以在世界上的各系统之间共享而不会受到损坏。

Unicode 是目前用来解决 ASCII 码 256 个字符限制问题的一种比较流行的方案。Unicode 用双字节表示一个字符,一个英文字母是一个 Unicode 字符,一个汉字也是一个 Unicode 字符,也就是说全角字符与半角字符的长度都为 1,占用 2 字节的内存空间。

（2）ASCII 码

ASCII 码是 Unicode 编码的一个子集,ASCII 码为 7 位字符编码,用 7 个二进制位表示一个字符,共有 128 种不同的组合,表示 128 个不同的字符,其中包括：10 个数字 0～9,26 个大写英文字母,26 个小写英文字母,34 个通用控制字符和 32 个专用字符(标点符号和运算符)。例如"A"的 ASCII 码是 1000001,即十进制数 65。"a"的 ASCII 码是 1100001,即十进制数 97。例如 hello 中各个字符在计算机中的表示形式如下所示。

字符	h	e	l	l	o
二进制数	01101000	01100101	01101100	01101100	01101111

计算机中通常以 ASCII 码表示字符,用一字节表示一个字符。需要特别注意的是,十进制数字字符的 ASCII 码与它们的二进制数值是不同的。例如十进制数值 5 的七位二进制数是 0000101,而数字字符"5"的 ASCII 码为 0110101,转换为十进制是 53。由此可见,数值 5 和数字字符"5"在计算机中的表示是不同的。数值 5 可以表示数的大小,并参与数值运算;而数字字符"5"只是一个字符,不能参与数值运算。

对于十进制数,在计算机内部以二进制数值形式存储的文件称为二进制文件,以数字的 ASCII 编码的二进制形式存储的文件称为文本文件。例如十进制数 678 分别以二进制数值表示和以 ASCII 编码的二进制形式表示如下所示。

十进制数值形式	678		
二进制数值形式	0000001010100110		
二进制 ASCII 编码形式	00110110	00110111	00111000

显然,数值的 ASCII 编码文件要比相应的数值二进制文件占用更多的存储空间。

(3) 国家标准汉字编码

汉字信息在传递、交换中必须规定统一的编码才不会造成混乱,目前我国计算机普遍采用的标准汉字编码是国家标准汉字编码。国家标准汉字编码简称为国标码,该编码的全称是"信息交换用汉字编码字符集—基本集",国家标准号为"GB2312-80"。

国标码共收集了 7445 个汉字及符号。其中,一级常用汉字 3755 个,按汉语拼音字母顺序排列;二级常用汉字 3008 个,按部首顺序排列;还收录了 682 个图形符号。

国标码规定：一个汉字用两个字节来表示,每字节只使用前七位,最高位为 0,这样使得汉字与英文完全兼容。为了方便书写,通常用 4 位十六进制来表示一个汉字。例如,汉字"啊"的国标码是"0011000000100001",用十六进制数表示为"3021"。

目前,我国使用的汉字内码是采用双字节的变形国标码,即将国标码每字节的最高位统一置成"1",以区别于西文字符一字节的 ASCII 编码,例如,汉字"啊"的内码为"1011000010100001",用十六进制数表示为"B0A1"。

【问题 5】 解释存储器、存储器的存储容量,说明存储容量有哪几种单位,如何进行换算。

存储器是用来存储程序和数据的装置。程序是计算机操作的依据,数据是操作的对象,程序和数据在存储器中都必须以二进制的形式表示。存储器由一系列存储单元组成,存储器所有存储单元的总和称为存储器的存储容量,存储器的存储容量越大,可存放的程序和数据就越多。

"位"是计算机中存储数据的最小单位,指二进制数中的一位,其值为"0"或"1",因其英文名为"bit",故称为"比特"。

字节是计算机存储容量的基本单位,计算机存储容量的大小用字节的多少来衡量的。其英文名为"byte",通常用"B"表示。8 个二进制位称为一字节,若干位组成一个存储单元,其中可以存放一个二进制的数据或一条指令。

存储器存储容量的基本单位是字节,其他经常使用的单位还有 KB(千字节)、MB(兆字节)、GB(吉字节)等,它们之间的换算关系如下:

$$1KB=2^{10}B=1024B$$

$$1MB=2^{10}KB=2^{20}B$$

$$1GB=2^{10}MB=2^{30}B$$

【问题 6】　解释存储器存储单元的地址。

内存类似于计算机运行时的临时数据存储仓库,当仓库很大时,就要用某种方法标识它,才知道要把物品(数据)存储到仓库(内存)的什么地方,或者知道要从仓库(内存)的什么地方去取出物品(数据)。很显然,可以通过为内存编号来达到上述目的。

存储器由一系列存储单元组成,每个存储单元可以想象为宾馆的房间,每个房间编一个房号,同样地,存储器的每个存储单元也有一个唯一的编号,称为地址。内存通常以字节为单位进行编址,内存地址用二进制数编码。

【问题 7】　举例说明存储器中数据的数值范围、精度与数据溢出。

数据范围是指存储器中所存储的某种类型的数据,其最小数值和最大数值之间的范围。数据精度是指所存储数据的有效位数。

(1) 整型数据的数值范围

① 8 位存储空间所存储数据的数值范围。对于 8 位存储空间,最高位为符号位,"0"表示正数,"1"表示负数,其余 7 位表示数值,最小的负整数为 $-128(-2^7)$,最大的正整数为 $127(2^7-1)$,8 位存储空间所存储数据的数值范围如下所示。

| 0 | 1 | 1 | 1 | 1 | 1 | 1 | 1 | =127 |

| 1 | 0 | 0 | 0 | 0 | 0 | 0 | 0 | =−128 |

② 16 位存储空间所存储数据的数值范围。对于 16 位存储空间,最高位为符号位,其余 15 位表示数值,最小的负整数为 $-32768(-2^{15})$,最大的正整数为 $32767(2^{15}-1)$,16 位存储空间所存储数据的数值范围如下所示。

| 0 | 1 | 1 | 1 | 1 | 1 | 1 | 1 | 1 | 1 | 1 | 1 | 1 | 1 | 1 | 1 | =32767 |

| 1 | 0 | 0 | 0 | 0 | 0 | 0 | 0 | 0 | 0 | 0 | 0 | 0 | 0 | 0 | 0 | =−32768 |

③ 32 位存储空间所存储数据的数值范围。对于 32 位存储空间,最高位为符号位,其余 31 位表示数值,最小的负整数为 $-2147483648(-2^{31})$,最大的正整数为 2147483647 $(2^{31}-1)$。

④ 64 位存储空间所存储数据的数值范围。对于 64 位存储空间,最高位为符号位,其余 63 位表示数值,最小的负整数为 $-9223372036854775808(-2^{63})$,最大的正整数为 $9223372036854775807(2^{63}-1)$。

(2) 实型数据精度

实型数据一般采用浮点数表示,浮点数尾数表示数的精度,尾数的位数越多,则精度越高。

（3）整型数据的溢出

对于 16 位存储空间所存储数据，最大正整数为 32767，其最高位为 0，后 15 位全为 1。如果再加 1，则会变成第 1 位为 1，后面 15 位全为 0，正好是 −32768 的补码形式。

对于 16 位存储空间只能容纳 −32768～32767 范围内的数，无法表示大于 32767 的数，如果再加 1，则超出了 16 位存储空间所能存储的最大正整数，此时就会发生"数据溢出"，整型数据的溢出如下所示。

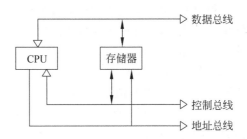

【问题 8】 举例说明存储器的读/写工作原理。

计算机内部通过三组总线（数据总线、控制总线和地址总线）相连，如图 2-10 所示。通过总线实现了 CPU 与存储器之间的数据传递，数据信息在数据总线上流动，控制总线上的控制信息确定数据的操作和流向，地址总线上的地址信息确定数据信息的存取地址。

图 2-10　CPU 与存储器之间数据的传递

计算机工作时，CPU 要从存储器读数据或写数据，这种操作称为访问存储器。CPU 访问存储器时，要先送出被访问单元的地址码选中该单元，然后 CPU 送出读或写控制信息；若为读，则接着从存储器中读出数据；若为写，则向存储器送数据。

存储器由存储体、地址译码器和控制部件等部分组成。为便于说明存储的读/写工作过程，假设存储体每个存储单元的地址用 8 位表示，以前 256 个存储单元为样例加以说明，其地址范围为 00000000～11111111。同样假设存储在存储体中的数据只占用 1 字节，即 8 位。假设目前内存储器中已占用 5 个单元，存储了 5 个数据：00000001、00000010、00000011、01010010、01111000，其对应的十进制数分别为 1、2、3、82、120，对应的存储地址为 00000000、00000011、00000100、11111101、11111110。

（1）从存储器中读出数据的工作原理

从存储器中读出数据送往微处理器的工作过程如图 2-11 所示。存储器从微处理器接收读操作的控制命令，在读操作命令的控制下，从选中单元中读出数据，送到数据总线，经数据总线送到微处理器。从存储器 00000011 单元中读取数据 00000010，其读出过程描述如下：

① 微处理器将地址码 00000011 放到地址总线上，经地址译码器译码，选中 00000011 单元。

② 微处理器向存储器发送读操作命令。

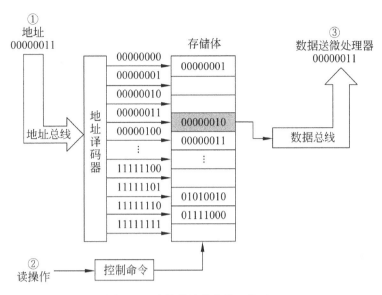

图 2-11 存储器读操作的工作过程

③ 存储器在读操作命令控制下,将 00000011 单元中的数据 00000010 读出,放到数据总线上。微处理器从数据总线上取走该数据。至此,一次完整的读出过程结束。

内存可以像仓库存放物品一样存放数据,但是,内存和仓库相比有一个很大的不同,仓库中某个货架上存放物品被取出后该货架上就是空的,但内存中某个单元中的数据被读出后,该内存单元中仍然保存着该数据。如图 2-11 所示,读出操作完成后,00000011 单元中原有的数据保持不变,仍然为 00000010。读出数据,其实质就是复制数据,这种读出称为非破坏性读出。同一存储单元中的数据允许多次读出。

(2)向存储器中写入数据的工作原理

向存储器中写入数据的工作过程如图 2-12 所示。地址译码器接收从地址总线送来的地址码,经译码器译码,选中相应的存储单元,然后将数据总线上的数据写入所选中的单元。如图 2-12 所示,向存储器 11111101 单元中写入数据 00000110,其写入过程描述如下:

① 微处理器将地址 11111101 放到地址总线上,经地址译码器译码,选中 11111101 单元。

② 微处理器将要写入的数据 00000110 放到数据总线上。

③ 微处理器向存储器发送写操作命令,在写操作命令的控制下,将数据 00000110 写入 11111101 单元。至此,一次完整的写入过程结束。

注意:写入操作破坏了 11111101 单元中原有的数据 01010010,被新写入的数据 00000110 代替,而其他存储单元中数据不会受到影响。程序中的赋值操作就是向内存单元存储数据的过程,赋值后存储单元中原先的值会被新值所覆盖。

99

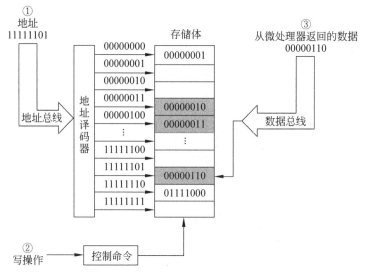

图 2-12 存储器写操作的工作过程

单元习题

(1) C♯的数据类型有(   )。

    A. 值类型和调用类型　　　　　　　　　　B. 值类型和引用类型

    C. 引用类型和关系类型　　　　　　　　　　D. 关系类型和调用类型

(2) 以下类型中,不属于值类型的是(   )。

    A. 整数类型　　　　B. 布尔类型　　　　C. 字符类型　　　　D. 类类型

(3) C♯中每个 bool 类型量占用(   )字节的内容。

    A. 4　　　　　　　B. 2　　　　　　　　C. 8　　　　　　　　D. 1

(4) C♯中每个 char 类型量占用(   )字节的内容。

    A. 1　　　　　　　B. 2　　　　　　　　C. 4　　　　　　　　D. 8

(5) 下列语句执行后,y 的值是(   )。

```
float x=-123.567F;
int y=(int)x;
```

    A. 123　　　　　　B. 123.567　　　　　C. 123.567F0　　　　D. 0

(6) 定义枚举类型的关键字是(   )。

    A. string　　　　　B. struct　　　　　　C. public　　　　　　D. enum

(7) 枚举型常量的值不可以是(   )类型。

    A. int　　　　　　B. long　　　　　　　C. short　　　　　　　D. double

(8) 下面有关枚举成员赋值说法正确的是(   )。

A.　在定义枚举类型时,至少要为其中的一个枚举成员赋一个常量值

B.　在定义枚举类型时,若直接为某个枚举成员赋值,则其他枚举成员依次取

C.　在把一个枚举成员的值赋给另一个枚举成员时,可以不考虑它们在代码中出现的顺序

D.　在定义的一个枚举类型中,任何两个枚举成员都不能具有相同的常量值

(9) 以下对枚举的定义,正确的是(　　　)。

A.　enum a＝{one, two, three}　　　　　　B.　enum a {a1, a2, a3};

C.　enum a＝{'1', '2', '3'};　　　　　　　　D.　enum a {"one", "two", "three"};

(10) 下列程序的执行结果是(　　　)。

```
using System;
class Example
{
    enum team{my,your=4,his,her=his+10};
    public static void Main()
    {
        Console.WriteLine("{0},{1},{2},{3}",(int)team.my,(int)team.your,(int)
        team.his,(int)team.her);
    }
}
```

A.　0 1 2 3　　　　B.　0 4 0 10　　　　C.　0 4 5 15　　　　D.　1 4 5 15

(11) 在 C# 中,下列(　　　)语句可以创建一个具有 3 个初始值为""的元素的字符串数组。

A.　string StrList[3]("");　　　　　　　B.　string [3] StrList={"","",""};

C.　string [] StrList={"","",""};　　　　D.　string [] StrList=new string[3];

(12) 已定义语句"int [,]a＝new int[5,6];",则下列正确的数组元素的引用是(　　　)。

A.　a(3,4)　　　　B.　a(3)(4)　　　　C.　a[3][4]　　　　D.　a[3,4]

(13) 下列语句创建的 string 对象数量为(　　　)。

```
string[ , ]  strArray=new string[3][4];
```

A.　0　　　　　　B.　3　　　　　　C.　4　　　　　　D.　12

(14) 下列的数组定义语句,不正确的是(　　　)。

A.　int [] a＝new int[5]{1,2,3,4,5};

B.　int[,] a＝new int [3,4];

C.　int[][] a＝new int [3][ ];

D.　int [] a＝{1,2,3,4};

(15) 关于结构类型,下列说法正确的是(　　　)。

A.　结构是值类型

B.　结构中不允许定义带参数的实例构造函数

C.　结构中不允许定义析构函数

D.　不能使用 new 关键字创建结构类型的实例

（16）下面对 Read() 和 ReadLine() 方法的描述,错误的是(　　　)。

    A. Read() 方法一次只能从输入流中读取一个字符

    B. 使用 Read() 方法读取的字符不包含回车和换行符

    C. ReadLine() 方法读取的字符不包含回车和换行符

    D. 只有当用户按下 Enter 键时,Read() 和 ReadLine() 方法才会返回

单元 3 C#程序中数据的运算与输出

计算机程序的功能主要是通过各种类型的表达式实现,表达式由常量、变量、函数和运算符组成。计算机高级语言的运算符主要有算术运算符、赋值运算符、连接运算符、关系运算符和逻辑运算符等类型,同样构成的表达式也有算术表达式、赋值表达式、连接表达式、关系表达式和逻辑表达式,这些表达式实现算术运算、赋值运算、连接运算、关系运算和逻辑运算等功能。

程序探析

任务 3-1 计算并输出教师的工资数据

【任务描述】

明德学院欧美老师的出生日期为 1976 年 7 月 18 日,参加工作日期为 1998 年 8 月 15 日,性别为女,欧美老师 2016 年 1 月的基本工资为 4200 元,补贴合计为 1800 元(包含工龄补贴金额),扣款合计为 854 元(不包含个人所得税)。编写程序完成以下各项运算。

(1) 计算实足年龄和实足工龄,假设工龄补贴每年为 6 元,则工龄补贴应为多少? 2016 年 1 月的应发工资为多少?

(2) 2016 年 3 月应缴纳的个人所得税为多少?

(3) 2016 年 3 月实发工资为多少?

(4) 2016 年 3 月个人所得税占应发工资的百分比为多少?

(5) 假设明德学院的退休年龄男老师为年满 60 岁,女老师为年满 55 岁。另外明德学院有一项退休优惠政策:对于实足工龄满 40 年(即大于或等于 40)的职员(不分男女)可以提前 5 年退休,判断欧美老师当前是否到了退休年龄。

(6) 在控制台输出 2016 年 3 月的实发工资、个人所得税占应发工资的百分比和退休提示信息。

【问题分析】

(1) 实足年龄的计算方法如下:年龄＝当前年份－出生年份。如果当前月份小于出生日期的月份,则实足年龄减去1;如果当前月份等于出生日期的月份,但出生日大于年龄的计算日(明德学院规定为每月1日),实足年龄减去1。

实足工龄与实足年龄的计算方法相似,但是对于当前月份等于参加工作月份的情况,则规定工龄的起点日在每月的15日之后,实足工龄减去1。

(2)应发工资包括基本工资和补贴两部分,计算公式为:应发工资＝基本工资＋补贴合计。

(3)根据税法规定计算个人所得税:每月取得的工资、薪金收入先减去"五险一金",再减去费用扣除额3500元/月,为应纳税所得额,按3%～45%的7级超额累进税率计算缴纳。计算公式为:个人所得税＝应纳税所得额×适用税率－速算扣除数。

(4)实发工资的计算方法:实发工资＝ 应发工资－扣款合计。

(5)个人所得税占应发工资的百分比的计算方法:个人所得税/应发工资×100%。

【任务实施】

(1)启动 Visual Studio 2012。

(2)创建项目 Application0301。

在 Visual Studio 2012 开发环境中,新建一个名称为 Solution03 的解决方案,该解决方案中创建一个名称为 Application0301 的项目。

(3)编写 GetAge()方法的代码。

GetAge()方法用于计算职员的实足年龄,项目 Application0301 中程序 Program. cs 的 GetAge()方法的代码如表 3-1 所示。

表 3-1　项目 Application0301 中程序 Program. cs 的 GetAge()方法的代码

行号	C#程序代码
01	static int GetAge(string date)
02	{
03	int age;
04	DateTime birthDate;
05	birthDate=DateTime.Parse(date);
06	age=DateTime.Today.Year-birthDate.Year;
07	if(DateTime.Today.Month<birthDate.Month ||
08	DateTime.Today.Month ==birthDate.Month && birthDate.Day>1)
09	{
10	age--;
11	}
12	return age;
13	}

(4)编写 GetPeriod()方法的代码。

GetPeriod()方法用于计算职员的实足工龄,项目 Application0301 中程序 Program. cs 的 GetPeriod()方法的代码如表 3-2 所示。

表 3-2　项目 Application0301 中程序 Program. cs 的 GetPeriod()方法的代码

行号	C#程序代码
01	static int GetPeriod(string workDate)
02	{
03	int workPeriod;
04	DateTime startDate;
05	startDate=DateTime.Parse(workDate);
06	workPeriod=DateTime.Today.Year-startDate.Year-1;
07	if(DateTime.Today.Month>startDate.Month ||
08	DateTime.Today.Month ==startDate.Month && startDate.Day <=15)
09	{
10	workPeriod++;
11	}
12	return workPeriod;
13	}

（5）编写 GetIncomeTax()方法的代码。

GetIncomeTax()方法用于计算应缴纳的个人所得税,项目 Application0301 中程序 Program. cs 的 GetIncomeTax()方法的代码如表 3-3 所示。

表 3-3　项目 Application0301 中程序 Program. cs 的 GetIncomeTax()方法的代码

行号	C#程序代码
01	static double GetIncomeTax(double totalPay)
02	{
03	double incomeTax;　　　　　　　　　　//个人所得税
04	double ratal=totalPay-3500;　　　　　//应纳税金额
05	if(ratal <=0)
06	incomeTax=0;
07	else if(ratal <=1500)
08	incomeTax=ratal * 0.03;
09	else if(ratal <=4500)
10	incomeTax=ratal * 0.1-105;
11	else if(ratal <=9000)
12	incomeTax=ratal * 0.20-555;
13	else if(ratal <=35000)
14	incomeTax=ratal * 0.25-1005;
15	else if(ratal <=55000)
16	incomeTax=ratal * 0.30-2755;
17	else if(ratal <=80000)
18	incomeTax=ratal * 0.35-5505;
19	else
20	incomeTax=ratal * 0.45-13505;
21	return incomeTax;
22	}

（6）编写 OutputInfo() 方法的代码。

OutputInfo() 方法用于输出相关信息，项目 Application0301 中程序 Program.cs 的 OutputInfo() 方法的代码如表 3-4 所示。

表 3-4　项目 Application0301 中程序 Program.cs 的 OutputInfo() 方法的代码

行号	C#程序代码
01	`static void OutputInfo(string name, string sex, int age, int period)`
02	`{`
03	`  if(period<40)`
04	`  {`
05	`    if(sex !="男" && sex !="女")`
06	`        Console.WriteLine("提示信息:所输入的性别有误");`
07	`    else`
08	`    {`
09	`      if(sex =="男" && age >=60 || sex =="女" && age >=55)`
10	`      {`
11	`          Console.WriteLine("{0}老师符合退休的条件", name);`
12	`      }`
13	`      else`
14	`      {`
15	`          Console.Write("{0}老师的年龄为:{1}岁,工龄为:{2}年,", name,`
16	`                                                age, period);`
17	`          Console.WriteLine("暂不符合退休的条件");`
18	`      }`
19	`    }`
20	`  }`
21	`  else   //>=40`
22	`  {`
23	`    if(sex =="男" || sex =="女")`
24	`    {`
25	`     if(sex =="男" && age<60-5 || sex =="女" && age<55-5)`
26	`     {`
27	`        Console.Write(name+"老师的年龄为:"+age+"岁,工龄为:"+period);`
28	`        Console.WriteLine("年,暂不符合退休的条件");`
29	`     }`
30	`     else`
31	`     {`
32	`         Console.WriteLine(name+"老师符合退休的条件");`
33	`     }`
34	`    }`
35	`    else`
36	`        Console.WriteLine("提示信息:所输入的性别有误");`
37	`  }`
38	`}`

（7）编写 Main()方法的代码。

项目 Application0301 中程序 Program. cs 的 Main()方法的代码如表 3-5 所示。

表 3-5　项目 Application0301 中程序 Program. cs 的 Main()方法的代码

行号	C#程序代码
01	static void Main(string[] args)
02	{
03	int period, age, nowMonth;
04	double subsidy,ageSubsidy,basePay;
05	double deduct, ratal, incomeTax;
06	double dealPay, realPay, rate;
07	string birthday="1976-07-18";
08	string startDate="1998-08-15";
09	string name="欧美";
10	string sex="女";
11	basePay=4200;
12	subsidy=1800;
13	deduct=854;
14	nowMonth=1;
15	period=GetPeriod(startDate);
16	ageSubsidy=period * 6;
17	dealPay=basePay+subsidy;
18	ratal=dealPay-deduct;
19	incomeTax=GetIncomeTax(ratal);
20	realPay=ratal-incomeTax;
21	rate=incomeTax / dealPay;
22	age=GetAge(birthday);
23	Console.Write(name+"老师 2017 年"+Convert.ToString(nowMonth));
24	Console.Write("月的实发工资为:");
25	Console.WriteLine("{0:C}", realPay);
26	Console.WriteLine("个人所得税占应发工资的百分比为:{0:P}", rate);
27	OutputInfo(name, sex, age, period);
	}

（8）运行程序并输出结果。

按 Ctrl＋F5 快捷键开始运行程序，其输出结果如下所示。

```
欧美老师 2017 年 1 月的实发工资为￥5086.40
个人所得税占应发工资的百分比为:0.99%
欧美老师的年龄为 39 岁,工龄为 17 年,暂不符合退休的条件
```

【程序分析】

前面所分析的多个方法中包含了多种不同类型的运算符和表达式,本单元后面各个

107

小节将会分别予以说明。

知识导读

3.1 运算符与表达式概述

运算符是用于描述各种不同运算或操作的符号。C#语言的运算符根据操作数数目的不同,可分为单目(只有一个操作数)、双目(有两个操作数)和三目(有三个操作数)运算符。按功能可分为算术运算符、赋值运算符、连接运算符、关系运算符、逻辑运算符和其他运算符等,C#语言中常用的运算符如表3-6所示。

表 3-6 C#语言中常用的运算符

运算符类别	运 算 符
算术运算符	＋、－、＊、/、％
字符串连接运算符	＋
关系运算符	＝＝、!＝、＜、＞、＜＝、＞＝
逻辑运算符	&、|、!、&&、||
递增、递减运算符	++、－－
赋值运算符	＝、＋＝、－＝、＊＝、/＝、％＝
成员访问运算符	.
索引运算符	[]
数据类型转换运算符	()
条件运算符	? :
对象创建运算符	new
类型信息运算符	sizeof、typeof、as、is

表达式由常量、变量、函数和运算符按一定规则组成,将常量、变量、函数用运算符连接起来的算式称为表达式。单个常量或变量也可以看成最简单的表达式。每个表达式经过运算后会得到一个运算结果,运算结果的类型由参加运算的操作数的数据类型和运算符决定。C#语言常用的表达式有算术表达式、赋值表达式、连接表达式、关系表达式和逻辑表达式等。

算术表达式的主要运算对象是数值型数据,其运算结果也是数值型数据;字符串连接表达式的主要运算对象是字符型数据,其运算结果也是字符型数据;关系表达式的运算对象可以数值型、日期型或字符型数据,其运算结果是逻辑常量 true 或者 false;逻辑表达式的运算对象是布尔型数据或者逻辑常量,其运算结果也是逻辑常量 true 或者 false。

下面分析项目 Application0301 中程序 Program. cs 几个典型的表达式。项目 Application0301 中程序 Program. cs 中各个主要表达式涉及的变量或参数的名称、初始值、数据类型及功能说明如表3-7所示。

表 3-7　项目 Application0301 中程序 Program. cs 中各个主要表达式涉及的变量或参数

变量或参数名称	初 始 值	数据类型	功 能 说 明
name	"欧美"	string	存储姓名
sex	"女"	string	存储性别
period	17	int	存储工龄
age	39	int	存储年龄
nowMonth	1	int	存储当前月份
basePay	4200	double	存储基本工资
subsidy	102	double	存储工龄补贴
dealPay	6000	double	存储应发工资
deduct	854	double	扣款合计
ratal	5146	double	Main( )方法中存储应缴税额
totalPay	5146	double	GetIncomeTax( )方法中存储应缴税额
ratal	1646	double	GetIncomeTax( )方法中存储净纳税额
incomeTax	59.6	double	存储个人所得税
realPay	5086.40	double	存储实发工资
rate	0.0099333	double	存储个人所得税占应发工资的百分比
birthDate	1976-07-18	DateTime	存储出生日期
startDate	1998-08-15	DateTime	存储参加工作日期

说明：当前日期(作者写作教材时的计算日期)为 2016 年 1 月 20 日。

方法 GetIncomeTax( )中计算个人所得税的表达式"incomeTax = ratal * 0.1 − 105;"是一个典型的算术表达式,该表达式的值为 59.6,类型为 double 型。

Main( )方法中的表达式"ageSubsidy = period * 6"是一个典型的赋值表达式,赋值符号"="右边是一个算术表达式,其值为 102,赋给变量 subsidy 的值为 102,也就是说该赋值表达式的值为 102,类型为 double 型。

OutputInfo( )方法中的表达式"name + "老师符合退休的条件""是一个典型的字符串链接表达式,该表达式的结果为"欧美老师符合退休的条件",类型为 string 型。

GetIncomeTax( )方法中的表达式"ratal <= 5000"是一个典型的关系表达式,该表达式的值为 false,类型为 bool 型。

OutputInfo( )方法中的表达式"sex == "男" && age >= 60 || sex == "女" && age >= 55"是一个典型的逻辑表达式,该表达式的值为 false,类型为 bool 型。

3.2　算 术 运 算

项目 Application0301 中程序 Program. cs 中所涉及的部分算术运算如表 3-8 所示。

表3-8　项目 Application0301 中程序 Program.cs 中所涉及的部分算术运算

表　达　式	表达式的计算	表达式的值	表达式值的数据类型
basePay＋subsidy	4200＋1800	6000	double
totalPay－3500	5146－3500	1646	double
dealPay－deduct	6000－854	5146	double
ratal－incomeTax	5146－59.6	5086.4	double
DateTime.Today.Year－birthDate.Year	2016－1976	40	int
DateTime.Today.Year－startDate.Year－1	2016－1998－1	17	int
period ＊ 6	17 ＊ 6	102	int
incomeTax/dealPay	59.6/6000	0.0099333	double
incomeTax＝ratal ＊ 0.1－105	1646 ＊ 0.1－105	59.6	double
workPeriod＋＋	workPeriod＝17＋1	18	int
age－－	age＝40－1	39	int

3.2.1　算术运算符

算术运算符用于对操作数进行算术运算,C♯中提供的算术运算符及其功能如表 3-9 所示。

表3-9　C♯中的算术运算符

算术运算符	优先级	含义	运算对象数量	表达式样例	表达式样例说明	运算结果
－	优先级高	求反	单目	－（－3）	求－3 的相反数	3
＊		乘法	双目	3＊2	求 3 与 2 的乘积	6
/		除法	双目	7/2	求 7 除 2 的商	3
％		求余	双目	7 ％ 2	求 7 除以 2 所得的余数	1
＋		加法	双目	3＋2	求 3 与 2 之和	5
－	优先级低	减法	双目	3－2	求 3 与 2 之差	1

尽管＋、－、＊和/这些算术运算符的意义和数学上的运算符是一样的。但是在特殊的环境下有一些特殊的用法,例如对整数进行除法运算时,直接舍弃小数部分(不按四舍五入规则进行圆整),取整数部分,例如表达式 7/2 的运算结果为 3,而不是 3.5。对小数进行除法运算时,结果也为小数,例如表达式 7.0/2 的运算结果为 3.5。模运算符％用于求余数,其运算对象可以是整数,也可以浮点类型,例如表达式 7％3 的运算结果为 1,表达式 7.0％3 的运算结果也是 1。

3.2.2　算术表达式

算术表达式是指由数值型的常量、变量、函数和算术运算符组合而成的具有一定意义的符合语法规则的算式,算术表达式的运行结果为数值型数据。如果操作数有不同的数据精度,运算结果将采用精度高的数据类型。

在一个算术表达式中,算术运算有一定的优先运算顺序。在求表达式的值时,要按照运算符的优先级进行计算。由于乘法和除法运算的优先级高于加法和减法运算,所以在求算术表达式的值时,首先要进行乘除运算,然后再进行加减运算。如果一个表达式中包含连续两个或两个以上级别相同的运算符,则要遵循自左至右(即左结合性)的顺序进行运算。算术表达式中可以使用圆括号"()"提高运算对象的优先级。

3.3　赋　值　运　算

项目 Application0301 中程序 Program. cs 中所涉及的部分赋值运算如表 3-10 所示。

表 3-10　项目 Application0301 中程序 Program. cs 中所涉及的部分赋值运算

表 达 式	表达式的计算	表达式的值	表达式值的数据类型
incomeTax＝0	将整数 0 赋给双精度型变量	0	double
nowMonth＝1	将整数 1 赋给整型变量	1	int
basePay＝4200	将整数 4200 赋给双精度型变量	4200	double
dealPay＝basePay＋subsidy	dealPay＝4200＋1800	6000	double
ratal＝dealPay－deduct	ratal＝6000－854	5146	double
realPay＝ratal－incomeTax	realPay＝5146－59.6	5086.4	double
age＝DateTime. Today. Year－birthDate. Year	age＝2016－1976	40	int
ratal ＝ totalPay－3500	ratal ＝5146－3500	1646	double
incomeTax ＝ ratal ＊ 0.1－105	1646＊0.1－105	59.6	double

3.3.1　赋值运算符

赋值运算符用于将一个数据赋予一个变量,"＝"是一个最简单的赋值运算符,前面已经多次使用过该运算符。赋值操作符的左操作数必须是一个变量,右操作数是一个与变量类型匹配的表达式,赋值结果是将一个新数据存放在变量所指示的内存空间中,常用的赋值运算符如表 3-11 所示。

表 3-11 C♯的赋值运算符

类　　型	运算符号	说　　明
简单赋值运算符	＝	x＝2,即将整数 2 存储到变量 x 对应的内存单元中
复合赋值运算符	＋＝	x＋＝2 等价于 x＝x＋2,即将变量 x 的原值加上 2 重新存储到变量 x 对应的内存单元中
	－＝	x－＝2 等价于 x＝ x－2,即将变量 x 的原值减去 2 重新存储到变量 x 对应的内存单元中
	＊＝	x＊＝2 等价于 x＝ x＊2,即将变量 x 的原值乘以 2 重新存储到变量 x 对应的内存单元中
	/＝	x/＝2 等价于 x＝ x/2,即将变量 x 的原值除以 2 重新存储到变量 x 对应的内存单元中
	％＝	x％＝2 等价于 x＝ x％2,即将变量 x 的原值除以 2 取余数重新存储到变量 x 对应的内存单元中
自加和自减运算符	＋＋	x＋＋或＋＋x 等价于 x＝x＋1,即将变量 x 的原值增加 1 重新存储到变量 x 对应的内存单元中
	－－	x－－或－－x 等价于 x＝x－1,即将变量 x 的原值减少 1 重新存储到变量 x 对应的内存单元中

说明：一般 C♯方面的教材都将自加运算符＋＋和自减运算符－－归入算术运算符,但从这两个运算符的本质来看,属于一种特殊的赋值运算,所以本教材将其归入赋值运算符这一类。

赋值运算符的几点说明。

(1)"＝"的作用是将右边的数据赋给左边的变量,数据可以是常量,也可以是表达式。

(2)复合赋值运算符是在"＝"之前加上其他运算符,其结合方向为自右向左(即右结合性)。同样,也可以把表达式的值通过复合赋值运算符赋给变量,这时复合赋值运算符右边的表达式是作为一个整体参加运算的,相当于表达式有括号,例如,x＊＝a＊3＋6 相当于 x＊＝(a＊3＋6),它与 x＝x＊(a＊3＋6)是等价的。

(3)C♯语言可以对变量进行连续赋值,这时赋值操作符是右结合的,意味着从右向左将运算符进行分组,例如 y＝x＝3＊2－1 等价于 y＝(x＝3＊2－1)。

(4)变量与表达式的数据类型必须符合隐式转换和显式转换规则,否则程序编译时会出现错误。

(5)自加和自减运算符有两种形式:即 x＋＋或 x－－(后缀格式)、＋＋x 或－－x(前缀格式)。对于变量 x 自身来说,这两种格式没有区别,都是加 1 或减 1 后重新存储到 x 变量对应的内存单元中。但是如果作为表达式的组成部分时,则有明显的区别,如下例所示。

```
x=2;              //变量 x 的原值为 2
a=x++;            //变量 x 的值变为 3,但变量 a 的值为 2
b=x--;            //变量 x 的值变为 2,但变量 b 的值为 3
c=++x;            //变量 x 的值变为 3,变量 c 的值也为 3
d=--x;            //变量 x 的值变为 2,变量 d 的值也为 2
```

根据以上分析可知,当 x++ 和经 x−− 作为表达式的一部分时,C# 先取 x 的原值进行赋值,然后进行自加或自减运算,即表达式值的变化置后于变量 x 值的变化;当 ++x 和 −−x 作为表达式的一部分时,C# 先执行自加或自减运算,然后将执行自加或自减运算的结果进行赋值,即表达式的值与变量 x 的值同步变化。

（6）++、−− 运算符只能用于变量,不能用于常量或表达式,例如 5++ 或（x+y）−− 都是错误的表达式。

3.3.2　赋值表达式

由赋值运算符将变量和表达式连接起来的算式称为赋值表达式,其一般格式如下:

<变量名><赋值运算符><表达式>

对赋值表达式求解的过程就是将表达式的值赋给变量。例如赋值表达式 x=2,就是将整数 2 赋值给变量 x。

在赋值表达式中,表达式又可以是赋值表达式,即允许连续赋值。例如:

y=x=3*2−1

该赋值表达式的值是 5。由于赋值运算符的结合性是自右向左的,所以 y＝x＝3*2−1 和 y＝（x＝3*2−1）是等价的。

3.4　连　接　运　算

项目 Application0301 中程序 Program.cs 中所涉及的部分字符串连接运算如表 3-12 所示。

表 3-12　项目 Application0301 中程序 Program.cs 中所涉及的部分字符串连接运算

表　达　式	表达式的计算	表达式的值
name+"老师符合退休的条件"	"欧美"+"老师符合退休的条件"	"欧美老师符合退休的条件"
name+"老师的年龄为:"+age+"岁,工龄为:"+period	"欧美"+"老师的年龄为:"+39+"岁,工龄为:"+17	"欧美老师的年龄为:39 岁,工龄为 17"
name+"老师"+2017+"年"+Convert.ToString(nowMonth)	"欧美"+"老师"+2017+"年"+1	"欧美老师 2017 年 1"

3.4.1　连接运算符

连接运算符"+"的功能是实现字符串的连接,也称为连接运算符。

由于运算符"+"也可以作为加法运算符,当两个操作数是数值时,实现加法运算。当两个操作数是字符串时,才实现连接运算。当一个操作数为字符串,另一个操作数为数值型数字时,则先将数值型数字转换为字符串,然后再进行字符串连接运算。

3.4.2 连接表达式

字符串连接表达式是指由 string 型常量、string 型变量、string 型函数和字符串连接运算符连接而成的有意义的算式,字符串表达式的运算结果也是一个字符串。

3.5 关 系 运 算

项目 Application0301 中程序 Program.cs 中所涉及的部分关系运算如表 3-13 所示。

表 3-13 项目 Application0301 中程序 Program.cs 中所涉及的部分关系运算

表 达 式	表达式的计算	表达式的值	表达式值的数据类型
sex=="男"	"女"=="男"	false	bool
sex=="女"	"女"=="女"	true	bool
sex!="男"	"女"!="男"	true	bool
sex!="女"	"女"!="女"	false	bool
period<40	17<40	true	bool
ratal<=0	1646<=0	false	bool
ratal<=1500	1646<=1500	false	bool
ratal<=4500	1646<=4500	true	bool
age>=60	39>=60	false	bool
age>=55	39>=55	false	bool
age<60-5	39<60-5	true	bool
age<55-5	39<55-5	false	bool

3.5.1 关系运算符

1. C♯ 的比较运算符

关系运算符也称为比较运算符,它用于对两个表达式的值进行比较运算,运算结果为 bool 类型(true 或 false),关系运算符属于双目运算符。C♯ 的比较运算符如表 3-14 所示。

表 3-14 C♯ 的比较运算符

关系运算符	含 义	表达式样例	运算结果	比 较 问 题	构造表达式
==	等于	3==3	true	判断 x 是偶数	x % 2==0
!=	不等于	5!=4	true	判断 x 不是偶数	x % 2!=0
<	小于	4<5	true	成绩不及格	成绩<60

关系运算符	含　义	表达式样例	运算结果	比 较 问 题	构造表达式
<=	小于或等于	15<=18	true	工资在 3500 元以下(含3500 元)免交个人所得税	工资<=3500
>	大于	4>5	false	判断方程 a * x^2+b * x+c 是否有两个不相等的实数根	b^2-4 * a * c>0
>=	大于或等于	15>=18	false	成绩及格	成绩>=60

2. 比较运算的规则

比较运算的规则如下:

(1) 对于数值型数据,比较其数值大小。

(2) 对于日期与时间的比较,日期较晚的大,如果同时包含时期和时间,则先比较日期然后再比较时间。

(3) 对于 bool 型数据,true 等于 true,false 等于 false,true 大于 false。

(4) 对于 char 型数据,则比较两个字符的 Unicode 编码的大小。

(5) 对于 A 和 B 两个字符串的比较,从左至右依次逐个比较字符 Unicode 编码的大小。如果两个字符串每个字符都相等,则 A 和 B 字符串相等,例如"abc"=="abc";如果遇到 A 字符串中的字符小于 B 字符串中的字符,则 A 字符串小于 B 字符串,例如"abc"<"abe";如果遇到 A 字符串中的字符大于 B 字符串中的字符,则 A 字符串大于 B 字符串,例如"abf">"abc"。如果一个字符串是另一个字符串的前缀时,则比较字符串的长度,长度较长的字符串大于长度较短的字符串。例如:"abc"<"abcd"、"aa"<"aaa"。

数字、大写字母、小写字母、汉字的 Unicode 编码大小关系为:0<1<…<9<A<B<…<Z<a<b<…<z<所有的汉字。

3.5.2　关系表达式

关系表达式是指由关系运算符连接两个表达式而组成的式子,用于对两个表达式的值进行比较。关系表达式的运算结果是 bool 型数据,即 true 或 false。对关系表达式进行运算,也就是对参加运算的两个操作数进行比较,如果比较关系成立时,结果为 true;比较关系不成立时,结果为 false。

关系表达式通常作为选择结构和循环结构的条件。关系运算可以同算术运算混合,这时,关系运算符两边的运算对象可以是算术表达式的值,C#先求出算术表达式的值,然后将这些值进行关系运算,例如 2+3<4+5 的结果为 true。所有关系运算符的优先级高于赋值运算符而低于算术运算符。

3.6 逻辑运算

项目 Application0301 中程序 Program.cs 中所涉及的部分逻辑运算如表 3-15 所示。

表 3-15　项目 Application0301 中程序 Program.cs 中所涉及的部分逻辑运算

表 达 式	表达式的计算	表达式的值
sex=="男"||sex=="女"	"女"=="男"||"女"=="女"	true
sex!="男" && sex!="女"	"女"!="男" && "女"!="女"	false
sex=="男" && age>=60||sex=="女" && age>=55	"女"=="男" && 39>=60|| "女"=="女" && 39>=55	false
sex=="男" && age<60-5||sex=="女" && age<55-5	"女"=="男" && 39<60-5|| "女"=="女" && 39<55-5	false
DateTime.Today.Month<birthDate.Month||DateTime.Today.Month==birthDate.Month && birthDate.Day>1	3<7||3==7 && 18>1	true
DateTime.Today.Month>startDate.Month||DateTime.Today.Month==startDate.Month && startDate.Day<=15	3>8||3==8 && 15<=15	false

3.6.1 逻辑运算符

逻辑运算符用于对表达式执行逻辑运算,逻辑运算的结果为 bool 型(true 或者 false),逻辑运算符中逻辑非(!)为单目运算符,其他都为双目运算符。逻辑运算符通常与关系运算符一起使用,构成控制结构的条件。C♯中常用的逻辑运算符及其功能如表 3-16 所示。

表 3-16　C♯中的逻辑运算符

逻辑运算符	含 义	表达式样例	运算结果	使 用 说 明
!	逻辑非	!(3>1)	false	原表达式的值为 true,非运算后为 false;原表达式的值为 false,非运算后为 true
&&	逻辑与	(3>1) && (5<8)	true	两个表达式的值均为 true,与运算后为 true;两个表达式的值任意一个为 false,与运算后为 false
||	逻辑或	(3<1) || (5<8)	true	两个表达式的值任意一个为 true,或运算结果为 true;两个表达式的值均为 false,或运算后为 false

逻辑运算符的运算规则如表 3-17 所示。

表 3-17　C♯中逻辑运算符的运算规则

A(第一个表达式)	B(第二个表达式)	! A	A && B	A ‖ B
false	false	true	false	false
false	true	true	false	true
true	false	false	false	true
true	true	false	true	true

逻辑运算符的运算规则说明如下：

（1）! 运算符对一个表达式执行逻辑取反,得到与原先表达式的值相反的结果。

（2）&& 运算符对两个表达式执行"与"运算,如果两个表达的值都为 true,则"与"运算结果也为 true。如果有一个表达式的值为 false,则"与"运算结果为 false。

（3）‖ 运算符对两个表达式执行"或"运算,如果两个表达式中有一个为 true,则"或"运算结果也为 true。如果两个表达式的值为 false,则"或"运算结果为 false。

3.6.2　逻辑表达式

逻辑表达式是用逻辑运算符连接多个关系表达式或逻辑型常量、变量、函数而组成的算式。逻辑表达式的运算结果是 bool 型,它只能取 true 或 false。

如果逻辑表达式中同时存在多个逻辑运算符,逻辑非! 的优先级最高,逻辑与 && 的优先级高于逻辑或‖。

3.7　控制台中 C# 程序中的数据输出

3.7.1　控制台中 C♯程序的数据输出方法

控制台的数据输出主要使用 Console 类的输出方法：WriteLine()方法和 Write()方法。

1. WriteLine()方法

WriteLine()方法将指定的数据(后面添加一个回车换行符)写入标准输出流,即在控制台窗口输出一行字符串或一个数值。WriteLine()方法在控制台窗口输出数据后,能自动换行,光标停留在下一行的开头。

使用 WriteLine()方法可以直接输出字符串,也可以采用"{n}"的形式来输出变量的值,其中大括号"{}"用来在输出字符串中插入变量,n 表示输出变量的序号,从 0 开始,当 n 为 0 时,则对应输出第 1 个变量的值。例如：

```
Console.WriteLine("2016年2月的应发工资为{0}元", dealPay);
```

其中"{0}"代表对应输出的第 1 个变量 dealPay。

WriteLine()方法可以直接把变量的值转换成字符串输出到控制台。

如果需要输出多个变量的值,n 从 0 开始连续编号,依次可以取 0,1,2,…,当 n 为 0时,则对应输出第 1 个变量的值,当 n 为 1 时,则对应输出第 2 个变量的值,依次类推。各变量名称之间用半角逗号","分隔。

例如:输出三个变量的值,输出语句如下所示。

```
Console.WriteLine("{0}老师(性别为{1})2016 年 2 月的应发工资为{2}元", name, sex,
dealPay);
```

WriteLine()方法还可以使用指定的格式输出数据。

2. Write()方法

Write()方法将指定的信息写入标准输出流,即在控制台窗口输出所需的内容,但是 Write()方法没有自动换行功能,即换行符不会连同输出信息一起输出到屏幕上,光标将停留在所输出数据的末尾。

使用 Write()方法可以直接输出字符串,也可以采用"{n}"的形式来输出变量的值。

Write()方法与 WriteLine()一样,可以直接把变量的值转换成字符串输出到控制台,也可以使用指定的格式输出数据。

3.7.2　数据的格式化及其输出格式

.NET Framework 提供了可自定义的、适于常规用途的格式化机制,可将值转换为适合显示的字符串。例如,可以将数值格式化为十六进制、科学记数法或者由用户指定的标点符号分隔成组的一系列数字。可以将日期和时间格式化为适合于特定的国家、地区或区域性。可以将枚举常数格式化为它的数值或名称。

可以通过指定格式字符串和格式提供程序或使用默认设置来控制格式化。格式字符串包含一个或多个格式说明符字符,以指示如何转换值。格式提供程序提供了转换特定类型所需的其他控制、替换和区域性等方面的信息。

.NET Framework 也允许定义自定义格式化方案和自定义区域性设置。.NET Framework 定义了标准和自定义格式说明符,用于格式化数字、日期和时间以及枚举。各种格式化输出字符串的方法(例如 Console. WriteLine()和所有类型的 ToString()方法),以及一些分析输入字符串的方法(例如 DateTime. ParseExact)都使用格式化说明符。

格式提供程序提供诸如此类的信息:格式化数字字符串时用作小数点的字符,或者格式化 DateTime 对象时使用的分隔字符。格式提供程序定义格式说明符用于格式化的字符,但不定义说明符本身。

.NET Framework 的复合格式化功能受到诸如 String. Format 方法、System. Console 类或 System. IO. TextWriter 类的输出方法的支持,该功能可以将嵌入源字符串中的每个索引格式项替换为值列表中对应元素的格式化等效项。

控制台输出主要通过 Console 类的 WriteLine 和 Write 方法来实现的,这两种方法都可以采用"{N,M:格式说明符}"的形式来控制数据的输出格式。

数据输出格式"{N,M:格式说明符}"各参数的含义如下:

（1）大括号"{}"用来在输出字符串中插入变量。

（2）N 表示输出变量的序号,从 0 开始,当 N 为 0 时,对应输出第 1 个变量的值;当 N 为 1 时,对应输出第 2 个变量的值,其他依次类推。N 必须出现,否则无法输出对应变量的值,N 的值必须是连续的。

（3）M 表示输出的变量值所占的字符个数。当 M 的值为正数或省略 M 时,输出的数据按照右对齐方式排列。当 M 的值为负数,输出的数据按照左对齐方式排列。M 是可选项,当 M 省略时,输出数据的宽度由数据本身的长度决定。

（4）":格式说明符"用于限定输出数据的格式,常用的格式说明符有标准数字格式说明符和标准日期/时间格式说明符。":格式说明符"是可选项,当":格式说明符"省略时,输出数据的格式保持其默认格式。

编程实战

任务 3-2　计算商品平均优惠价格

【任务描述】

编写 C#程序计算表 A-1 中所购商品"华为 P8"和"Apple iPhone 6"的平均优惠价格。

【任务实施】

（1）创建项目 Application0302。

在 Visual Studio 2012 开发环境中,在已有解决方案 Solution03 中创建一个名称为 Application0302 的项目。

（2）编写 Main()方法的代码。

项目 Application0302 中 C#程序 Program.cs 的 Main()方法的代码如表 3-18 所示。

表 3-18　项目 Application0302 中 C#程序 Program.cs 的 Main()方法的代码

行号	C#程序代码
01	static void Main(string[] args)
02	{
03	double price1=2888.00;
04	int number1=1;
05	double price2=4688.00;
06	int number2=2;

续表

行号	C#程序代码
07	double rebate=0.08;
08	double preferentialPrice1,preferentialPrice2;
09	double averagePreferentialPrice;
10	preferentialPrice1=price1-price1 * rebate;
11	preferentialPrice2=price2-price2 * rebate;
12	averagePreferentialPrice= (preferentialPrice1 * number1
13	+preferentialPrice2 * number2)/(number1+number2);
14	Console.WriteLine("平均优惠价为:{0:C}",averagePreferentialPrice);
15	}

（3）运行程序并输出结果。

设置项目 Application0302 为启动项目,然后按 Ctrl＋F5 快捷键开始运行程序,其输出结果如下所示。

两种商品的平均优惠价为:￥3760.96

【代码解读】

（1）第 10、11 行计算所购商品的优惠价格,赋值运算符"＝"右侧的算术表达式先进行乘法运算,后进行减法运算。

（2）第 12、13 行计算平均优惠价格,赋值运算符"＝"右侧的算术表达式先计算括号内的算术表达式的值,然后进行除法运算。

任务 3-3 商品库存数量的更新

【任务描述】

商品"华为 P8"的现有库存数量为 5,总金额为 10290.00 元,编写 C#程序计算其单价。依次进货 1 件和 8 件,然后分别售出 1 件和 6 件,编写 C♯程序在屏幕输出库存数量,且计算剩余商品的总金额。

【任务实施】

（1）创建项目 Application0303。

在 Visual Studio 2012 开发环境中,在已有解决方案 Solution03 中创建一个名称为 Application0303 的项目。

（2）编写 Main()方法的代码。

项目 Application0303 中 C♯程序 Program.cs 的 Main()方法的代码如表 3-19 所示。

表 3-19　项目 Application0303 中 C＃程序 Program. cs 的 Main()方法的代码

行号	C#程序代码
01	static void Main(string[] args)
02	{
03	int number;
04	double amount;
05	String goodsName="华为 P8";
06	amount=10290.00;
07	Console.WriteLine("商品名称:{0 }", goodsName);
08	number=5;
09	amount /=number;
10	Console.WriteLine("商品价格:{0}元", amount);
11	Console.WriteLine("库存数量:{0}", number);
12	number++;
13	Console.WriteLine("库存数量:{0}", number);
14	number +=8;
15	Console.WriteLine("库存数量:{0}", number);
16	number--;
17	Console.WriteLine("库存数量:{0}", number);
18	number -=6;
19	Console.WriteLine("库存数量:{0}", number);
20	amount *=number;
21	Console.WriteLine("商品金额:{0}元", amount);
22	}

（3）运行程序并输出结果。

设置项目 Application0303 为启动项目,然后按 Ctrl＋F5 快捷键开始运行程序,其输出结果如下所示。

```
商品名称:华为 P8
商品价格:2058 元
库存数量:5
库存数量:6
库存数量:14
库存数量:13
库存数量:7
商品金额:14406 元
```

【代码解读】

第 05、06、08 行分别使用了赋值运算符进行赋值,第 09、12、14、16、18、20 行分别使用了不同形式复合赋值运算符进行赋值。

任务 3-4 判断商品的当前库存数量是否足够

【任务描述】

编写 C♯程序判断附表 1 中所购商品"海信 LED55EC520UA"的当前库存数量是否足够。

【任务实施】

（1）创建项目 Application0304。

在 Visual Studio 2012 开发环境中，在已有解决方案 Solution03 中创建一个名称为 Application0304 的项目。

（2）编写方法 Main()的代码。

项目 Application0304 中 C♯程序 Program.cs 的 Main()方法的代码如表 3-20 所示。

表 3-20 项目 Application0304 中 C♯程序 Program.cs 的 Main()方法的代码

行号	C#程序代码
01	static void Main(string[] args)
02	{
03	int buyNum, stockNum;
04	buyNum=10;
05	stockNum=8;
06	bool isSuffice;
07	isSuffice= (stockNum >=buyNum);
08	Console.WriteLine("当前库存数量是否足够:{0}", isSuffice);
09	}

（3）运行程序并输出结果。

设置项目 Application0304 为启动项目，然后按 Ctrl＋F5 快捷键开始运行程序，其输出结果如下所示。

当前库存数量是否足够：False

【代码解读】

第 07 行先计算赋值运算符"="右侧括号内比较表达式的值，然后将布尔型常量赋给布尔型变量 isSuffice。由于比较运算符"＞="优先级高于赋值运算符"="，所以赋值运算符"="右侧的括号可以去掉，计算顺序不会改变。这里的"＞="运算符也可以更换为其他的比较运算符，例如＞、＜、＜=、==、!=只是其含义及实现的功能有所区别。

任务 3-5　判断与输出商品是否有货

【任务描述】

编写 C#程序并在屏幕输出附表 1 中商品"海信 LED55EC520UA"的库存情况,即"有货"还是"缺货"。

【任务实施】

(1) 创建项目 Application0305。

在 Visual Studio 2012 开发环境中,在已有解决方案 Solution03 中创建一个名称为 Application0305 的项目。

(2) 编写 Main()方法的代码。

项目 Application0305 中 C#程序 Program.cs 的 Main()方法的代码如表 3-21 所示。

表 3-21　项目 Application0305 中 C#程序 Program.cs 的 Main()方法的代码

行号	C#程序代码
01	static void Main(string[] args)
02	{
03	String goodsName="海信 LED55EC520UA";
04	int buyNum, stockNum;
05	buyNum=10;
06	stockNum=8;
07	String strFlag=(stockNum >=buyNum ?"有货" : "缺货");
08	Console.WriteLine("商品\"{0}\":{1}",goodsName ,strFlag);
09	}

(3) 运行程序并输出结果。

设置项目 Application0305 为启动项目,然后按 Ctrl+F5 快捷键开始运行程序,其输出结果如下所示。

商品"海信 LED55EC520UA":缺货

【代码解读】

(1) 第 07 行中赋值运算符"="右侧括号中使用了三元运算符,当比较表达式的值为 true 时,结果为"有货",否则为"缺货"。

(2) 第 08 行由于输出的信息包含双引号""" "",所以使用"\""表示双引号。

任务 3-6　判断是否符合打折条件

【任务描述】

对于高于 2000 元的手机和不低于 2000 元的数码相机,决定打折促销,编写 C♯程序判断所购的手机和数码相机是否符合打折条件。

【任务实施】

(1) 创建项目 Application0306。

在 Visual Studio 2012 开发环境中,在已有解决方案 Solution03 中创建一个名称为 Application0306 的项目。

(2) 编写 Main() 方法的代码。

项目 Application0306 中 C♯程序 Program. cs 的 Main() 方法的代码如表 3-22 所示。

表 3-22　项目 Application0306 中 C♯程序 Program. cs 的 Main() 方法的代码

行号	C#程序代码
01	static void Main(string[] args)
02	{
03	String productCategory1="手机";　　　//商品类别为手机
04	double price1=2058.00;
05	String productCategory2="数码相机";　　//商品类别为数码相机
06	double price2=1580;
07	bool isRebate;
08	isRebate=(productCategory1=="手机" && price1>2000
09	|| productCategory2=="数码相机"　&& !(price2<2000));
10	Console.WriteLine("是否符合打折条件:{0}", isRebate);
11	}

(3) 运行程序并输出结果。

设置项目 Application0306 为启动项目,然后按 Ctrl+F5 快捷键开始运行程序,其输出结果如下所示。

是否符合打折条件: True

【代码解读】

第 08、09 行是同一条语句,赋值运算符"="右侧的括号中为一个较复杂的逻辑表达式,包含 4 个比较表达式,使用了 &&、|| 和 ! 三种逻辑运算符,当商品类别为手机且价格高于 2000 元,或者当商品类别为数码相机且价格不高于 2000 元时,该逻辑表达式的值为 true。

任务 3-7　使用 Console 类的方法
实现教师数据的输出

【任务描述】

明德学院贾景平老师出生日期为 1978 年 11 月 26 日,2016 年 1 月的应发工资为 6680.00 元,实发工资为 6010.50 元,扣款合计为 669.5 元,编写程序计算扣款合计占应 发工资的百分比,且以恰当的格式输出应发工资、实发工资、出生日期、当前日期和扣款合 计占应发工资的百分比。

【问题分析】

Console 类的 WriteLine()方法和 Write()方法可以采用指定的格式输出字符串,也 可以控制输出字符串的对齐方式和输出宽度。

【任务实施】

(1) 创建项目 Application0307。

在 Visual Studio 2012 开发环境中,在解决方案 Solution03 中创建一个名称为 Application0307 的项目。

(2) 编写 Main()方法的代码。

项目 Application0307 中程序 Program.cs 的 Main()方法的代码如表 3-23 所示。

表 3-23　项目 Application0307 中程序 Program.cs 的 Main()方法的代码

行号	C#程序代码
01	static void Main(string[] args)
02	{
03	double dealPay, realPay, incomeTax, rate;
04	string str1,str2;
05	string strDate1, strDate2;
06	DateTime birthday,nowDate;
07	str1="应发工资";
08	str2="实发工资";
09	strDate1="出生日期";
10	strDate2="当前日期";
11	birthday=new DateTime(1978, 11, 26,10,20,30);
12	nowDate=DateTime.Now;
13	dealPay=6680.00;
14	incomeTax=83.3;
15	realPay=6010.50;
16	rate=incomeTax / dealPay;
17	Console.WriteLine("{0,-11}{1,7}", str1, str2);
18	Console.WriteLine("{0,-14:C}{1,10:C1}", dealPay, realPay);

续表

行号	C#程序代码
19	Console.WriteLine("扣款合计占应发工资的比例为:{0,-15:P}",rate);
20	Console.WriteLine(" ");
21	Console.WriteLine("{0,-12},{1,6}", strDate1, strDate2);
22	Console.WriteLine("{0,-12:D},{1,12:d}", birthday, nowDate);
23	}

（3）运行程序并输出结果。

设置项目 Application0307 为启动项目，然后按 Ctrl＋F5 快捷键开始运行程序，其输出结果如图 3-1 所示。

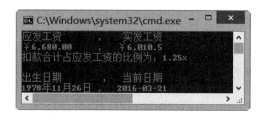

图 3-1　项目 Application0307 中程序 Program.cs 的输出结果

【代码解读】

（1）第 17 行的"－11"表示输出的字符串左对齐排列，输出宽度为 11 个字符；"7"表示右对齐，输出宽度为 7 个字符。

（2）第 18 行中的格式字符"C"表示将数据转换成货币格式输出，默认小数位数为 2 位；"C1"中的数字"1"表示以货币格式输出的数据的小数位数为 1 位。

（3）第 19 行中的格式字符"P"表示将数据转换成百分比形式输出。

（4）第 20 行表示输出一个空行。

（5）第 22 行中的格式字符"D"表示将日期数据以长日期模式输出，"d"表示将日期数据以短日期模式输出。

同步训练

任务 3-8　计算购买空调的实付金额和优惠金额

长沙蝴蝶电器商店向蓝天网上电器商城购买了海信 KFR-32GW/27 空调 20 台，价格为 2260.00 元，海信 KFR-50LW/99BP 空调 8 台，价格为 6990.00 元，海信 KFR-33GW/25MZBP 空调 12 台，价格为 3480.00 元。蓝天网上电器商城销售折扣规定如下：累计订购 10 万～20 万元的空调优惠 6％，累计订购 20 万～40 万元的空调优惠 8％，累计订购

40 万～100 万元的空调优惠 10％，累计订购 100 万元以上的空调优惠 15％。编写 C♯程序计算本次购买空调的实付金额和优惠金额，且在控制台窗口中输出这些数据。

任务 3-9　判断是否符合评选"三好学生" 的基本条件

明德学院黄莉同学本学期 4 门课程的成绩分别为："英语"为 95 分、"体育"为 87 分、"C♯程序设计"为 92 分、"数据库应用"为 96 分，明德学院评选"三好学生"的基本条件为课程平均成绩 90 分以上(含 90 分)，每一门课程的成绩在 85 分以上(含 85 分)，编写 C♯程序判断黄莉同学是否符合评选"三好学生"的基本条件。

任务 3-10　使用 Console 类的方法 实现学生数据的输出

明德学院黄莉同学的个人基本信息如下：学号为 201603100105，性别为女，出生日期为 2001 年 5 月 14 日。本学期 4 门课程的成绩，"英语"为 95 分、"体育"为 87 分、"C♯程序设计"为 92 分、"数据库应用"为 96 分。编写 C♯程序计算其平均成绩，要求利用 Console 类的 ReadLine()方法或 Read()方法分别输入黄莉同学的学号、性别、出生日期以及 4 门课程的成绩，利用 Console 类的 Write()方法或 WriteLine()方法分别输出黄莉同学的学号、性别、出生日期和平均成绩。

析疑解难

【问题 1】　C♯语言除了算术运算符、赋值运算符、连接运算符、关系运算符和逻辑运算符之外，还有哪些运算符？各有什么功能？

C♯语言除了算术运算符、赋值运算符、连接运算符、关系运算符和逻辑运算符之外，还有以下运算符。

(1) 条件运算符

条件运算符"? :"是唯一的一个三目运算符，条件表达式由条件运算符和三个操作数组成的表达式，其语法格式为

<布尔型表达式>?<表达式 1>：<表达式 2>

例如"a>b? a:b"。

条件表达式的功能为根据布尔型表达式的值返回两个值中的一个，布尔型表达式可以为比较表达式或者逻辑表达式。

条件表达式运算规则为：条件表达式只计算两个表达式中的一个。如果布尔型表达式的值为 true，则计算第一个表达式并以它的计算结果为准；如果为 false，则计算第二个表达式并以它的计算结果为准。例如，对于条件表达式"a＞b？a:b"，如果 a 大于 b，则该条件表达式的值为 a 的值，否则为 b 的值。

条件运算符为右结合性运算符，因此表达式"a？b:c？d:e"按以下规则计算。

```
a ?b :(c ?d : e)
```

而不是按以下方法计算。

```
(a ?b : c)?d : e
```

（2）new 运算符

new 运算符用于创建对象和调用构造函数。例如：

```
Class1 obj=new Class1();
```

new 运算符还用于调用值类型的默认构造函数。例如：

```
int i=new int();
```

（3）sizeof 运算符

sizeof 运算符用于获得值类型在内存中占用的字节数。例如表达式 sizeof(int)的返回值为 4。

sizeof 运算符仅适用于值类型，而不适用于引用类型。由 sizeof 运算符返回的值是 int 类型。对于所有其他类型（包括 struct），sizeof 运算符只能在不安全代码块中使用。表 3-24 为部分预定义类型大小的常数值。

表 3-24　部分预定义类型大小的常数值

表 达 式	结　　果	表 达 式	结　　果
sizeof(sbyte)	1	sizeof(long)	8
sizeof(byte)	1	sizeof(ulong)	8
sizeof(short)	2	sizeof(char)	2（Unicode）
sizeof(ushort)	2	sizeof(float)	4
sizeof(int)	4	sizeof(double)	8
sizeof(uint)	4	sizeof(bool)	1

（4）typeof 运算符

typeof 运算符用于获得一个对象的类型。

typeof 表达式采用以下形式。

```
System.Type type=typeof(int);
```

若要获取表达式的运行时类型，可以使用.NET Framework 方法 GetType()。

（5）is 运算符

is 运算符用于获取类型信息，即可以判断某个变量是否为某个数据类型，其运算结果为 true 或 false。使用的格式为：

```
<变量名或常量名>  is  <数据类型>
```

is 运算符检查对象是否与给定类型兼容。例如，可以确定对象是否与 string 类型兼容，如下所示。

```
if(obj is string)
{
   ⋮
}
```

如果所提供的表达式非空，并且所提供的对象可以强制转换为所提供的类型而不会导致引发异常，则 is 表达式的计算结果将是 true。

is 运算符只考虑引用转换、装箱转换和取消装箱转换。不考虑其他转换，如用户定义的转换。

（6）as 运算符

as 运算符用于在兼容的引用类型之间执行转换。例如：

```
string s=someObject as string;
```

as 运算符类似于强制转换。所不同的是，当转换失败时，运算符将产生空，而不是引发异常。

as 运算符只执行引用转换和装箱转换。as 运算符无法执行其他转换，如用户定义的转换。

（7）位运算符

位运算符的作用是对操作数进行二进制的位运算，对二进制的每位（0 或 1）进行与、或、异或等运算。

（8）成员访问运算符

点运算符"."用于成员访问，例如，点运算符用于访问. NET Framework 类库中的特定方法为：

```
System.Console.WriteLine("hello");
```

点还可用于构造限定名，即指定其所属的命名空间或接口的名称。

（9）（）运算符

圆括号()运算符除了用于指定表达式中的运算顺序外，圆括号还用于指定强制转换或类型转换：

```
double x=1234.7;
int a;
a=(int)x;
```

强制转换显式调用从一种类型到另一种类型的转换运算符。

129

强制转换表达式可能导致不明确的语法。例如,表达式"(x)－y"既可以解释为强制转换表达式(从类型－y到类型x的强制转换),也可以解释为结合了带括号的表达式的相加表达式(计算x－y的值)。

(10)[]运算符

方括号([])用于数组、索引器和属性,也可用于指针。

数组类型是一种后跟[]的类型,例如:

```
int[] fib;
fib=new int[100];
```

若要访问数组的一个元素,则用方括号括起所需元素的索引。例如:

```
fib[0]=fib[1]=1;
```

【问题2】 当表达式中有多种运算符时,各运算符执行的先后由其优先级和结合性确定,简述C♯运算符优先级和结合性。

(1)运算符的优先级

当表达式中包含多种运算符时,运算符的优先级控制表达式的计算顺序。例如,表达式x＋y＊z按x＋(y＊z)计算,因为"＊"运算符的优先级高于"＋"运算符。

当表达式中出现不同类型的运算符时,各运算符执行的先后由其优先级和结合性确定,先执行优先级高的运算,后执行优先级低的运算。C♯运算符从高到低的优先顺序为:基本运算符→算术运算符→关系运算符→逻辑运算符→条件运算符→赋值运算符。

表3-25按优先级从高到低的顺序对所有运算符进行排列,同一行中的运算符具有相同的优先级,按它们在表达式中出现的顺序从左向右计算。

表 3-25　C♯运算符的优先顺序

运算符类别	运算符名称	运算符符号	优先级
基本运算符		( )、(T)x、x. a、f(x)、a[x]、x＋＋、＋＋x、x－－、－－x、new、typeof、sizeof、checked、unchecked	高
算术运算符	一元求反	－	
	乘、除、求模	＊、/、％	
	加、减	＋、－	
关系运算符	关系运算符	＝＝、!＝、<、>、<＝、>＝、is、as	
逻辑运算符	逻辑非	!	
	逻辑与	&&	
	逻辑或	||	
条件运算符		?:	
赋值运算符	简单赋值运算符	＝	
	复合赋值运算符	＋＝、－＝、＊＝、/＝	低

(2)运算符的结合性

当表达式中的运算符优先级相同时,运算符的结合性控制运算的执行顺序。所有的二元运算符都是向左结合的,即运算的执行顺序是从左向右。例如当某个表达式中同时出现乘法和除法运算时,按每个运算符出现的顺序从左到右进行计算。赋值运算符和条件运算符是向右结合的,即运算的执行顺序是从右向左。

优先级和结合性可以通过加括号主动控制,使用括号可以改变优先级顺序,强制优先计算表达式的某些部分。括号内的运算总比括号外的运算优先,在括号内,运算符优先级保持不变。

单元习题

(1) C♯中执行下列语句,整型变量 x 和 y 的值是(　　　)。

```
int x=100;
int y=++x;
```

　　A. x＝100　y＝100　　　　　　　　B. x＝101　y＝100
　　C. x＝100　y＝101　　　　　　　　D. x＝101　y＝101

(2) 以下程序的输出结果是(　　　)。

```
using System;
class Example
{
    public static void Main()
    {
        int x=3 , y=5;
        y * =x -1;
        Console.WriteLine("{0}{1}",x--,y);
    }
}
```

　　A. 310　　　　　　B. 314　　　　　　C. 210　　　　　　D. 214

(3) 用于将多个字符串连接形成一个字符串的运算符是(　　　)。
　　A. 加号(＋)　　　　B. 减号(－)　　　　C. 问号(?)　　　　D. 星号(＊)

(4) 以下仅当两个条件都是真时表达式的结果是真的操作符是(　　　)。
　　A. &&　　　　　　B. ||　　　　　　　C. ＞＝　　　　　　D. !＝

(5) 能正确表示逻辑关系"a＞＝10 或 a＜＝0"的 C♯语言表达式是(　　　)。
　　A. a＞＝10 or a＜＝0　　　　　　　B. a＞＝10 | a＜＝0
　　C. a＞＝10 && a＜＝0　　　　　　　D. a＞＝10 || a＜＝0

(6) 以下程序的输出结果是(　　　)。

```
using System;
class Example
{
  public static void Main()
```

```
        {
            int y=2009;
            if(y%4!=0 ||(y%100==0 && y%400 !=0))
                Console.WriteLine("non-leap-year");
            else
                Console.WriteLine("leap-year");
        }
    }
```

  A. non-leap-year   B. leap-year

  C. 程序有语法错误   D. 不确定

（7）下面关于C♯的逻辑运算符||、&&、!的运算优先级正确的是（   ）。

  A. ||的优先级最高，然后是!，优先级最低的是&&

  B. &&的优先级最高，然后是!，优先级最低的是|

  C. !的优先级最高，然后是&&，优先级最低的是||

  D. !的优先级最高，然后是||，优先级最低的是&&

（8）下列运算符属于"右结合"的是（   ）。

  A. 算术运算符   B. 关系运算符

  C. 一元运算符++和－－   D. 逻辑运算符

（9）以下程序的输出结果是（   ）。

```
using system;
class Example
{
    public static void Main()
    {
        int a=5,b=4,c=6,d;
        Console.WriteLine("{0}",d=a>b? (a>c?a:c):b);
    }
}
```

  A. 5   B. 4   C. 6   D. 不确定

（10）C♯中的三元运算符是（   ）。

  A. :=   B. ? :   C. +=   D. －=

（11）下面对 Write()和 WriteLine()方法的描述，正确的是（   ）。

  A. WriteLine()方法在输出字符串的后面添加换行符

  B. 使用 Write()输出的字符串总是显示在同一行

  C. 使用 Write()和 WriteLine()方法输出数值变量时，必须先把数值变量转换成字符串

  D. 使用不带参数的 WriteLine()方法时，将不会产生任何输出

（12）假设存在下面的代码。

```
double x=22222.22;
Console.WriteLine("{0,10:C4}", x);
```

正确的输出结果是(　　　)。

    A.　￥22222.2200　　　　　　　　　　B.　Y22,222.22

    C.　22222.2200　　　　　　　　　　　D.　22222.22

(13) 以下程序段的输出结果是(　　　)。

```
string s="hello world";
s=String.Copy("abcdefgh");
Console.WriteLine(s.Length);
```

    A.　19　　　　　　B.　12　　　　　　C.　11　　　　　　　D.　8

(14) 下列语句的输出是(　　　)。

```
double MyDouble=123456789;
Console.WriteLine("{0:E}", MyDouble);
```

    A.　$123,45,789.00　　　　　　　B.　1.234568E＋008

    C.　123,456,789.00　　　　　　　　D.　123456789.00

(15) 下列语句在控制台上的输出是(　　　)。

```
if(true)
    System.Console.WriteLine("FirstMessage");
System.Console.WriteLine("SecondMessage");
```

    A.　FirstMessage　　　　　　　　　B.　Secondmessage

    C.　无输出　　　　　　　　　　　　　D.　FirstMessage

                                            SecondMessage

(16) 下列语句在控制台上的输出是(　　　)。

```
string msg=@"Hello\nWorld!";
System.Console.WriteLine(msg);
```

    A.　Hello\nWorld!　　　　　　　　B.　@"Hello\nWorld!"

    C.　Hello World!　　　　　　　　　D.　Hello

                                            World!

单元 4 C#程序的流程控制与算法实现

计算机程序是由一条条语句组成的,流程控制是指控制程序中各条语句执行的顺序。结构化程序设计思想认为:任何程序流程都可以用三种基本结构表示,即顺序结构、选择结构和循环结构。每一种基本结构可以包含一个或若干个语句,结构之间可以嵌套。

用计算机求解任何问题都离不开程序设计,而程序设计的核心是算法设计。"算法"是为了解决一个特定问题而采取的确定的有限的步骤。广义地说,做任何事都需要先确定算法,然后去实现这个算法以达到预期目的。

程序探析

任务 4-1 使用顺序结构编写程序计算与输出工资数据

【任务描述】

明德学院工资管理体系规定,职员的基本工资包括两个部分:岗位工资和薪级工资,郑州老师 2017 年 1 月的岗位工资为 2650 元,薪级工资为 1858 元,编写 C♯ 程序计算郑州老师的基本工资额,且在屏幕中输出姓名和基本工资。

【问题分析】

由于"基本工资＝岗位工资＋薪级工资",所以声明 3 个 double 型变量,分别存储基本工资、岗位工资和薪级工资。由于程序中需要指定姓名,所以声明一个 string 型变量,用于存储姓名字符串。

计算基本工资的程序非常简单,只需要变量声明语句、赋值语句和输出语句即可,并且该程序依次按先后顺序执行。

【任务实施】

(1) 启动 Visual Studio 2012。

(2) 创建项目 Application0401。

在 Visual Studio 2012 开发环境中首先创建一个名称为 Solution04 的解决方案,然后在该解决方案中创建一个名称为 Application0401 的项目。

（3）编写 Main()方法的代码。

项目 Application0401 中 C♯程序 Program. cs 的 Main()方法的代码如表 4-1 所示。

表 4-1　项目 Application0401 中 C♯程序 Program. cs 的 Main()方法的代码

行号	C#程序代码
01	static void Main()
02	{
03	double　postPay, dutyPay;
04	double basePay;
05	string name="郑州";
06	postPay=2650;
07	dutyPay=1858;
08	basePay=postPay+dutyPay;
09	Console.WriteLine("{0}老师 2017 年 1 月的基本工资为:{1:C}", name, basePay);
10	}

（4）运行程序并输出结果。

设置项目 Application0401 为启动项目,然后按 Ctrl＋F5 快捷键开始运行程序,其输出结果如下所示。

郑州老师 2017 年 1 月的基本工资为：￥4508.00

【代码解读】

（1）第 03 行为变量声明语句,声明 2 个 double 型变量。

（2）第 04 行为变量声明语句,声明 1 个 double 型变量。

（3）第 05 行为变量声明语句,声明 1 个 string 型变量。

（4）第 06 行为赋值语句,将岗位工资额赋给变量 postPay。

（5）第 07 行为赋值语句,将薪级工资额赋给变量 dutyPay。

（6）第 08 行为赋值语句,先运算赋值号"＝"右边的算术表达式,将表达式的值(即基本工资)赋给变量 basePay。

（7）第 09 行为输出语句,输出变量 name 和 basePay 的值。

程序 Program. cs 的 Main()方法共有 7 条语句,程序执行时,按语句出现的先后顺序(03 行→04 行→05 行→06 行→07 行→08 行→09 行)执行。人们在阅读程序代码时,也是按从前至后的先后顺序进行。

知识导读

4.1　顺　序　结　构

有些简单的程序是按程序语句的先后顺序依次执行的,这种结构称为顺序结构。顺序结构简单易懂,符合人们的编写和阅读习惯。

顺序控制结构是计算机程序最基本的结构,它表示由上至下、按语句出现的先后次序执行,语句的执行顺序与语句书写顺序一致。

从程序 Program.cs 的 Main()方法中的代码可以看出,顺序结构中语句执行的基本顺序为:变量声明→变量赋值或数据输入→数据处理→数据输出。

从程序 Program.cs 的 Main()方法中的代码可以看出,程序中有些语句的书写顺序是不能改变的,例如上述程序中必须先声明变量,后给变量赋值,也就是说第 03、04 行两条变量声明语句必须写在第 06~08 行 3 条赋值语句之前。有些语句的书写顺序是可以更改的,例如上述程序中第 03~05 行 3 条的变量声明语句,第 06、07 行的赋值语句没有严格的先后顺序,是可以更改书写顺序的。要注意的是第 08 行这条赋值语句必须写在第 06、07 行之后,也就是先给变量赋初值,然后从变量对应的内存单元中取出初始值进行运算,将运算结果暂存入变量,最后才输出结果。

只使用顺序结构编写程序,只能解决简单的问题,不具备进行判断处理的能力。如何让程序具有判断能力,能够根据要求执行不同的操作呢? 又如何让程序反复做一件事情直到输出结果为止呢? 这就需要使用选择结构和循环结构来实现。

4.2 选 择 结 构

用顺序结构能编写一些简单的程序,可以进行简单运算。但是,人们对计算机运算的要求并不是局限于一些简单的运算,经常会遇到要求进行逻辑判断,即给出一个条件,让计算机判断是否满足条件,并按不同的情况让计算机进行不同的处理。计算机按给定的条件进行分析、比较和判断,将按判断后的不同情况进行处理和运算,这就是选择结构。

选择结构是计算机程序中常用的一种基本结构,是计算机根据所给定的选择条件为真与否,而决定从各个可能的不同操作分支中执行某一分支的相应操作。C♯语言提供了多种实现选择结构的语句,主要包括 if 语句、if…else 语句、if…else if 语句、switch 语句等。

4.2.1 if 语句

if 语句的语法格式如下:

```
if(<条件表达式>)
{
    <语句块>
}
```

if 语句的流程图如图 4-1 所示。

if 语句是一种单分支结构的条件语句,其执行规律是:当"条件表达式"的值为"true"时,则执行 if 语句内部语句块中的语句,否则跳过该 if 语句,执行程序中 if 语句之后的

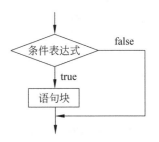

图 4-1 if 语句的流程图

语句。

"条件表达式"一般为关系表达式或者逻辑表达式。

分析以下的 if 语句。

```
if(basePay<2000)
{
    basePay=2000;
}
```

该 if 语句中的条件表达式"basePay<2000"是一个关系表达式。

计算实足工龄时使用以下 if 语句,如下所示。

```
if(DateTime.Today.Month>startDate.Month ||
    DateTime.Today.Month ==startDate.Month && startDate.Day <=15)
    {
      workPeriod++;
    }
```

该 if 语句的条件表达式是一个逻辑表达式。

if 语句内部的语句块可以只有一条语句,也可以有多条语句。如果 if 语句内部的语句块只有一条语句,则大括号"{}"可以省略;如果有多条语句,则必须使用大括号"{}"括起来。

注意:if 语句内部的语句块只有一条语句时,将大括号省略,这时会变为以下形式。

```
if(basePay<2000)
    basePay=2000;
```

这种形式不够直观,但是 C#语言是允许的。此时编译器在 if 表达式的下一行找到一个作为语句结束符的分号";",以标志 if 语句的结束。

由于 C#语句可以分多行书写,而不需要换行符,对于 if 语句内部只有一条语句,也可以写在一行中,即变成以下形式也是可以的。

```
if(basePay<2000)  basePay=2000;
```

为了增强程序的可读性、尽量减少失误,建议 if 语句内部只有一条语句的情况,也需要加上大括号"{}"。

4.2.2   if...else 语句

实际编程时,使用单分支 if 语句的情况较少,更多的是使用双分支或多分支的选择结构,即 if...else 语句和 if...else if 语句。

if...else 语句的语法格式如下:

```
if(<条件表达式>)
{
    <语句块 1>
```

```
}
else
{
    <语句块 2>
}
```

if...else 语句的流程图如图 4-2 所示。

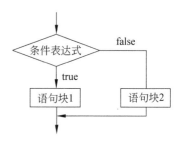

图 4-2　if...else 语句的流程图

if...else 语句比 if 语句应用更广泛,其执行规律是:如果"条件表达式"的值为 true 时,则执行 if 后面的"语句块 1"中所有代码,否则执行 else 后面的"语句块 2"中所有代码。然后再执行程序中 if...else 语句后面的语句。

分析以下的 if...else 语句。

```
if(ratal <= 3500)
{
    incomeTax = 0;
}
else
{
    incomeTax = GetIncomeTax(ratal-3500);
}
```

当变量 ratal 中存储的数据小于或等于 3500 时,则执行语句"incomeTax=0;",否则执行语句"incomeTax=GetIncomeTax(ratal-3500);",其中 GetIncomeTax()方法用于计算个人所得税。

if...else 语句中可以嵌套使用多层 if...else 语句,其一般形式如下:

```
if(<条件表达式 1>)
{
    <语句块 1>
}
else
    if(<条件表达式 2>)
    {
        <语句块 2>
    }
    else
    {
        <语句块 3>
    }
```

其执行规律是:先判断条件表达式 1,如果其值为 true,则执行语句块 1。如果条件表达式 1 的值为 false,则判断条件表达式 2,如果其值为 true,则执行语句块 2;如果条件表达式 2 的值为 false,则执行语句块 3。然后执行程序中该嵌套 if...else 语句后面的语句。

使用这种结构时,要注意 else 和 if 的配对关系,其基本原则是:从第 1 个 else 开始,一个 else 总和它前面离它最近的可配对的 if 配对。

4.2.3　if...else if 语句

if...else if 语句的语法格式如下：

```
if(<条件表达式 1>)
{
    <语句块 1>
}
else if(<条件表达式 2>)
{
    <语句块 2>
}
    ⋮
else if(<条件表达式 n-1>)
{
    <语句块 n-1>
}
else
{
    <语句块 n>
}
```

if...else if 语句的流程图如图 4-3 所示。

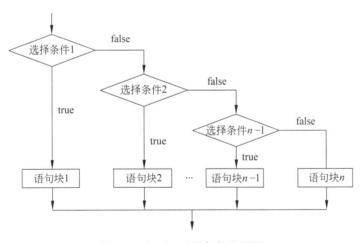

图 4-3　if...else if 语句的流程图

if...else if 语句的执行规律如下：当表达式 1 为 true 时，则执行语句块 1，然后跳过整个 if...else if 语句执行程序中下一条语句；当表达式 1 为 false 时，将跳过语句块 1 判断表达式 2。如果表达式 2 为 true，则执行语句块 2，然后跳过整个 if...else if 语句执行程序中下一条语句；如果表达式 2 为 false，则跳过语句块 2 去判断表达式 3，依次类推。当表达式 1，表达式 2，……，表达式 $n-1$ 全为 false 时，将执行语句 n 再转而执行程序中 if...else if 语句后面的语句。

4.2.4　switch 语句

当选择结构的分支较多时,使用 if...else if 语句会使程序变得难以阅读,而 switch 语句则显得结构清晰、明了,便于阅读。

switch 语句的语法格式如下:

```
switch(<表达式>)
{
    case <常量表达式 1>:
        <语句块 1>
        break;
    case <常量表达式 2>:
        <语句块 2>
        break;
     ⋮
    case <常量表达式 n-1>:
        <语句块 n-1>
        break;
    default :
        <语句块 n>;
        break;
}
```

switch 语句的流程图如图 4-4 所示。

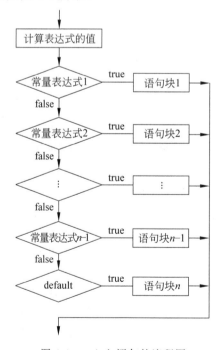

图 4-4　switch 语句的流程图

C♯程序中使用switch语句应注意以下事项。

（1）首先计算switch后面表达式的值，然后将表达式的值依次与case语句中的常量表达式列表进行比较。case后面的常量表达式可以是数值或字符串表达式，并且其数据类型必须与switch后面的表达式值的数据类型一致，同为数值型或同为字符串。

（2）如果switch后面表达式的值与"常量表达式1"的值匹配时，则执行该case分支下的语句块1，然后通过break语句跳出switch语句。如果switch后面表达式的值与"常量表达式1"的值不匹配时，则与"常量表达式2"的值比较，依次类推，当找到与switch后面表达式的值相匹配的"常量表达式"时，则执行对应的语句块，并通过break语句跳出switch语句。

（3）如果switch后面表达式的值与所有"常量表达式"的值都不匹配时，如果有default语句，则执行default后面语句块 n，并跳出switch语句。如果没有default语句，则直接跳出switch语句。

（4）在同一个switch语句中，任意两个case的常量表达式不能相同。如果在同一个switch语句中有两个或多个case语句的常量表达式具有相同的值，则会出现编译错误。

（5）在一个switch语句中，至多只能出现一个default语句，但是default语句不是必需的，如果有，则当switch后面表达式的值与所有"常量表达式"的值都不匹配时，则执行default后面语句块 n。如果没有default，并且前面所有的条件都不成立时，则所有的语句都不执行，直接跳出switch语句，这时switch语句形同虚设，没有起作用。

（6）每个case条件下的语句必须有break语句，不允许执行完一个case语句后，再执行第二个case语句，除非这个case语句是空语句。

（7）C♯语言的switch语句中的各条case语句及default语句的出现次序不是固定不变的，它们出现的次序的不同不会对执行结果产生任何影响。

（8）C♯语言的switch语句允许多个case语句共用一组执行语句，这时前面几个case语句一定是空语句。

4.3　循　环　结　构

循环是指在指定条件下，多次重复执行一组语句的结构。重复执行的语句称为循环体。在程序设计时，当需要重复执行一组计算或操作时，可通过循环语句来实现。

循环结构是程序设计时一种常用的结构，有利于简化程序，并解决采用其他结构而无法解决的问题。

我们先采用顺序结构来计算12个月的工资之和，程序代码如表4-2所示。

表 4-2　计算平均实发工资的 C#程序

行号	C#程序代码
01	static void Main()
02	{
03	int length,i;
04	double totalPay;
05	double[] realPay ={ 5919.70,6415.15,5985.89,5903.58,
06	6460.74,6435.14,6552.80,5662.50,
07	6441.80,6232.40,6350.10,6732.60};
08	length=12;
09	i=0;
10	totalPay=0;
11	totalPay +=realPay[i];　　　//i==0
12	i++;
13	if (i >=length)goto Finish;
14	totalPay +=realPay[i];　　　//i==1
15	i++;
16	if(i >=length)goto Finish;
17	totalPay +=realPay[i];　　　//i==2
18	i++;
19	if(i >=length)goto Finish;
20	totalPay +=realPay[i];　　　//i==3
21	i++;
22	if(i >=length)goto Finish;
23	totalPay +=realPay[i];　　　//i==4
24	i++;
25	if(i >=length)goto Finish;
26	totalPay +=realPay[i];　　　//i==5
27	i++;
28	if(i >=length)goto Finish;
29	totalPay +=realPay[i];　　　//i==6
30	i++;
31	if(i >=length)goto Finish;
32	totalPay +=realPay[i];　　　//i==7
33	i++;
34	if(i >=length)goto Finish;
35	totalPay +=realPay[i];　　　//i==8
36	i++;
37	if(i >=length)goto Finish;
38	totalPay +=realPay[i];　　　//i==9
39	i++;
40	if(i >=length)goto Finish;
41	totalPay +=realPay[i];　　　//i==10

行号	C#程序代码
42	i++;
43	if(i >=length)goto Finish;
44	totalPay += realPay[i]; //i==11
45	i++; //i==12
46	if(i >=length)goto Finish;
47	Finish:Console.WriteLine("End");
48	Console.WriteLine("韩海老师 2016 年平均实发工资为:{0}元", totalPay / length);
49	}

表 4-2 中的程序代码说明如下：

（1）第 03 行声明了两个整型变量 length 和 i，第 04 行声明了一个双精度型变量 totalPay，第 05 行声明了一个一维数组，并进行静态初始化。

（2）第 08 行为变量 length 赋初值 12，第 09 行为变量 i 赋初值 0，第 10 行为变量 totalPay 赋初值 0。

（3）第 11 行先计算表达式"totalPay＋realPay[i]"的值，即计算表达式"totalPay＋realPay[0]"的值，也就计算"0＋5919.70"的值。然后将表达式的值赋给变量 totalPay。第 12 行将变量 i 的值自加后仍然赋给变量 i。第 13 行执行 if 语句，如果 if 语句的条件表达式的值为 true，则转到 Finish 语句。

（4）观察表 4-2 中的程序代码可以发现，表 4-2 中第 11～13 行三行代码在其后的第 14 行至第 46 行中重复了 12 次，只是变量 i、totalPay 和数组元素 realPay[i]的值在不断变化。

（5）第 13、16、19、22、25、28、31、34、37、41、43 行的 if 语句的条件表达式的值都为 false，这些 if 语句都没有被执行。第 46 行的 if 语句的条件表达式的值为 true，该 if 语句被执行。

if 语句内部的语句为

goto Finish;

该语句是一条 goto 语句，goto 语句将程序控制直接传递给标记语句（第 47 行所示）。goto 语句的一个通常用法是将控制传递给特定的 switch…case 标签或 switch 语句中的默认标签。goto 语句还用于跳出嵌套循环。

（6）第 47 行为标记语句，其一般格式为

标记标识符:语句;

表 4-2 中的各条语句按它们在程序中的先后顺序依次执行，只有当 if 语句的条件表达式的值为 true 时，才跳转到标记语句 Finish 处，然后执行其后面的输出语句。该程序有 12 处出现了重复，这里只是累加 12 个月的工资，如果累加 120 个月的工资，将会重复 120 次，显然不合理、效率非常低。这就好比运动员要参加 10000 米场地跑，不可能修10000 米的直跑道，一般是修成 400 米一圈的椭圆形跑道，只需沿跑道重复跑 25 圈就可

以了。程序设计时也与此类似,从整体上来看程序是按先后顺序执行,即顺序结构,但对于局部反复多次执行的相似代码段,则采用循环语句,循环语句将使程序中的代码量大大减少,可读性明显增强。

C#语言的循环语句主要有 for 语句、foreach 语句、while 语句和 do...while 语句。本单元采用四种不同的循环语句完成同一项任务,便于观察其区别与联系。

4.3.1　for 语句

对于循环次数已知的情况,一般可使用 for 语句作为循环结构。

for 语句是一种功能强大的循环语句,其语法格式如下:

```
for(<表达式 1>; <表达式 2>; <表达式 3>)
{
    <循环体>
}
```

for 语句的流程图如图 4-5 所示。

for 语句的执行过程如下:

(1) 首先计算表达式 1 的值。

(2) 然后判断表达式 2 的值,如果表达式 2 的值为 false,则转而执行步骤(4);如果表达式 2 的值为 true,则执行循环体中的语句。

(3) 然后计算表达式 3 的值,转回步骤(2)判断表达式 2 的值。

(4) 结束循环,执行程序中 for 语句的下一条语句。

分析以下的 for 语句。

```
for(int i=0; i<length; i++)
{
    totalPay +=realPay[i];
}
```

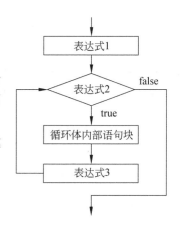

图 4-5　for 语句的流程图

上述的 for 语句首先将循环变量 i 赋初值为 0,然后判断表达式"i<12"的值是否为 true,这里 0<12 显示成立,则执行循环体中的语句"totalPay += realPay[i];"。接着执行表达式"i++",即 i 的值变为 1,再一次判断表达式 i<12 是否成立,直到 i 的值为 12,for 语句中的条件表达式"i<12"的值为 false,则跳出循环。

使用 for 语句的注意事项如下:

(1) for 语句的三个表达式必须使用半角分号";"分隔。

(2) 如果循环变量在 for 语句前已赋初值,则在 for 语句中可以省略表达式 1,但要保留其后的分号";"。例如:

```
...
int i=0;
```

```
for(; i<length; i++)
{
    totalPay +=realPay[i];
}
...
```

（3）for 语句可以省略表达式 2，即不判断表达式条件是否成立，循环将一直进行下去，也称为"永真"循环，但应保留表达式 2 后面的分号。此时，需要在循环体中添加跳出循环的控制语句。例如：

```
for(int i=0;; i++)
{
    totalPay +=realPay[i];
    if(i==12)break;
}
```

（4）for 语句中可以省略表达式 3，但应保留表达式 2 后面的分号。这种情况应在循环体中添加改变循环变量值的语句，以不断改变循环变量的值，经过有限次循环后可以结束循环语句。例如：

```
for(int i=0; i<length;)
{
    totalPay +=realPay[i];
    i++;
}
```

（5）for 语句中的三个表达式可以同时省略，变成 for(; ;)的形式。此时要对循环变量赋值，在循环体中添加跳出循环的控制语句和改变循环变量值的语句；否则将成为死循环，循环语句将一直执行下去。在同时省略三个表达式后，表达式 1 和表达式 2 后面的分号要保留。虽然这种情况 C♯语言是允许的，但是一般建议不要使用，否则会失去 for 语句的优点，程序的可读性也会变差。

（6）循环语句都可以嵌套，C♯语言中，一个循环体内可以包含一个完整的循环，称为循环的嵌套。

4.3.2　foreach 语句

foreach 语句是 C♯语言专门为处理数组和集合等数据类型而新增的循环语句，并且只能对集合中的元素进行操作，此语句只需指定数组名，即可知道数组元素的数目，对于一维数组和多维数组都适用。

foreach 语句对于处理数组或集合等数据类型特别简便。foreach 语句用于列举数组或集合中的每一个元素，并且通过执行循环体对每一个元素进行操作。foreach 语句只能对数组或集合中的元素进行循环操作，不能用于其他场合。

foreach 语句的语法格式如下：

```
foreach(<数据类型名>  <标识符>  in  <表达式>)
```

```
{
    <循环体>
}
```

说明：foreach 语句中的循环变量是由数据类型和标识符声明的，循环变量的数据类型必须与数组元素的数据类型一致，循环变量在整个 foreach 语句范围内有效。在 foreach 语句执行过程中，循环变量就代表当前循环所执行的数组或集合中的元素。每执行一次循环体，循环变量就依次将数组或集合中的一个元素读入其中，直到把数组或集合中的所有元素处理完毕，则跳出 foreach 循环，转而执行程序中的下一条语句。

4.3.3 while 语句

当循环次数不确定时，可以使用 while 循环语句，根据指定的条件来执行循环。

while 语句的语法格式如下：

```
while(<条件表达式>)
{
    <循环体>
}
```

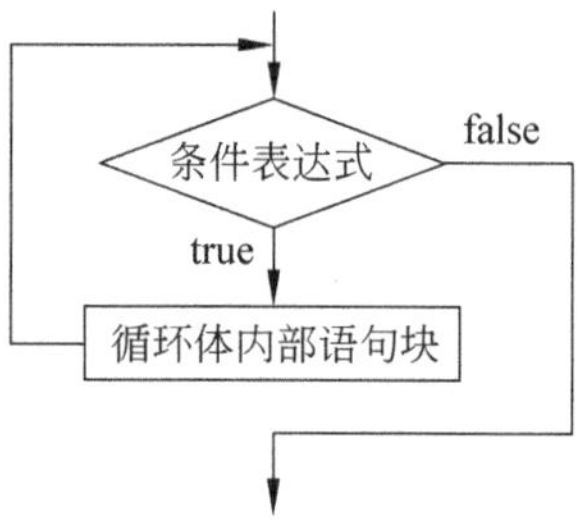

图 4-6 while 语句的流程图

while 语句的流程图如图 4-6 所示。

while 语句的执行过程如下：

(1) 首先判断 while 后面括号中的条件表达式的值。

(2) 如果条件表达式的值为 true,则执行循环体内部的语句块。

(3) 然后再返回 while 语句的开始处,再次判断 while 后面括号中的条件表达式的值是否为 true,只要表达式的值一直为 true,那么就重复执行循环体内部的语句块。直到 while 后面括号中的条件表达式的值为 false 时,才退出循环,并执行 while 语句的下一条语句。

分析以下的 while 语句。

```
while(i<length)
{
    totalPay+=realPay[i];
    i++;
}
```

该程序执行到 while 语句时,由于 length 的值为 12,首先判断条件表达式"i<12"的值是否为 true,这个 i 称为循环变量,它已经在 while 循环语句前面被赋初值为 0,因此第一次循环时表达式 0<12 的值为 true,则执行循环体中的第一条语句"totalPay ＋＝ realPay[i];",并通过循环体的第二条语句"i＋＋;"改变循环变量的值。while 语句第一次循环体执行完后,再次返回到 while 语句开始处,判断条件表达式"1<12"的值是否为 true,如果为 true 则再一次重复执行循环体的语句,如此反复执行,直到 i 的值等 12 时,

表达式"12<12"的值为 false,while 循环终止,执行程序中 while 语句的下一条语句,输出结果。

使用 while 语句的注意事项如下:

(1) while 语句的特点是先判断条件表达式的值再执行循环体,适合于在不知何时会停止的任务上。

(2) 如果 while 循环体中只包含一条语句,则 while 语句中的大括号"{}"可以省略。

(3) 循环体中改变循环变量的语句应该是使循环趋向结束的语句,如果没有改变循环变量的语句或该语句没有使循环体趋向结束,则可以导致死循环,循环无法在有限次数内中止。

(4) 在循环体中如果包含 break 语句,则程序执行到 break 语句时,就会强制结束循环。

4.3.4　do...while 语句

do...while 语句用于循环次数不定,但是循环条件确定的循环。do...while 语句与 while 语句差不多,不同的是 do...while 语句的判断条件在后面,而 while 语句的判断条件在前面,也就是说,do...while 循环不论条件表达式的值是否为 true,其循环体至少执行一次。

do...while 语句的语法格式如下:

```
do
{
    <循环体>
}
while(<条件表达式>);
```

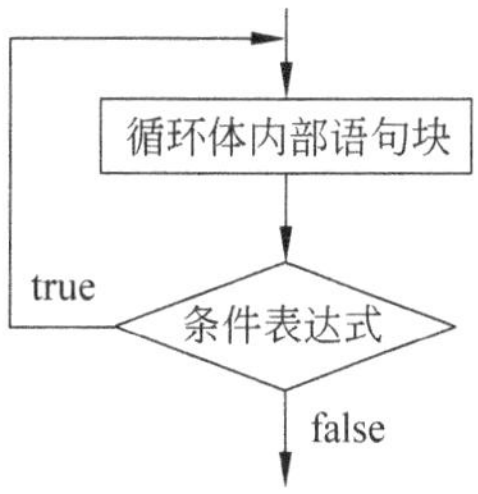

do...while 语句的流程图如图 4-7 所示。

do...while 语句的执行过程如下:

(1) 首先执行一次循环体中的语句。

(2) 然后判断 do...while 语句括号中的条件表达式的值,决定是否继续执行循环。如果条件表达式的值为 true,就返回 do 位置并再一次执行循环体中的语句;如果条件表达式的值为 false,则终止循环。

图 4-7　do...while 语句的流程图

分析以下的 do...while 语句。

```
do
{
    totalPay +=realPay[i];
    i++;
}
while(i<realPay.Length);
```

该程序首先在 do...while 语句之前将循环变量 i 的值初始化为 0,然后执行循环体中的第一条语句"totalPay += realPay[i];",接下来执行循环体中的第二条语句"i++;",

改变循环变量。然后判断括号中的条件表达式"i < realPay. Length"的值是否为 true,如果为 true,则返回 do 位置重复执行循环体,直到 i 的值为 12,do...while 语句的条件表达式为 false,则跳出 do...while 循环,执行程序中 do...while 循环后面的语句。

使用 do...while 循环的注意事项如下:

(1) do...while 语句中,while(<条件表达式>)后面的分号";"不能丢掉,否则会出现错误。

(2) do...while 语句第一次进入循环体是无条件的,即使第一次判断时条件就为 false,也要执行一次循环体。

(3) do...while 语句的循环体中也要有修改循环变量值的语句,并逐步使其趋向循环结束,才能跳出循环。

(4) do...while 循环语句与 while 循环语句有所区别,while 循环语句先判断条件表达式的值,然后再执行循环体内的语句,所以循环体内的语句可能一次也没有执行。do...while 语句是先执行一次循环,然后再判断条件,所以至少执行一次循环体内的语句。

4.4　嵌　套　结　构

嵌套结构是指在一个流程控制语句中又包含了另外一个流程控制语句。

4.4.1　嵌套结构常见的形式

嵌套结构常见的形式有分支嵌套结构、循环嵌套结构和混合嵌套结构。

(1) 分支嵌套结构

在选择结构的分支中又嵌套了另外一个分支结构,称为分支嵌套。由于 if 语句、if...else 语句也是语句的一种,所以 if 语句或者 if...else 语句内部的语句块中也可以包含 if 语句或 if...else 语句,这样便形成了分支嵌套结构。if 语句或者 if...else 语句与 switch 语句也可以嵌套。

(2) 循环嵌套结构

在一个循环结构的循环体内又包含另一个完整的循环结构,称为循环嵌套。由于循环语句在一个程序中仍然可以看作一条语句,在循环体内部可以包含多条语句,也可以包含循环语句和选择语句等。在一个循环语句的内部又包含了另外一个循环语句,这种形式称为循环嵌套。

对于 C#语言,循环嵌套主要由 while、do...while 和 for 语种语句自身嵌套或相互嵌套构成,例如以下几种嵌套结构都是常用的循环嵌套结构。

```
for(;;)                          while()
{                                {
    ...                              ...
    for(;;)                          while()
```

```
        {                             {
            ...                           ...
        }                             }
        ...                           ...
    }                             }

    do                            while(  )
    {                             {
        ...                           ...
        for(;;)                       for(;;)
        {                             {
            ...                           ...
        }                             }
        ...                           ...
    }                             }
    while();
```

（3）混合嵌套结构

选择结构和循环结构还可以相互嵌套,即在循环结构的循环体内部包含选择结构,或者在选择结构内部包含循环结构。

4.4.2　嵌套结构的使用说明

（1）嵌套结构只能包含,不能交叉。

对于循环嵌套的外循环应"完全包含"内循环,不能发生交叉。

（2）嵌套结构应使用缩进格式,以增加程序的可读性。

（3）内层循环与外层循环的变量一般不应同名,以免造成混乱。

（4）循环嵌套的运行规律是:外循环每一次循环,内循环要反复执行 m 次,外循环 n 次,内循环共执行 $n \times m$ 次。也就外循环体内的循环体语句共执行了 n 次,而内循环体内的循环体语句共执行了 $n \times m$ 次。

4.5　算法设计与实现

用计算机求解任何问题都离不开程序设计,而程序设计的核心是算法设计。"算法"是为了解决一个特定问题而采取的确定的有限的步骤。广义地说,做任何事都需要先确定算法,然后去实现这个算法以达到预期目的。本节所说的算法,是指计算机能执行的算法,只要算法设计正确,编写的程序得到正确的运行结果才有可能。

计算机算法在不断地发展和创新,有许多经典算法一直在计算机程序设计中被广泛使用,例如 Hash 算法用于数据存储和检索,快速排序算法用于数据排序,贪心算法用于解决背包问题、最小生成树问题、多机调度问题等,回溯算法用于解决图着色问题、哈密顿回路问题、八皇后问题等,分治算法用于归并排序、快速排序、循环赛程安排等。另外,常用的经典算法还有遗传算法、蚁群算法、禁忌搜索算法、免疫算法等。本节以几个简单算法(冒泡排序算法、顺序查找算法等)为例介绍算法设计与应用方法,主要目的为了说明 C♯语法的应用。

4.5.1 算法概述

我们编写程序时,首先要想好程序应实现什么功能,如何实现这些功能。然后应该考虑先做什么,后做什么,所处理的数据如何输入? 如何存储? 如何处理? 如何输出? 这些内容涉及"算法"问题。

1. 算法的概念

算法是为解决某个特定问题而设计的确定的方法和有限的步骤。

2. 算法的特点

(1) 解决同一个问题可以有不同的解题方法和步骤。

(2) 算法有优劣之分,有的方法只需要很少的步骤就可以解决问题。同一个问题,根据一种好的算法编写的程序只需很短的运行时间(几分钟或几秒钟)就能得到正确的解,而根据一种差的算法编写的程序可能需要很长的运行时间(几小时或几天)才能得到最终的解。可见优秀的算法可以带来高效率。

(3) 设计算法时,不仅要保证算法正确,还要考虑算法的质量。最优的算法应该是计算次数最少,所需存储空间最小,但两者很难兼得。

(4) 不是所有的算法都能在计算机上实现。有些算法设计思路很巧妙,但计算机可能无法实现,不具有可行性。

3. 算法的类型

(1) 数值运算算法

数据运算的目的是求数值解,例如计算零存整取的年末本利和、计算个人所得税、计算圆柱体的体积等。数值算法有现成的模型,算法比较成熟,对各种数值运算都有比较成熟的算法可供选用。

(2) 非数值运算算法

非数值运算应用范围广泛,种类繁多,要求各异,难以规范化。

4. 算法的特性

(1) 有穷性

一个算法应包含有限的操作步骤,且在合理的范围之内。

(2) 确定性

算法中的每个步骤应当是确定的、唯一的,对于相同的输入必须得出相同的执行结果。

（3）有零个或多个输入

所谓输入是指在执行算法时需要从外界取得必要的信息,一个算法也可以没有输入。

（4）有一个或多个输出

算法的输出是指一个算法得到的结果。算法的目的就是为了求解,一个算法得到的结果就是算法的输出,它是一组与"输入"有确定关系的数量值,是算法进行信息加工后得到的结果,这种确定关系即为算法的功能。

（5）可执行性

一个算法应当是可以由计算机执行的,而算法中的每一个操作都应当能有效地执行,并得到确定的结果。例如,若 b＝0,则 a/b 是不能有效执行的。

（6）通用性

算法是给出一类问题的求解方法,而不是表示解决某一个特殊的具体问题。

综上所述,算法给出了解决问题的一系列操作,而每一操作都有它的确定性意义,并在有限时间内计算出结果。一个算法有多个输入量,它是问题给出的初始数据。经过算法的实现,它有一个或多个输出量,这是算法对输入量运算的结果,即问题的结果。

4.5.2　算法描述的方法

1. 用自然语言描述算法

用自然语言表示算法通俗易懂,但文字冗长,表达不够准确,容易出现"歧义性",此外用自然语言描述包含选择结构和循环结构的算法不太方便。

【实例 4-1】　描述判断闰年的算法。

判断 2000 年至 2050 年这几十年中有多少闰年,并且将结果输出,用自然语言描述该算法。

判断闰年的条件是：

能被 4 整除但不能被 100 整除的年份是闰年,例如 2004 年。

能被 400 整除的年份是闰年,例如 2000 年。

不符合这两个条件的年份不是闰年。

算法设计如下：

设 year 为被检测的年份,n 为闰年总数。

S1：2000→year。

S2：若 year 不能被 4 整除,转到 S6。

S3：若 year 能被 4 整除,不能被 100 整除,则 $(n+1)$→n,然后转到 S5。

S4：若 year 能被 400 整除,则 $(n+1)$→n,然后转到 S5。

S5：year＋1→year。

S6：当 year≤2050 时,转到 S2 继续执行；当 year＞2050,转到 S7,算法结束。

S7：输出 2000～2050 年的闰年数 n。

2．用传统流程图描述算法

传统流程图用一些图框直观地描述算法的处理步骤。具有直观、形象、容易理解的特点，但表示控制的箭头过于灵活，且只能描述执行过程而不能描述相关数据。

传统流程图常用的基本图例如图 4-8 所示。

起止框　　处理框　　判断框　　输入输出框　　流程线

图 4-8　传统流程图的基本图例

图 4-8 中各个基本图例的含义说明如下。

（1）起止框：表示一个算法的开始和结束。

（2）处理框：表示做什么，将要进行的操作写在处理框内，操作内容应按照尽可能简单明了的原则书写。

（3）判断框：做一件事情时，常常需要在两种或多种情况中选择一种操作。例如 60 分以下不及格，能被 2 整除的数为偶数等，描述这些情况时，在判断框中写出需要判断的条件，并引出两条流线表示进行不同的处理。

（4）输入输出框：用来表示从外部设备输入数据到计算机或者将计算机内部数据输出到外部设备。例如计算产品的销售收入时，销售数量和单价需要从键盘输入，销售收入则需要通过屏幕输出。

（5）流程线：用于连接各流程图的符号。

三种基本控制结构（顺序结构、选择结构、循环结构）的传统流程图如图 4-9 所示，图中 A、B 表示"处理"，p 表示条件，T 表示逻辑真（即 true），F 表示逻辑假（即 false）。

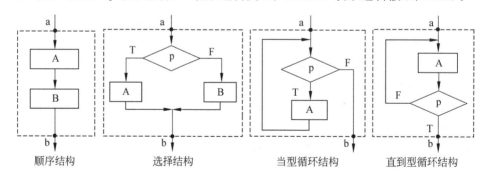

顺序结构　　　　选择结构　　　　当型循环结构　　　直到型循环结构

图 4-9　三种基本控制结构的传统流程图

对于顺序结构，处理 A 和处理 B 是顺序执行的，即先处理 A，接着处理 B。

对于选择结构（或称为分支结构），菱形框中的 p 表示给定的条件，根据该条件是否成立来决定如何执行其后的操作。如果条件 p 成立，即表示条件的表达式的值为 T 时，处理 A；如果条件 p 不成立，即表示条件的表达式的值为 F 时，处理 B。注意，无论 p 条件是否成立，只能处理 A 或处理 B 之一，不可能既处理 A 又处理 B，无论走哪一条路径，在执行完处理 A 或处理 B 的操作之后，都会经过 b 点，然后脱离本选择结构。

循环结构有两类:当型循环结构和直到型循环结构。对于当型循环结构,当给定的条件 p 成立时,即表示循环条件的表达式的值为 T,则处理 A,处理 A 操作完成后,再判断条件 p 是否成立,如果仍然成立,再处理 A,如此反复处理 A,直到 p 条件不成立为止,即表示循环条件的表达式的值为 F,此时从 b 点脱离循环结构。对于直到型循环结构,第一次先处理 A,然后判断给定的 p 条件是否成立,如果 p 条件不成立,则再处理 A,然后再对 p 条件进行判断,如果 p 条件仍然不成立,又去处理 A……如此反复处理 A,直到给定的 p 条件成立为止,然后不再处理 A,从 b 点脱离本循环结构。

以上三种基本结构有以下共同点。

(1) 只有一个入口,图 4-9 中的 a 点为入口点。

(2) 只有一个出口,图 4-9 中的 b 点为出口点。

注意:一个菱形判断框有两个出口,而一个选择结构却只有一个出口,不要将菱形框的出口和选择结构的出口混为一谈。

(3) 结构内部的每一部分都有机会被执行到。也就是说,对于每一个框来说,都应当有一条从入口到出口的路径通过它。

(4) 结构内部不能存在无终止的循环,即死循环。

已经证明,由以上三种基本结构顺序组成的算法几乎可以解决任何复杂的问题。由基本结构所构成的算法属于"结构化"算法,它不存在无规律的转向,只在本基本结构内部才允许存在分支和向前或向后的跳转。

【实例 4-2】 有 30 个学生,要求输出不及格学生的姓名和成绩,使用框图描述其算法。

n_i 代表第 i 个学生学号,g_i 代表第 i 个学生成绩,用框图描述算法。框图如图 4-10 所示。

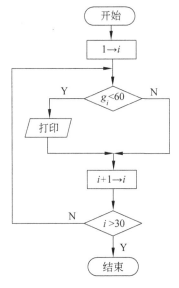

图 4-10　输出不及格学生的姓名和成绩算法的框图

3．用 N-S 图描述算法

N-S 图又称盒图，是直观描述算法处理过程自上而下的积木式图示。比程序框图紧凑易画，取消了流程线，限制了随意的控制转移，保证了程序的良好结构。N-S 流程图中的上下顺序就是执行的顺序，即图中位置在上面的先执行，位置在下面的后执行。

4 种基本结构的 N-S 图如图 4-11 所示，图中 A、B 表示"处理"，p 表示条件，T 表示逻辑真（即 true），F 表示逻辑假（即 false）。用 N-S 图描述的 4 种基本结构的含义与传统流程图相同，如前述所示。

图 4-11　4 种基本控制结构的 N-S 图

【实例 4-3】 描述计算 10 的阶乘的算法。

求 10！(10 的阶乘)，用 N-S 图表示的算法如图 4-12 所示。

4．用伪代码描述算法

伪代码也称为程序描述语言（Program Description Language，PDL），是用来描述算法处理过程的非正式的比较灵活的语言。PDL通常分为内外两层，其外层用于描述模块的控制结构，语法是确定的，只能由顺序、选择、循环三种基本控制结构组成，描述控制结构采用类似一般编程语言的保留字。内层用于描述执行的功能，语法不确定，可以采用自然语言来描述具体操作。伪代码不用图形符号，书写方

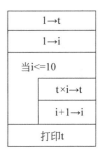

图 4-12　N-S 图

便，格式紧凑，比较好懂，是一种介于自然语言和计算机语言之间的文字和符号，便于向计算机语言算法（即程序）过渡。但用伪代码写算法不如流程图直观，可能会出现逻辑上的错误。用伪代码描述算法并无固定的、严格的语法规则，只要把意思简明扼要地表达清楚即可，可以用英语单词，也可以使用汉字，还可以中英文混合使用，并且书写的格式要写成清晰易读的形式。

用伪代码描述算法的处理过程，本教材建议使用以下含义明确的英语单词或符号。

(1) 开始用英语单词 Begin 表示，结束用英语单词 End 表示。

(2) 声明变量、数组用英语单词 Declare 表示，给变量赋值用符号"→"表示。

(3) 从键盘输入数据用英语单词 Input 表示，输出结果用英语单词 Output 或者 Print 表示。

(4) 调用方法用英语单词 Transfer 表示。

(5) 选择结构的描述方法如下。

① 选择结构：

if(条件) Then 处理 A

或

```
if(条件) Then 处理 A else 处理 B
```

if(条件)的含义是"如果条件成立那么",else 的意思是"否则",即条件不成立的情形。

② 多分支选择：

```
switch(入口条件) case: 处理 N
```

switch 表示多分支选择结构的入口,case 表示一个分支。

（6）循环结构的描述方法。

用"while(条件)循环体"表示当型循环结构,while 意思为"当"。

所有英语单词的首字母为大写,以便与变量名称区分。

用伪代码描述的选择结构和循环结构的含义与传统流程图相同,如前所述。

用伪代码描述求 10 的阶乘的算法如下所示。

```
Begin
  Declare: i, t
  1→i
  1→t
  while(i<=10)
    {
      t×i→t
      i+1→i
    }
  Output:t
End
```

从以上实例可以看出：伪代码书写格式比较自由,可以随手写下去,容易表达出设计者的想法。同时,用伪代码书写的算法很容易修改,例如加一行、删除一行或将后面某一部分移到前面某一位置,都是很容易做到的,而这却是用流程图表示算法时所不便处理的。用伪代码很容易写出结构化算法,但是用伪代码写算法不如流程图直观,可能会出现逻辑上的错误。

5. 用计算机高级语言表示算法

我们学习程序设计语言的主要目的是使用计算机处理数据、实现算法。计算机无法识别流程图和伪代码,只有用计算机语言编写的程序,经编译成目标程序后,才能被计算机执行。在用流程图或伪代码描述出一个算法后,要将它转换成计算机语言程序。用计算机语言表示算法必须严格遵循所用语言的语法规则,这是与伪代码的不同之处。

下面将"求 10 的阶乘"这一问题用两种不同的计算机高级语言来编程。

（1）用 C♯ 语言编写的程序如下所示。

```
int i;
int t;
i=1;
t=1;
```

```
while(i<=10)
  {
    t=t * i;
    i=i+1;
  }
Console.WriteLine("{0}!={1}",i-1,t);
```

（2）用 Java 语言编写的程序如下所示。

```
int i;
int t;
i=1;
t=1;
while(i<=10)
  {
    t=t * i;
    i=i+1;
  }
System.out.println((i-1)+"!="+t);
```

比较上述两种不同的计算机高级语言所编写的程序，我们可以发现编程的一些共性，同一个问题用不同的语言编写，程序结构基本相同，都包括声明变量 i 和 t，给两个变量赋初值 1，利用当型循环结构处理数据，计算阶乘，最后输出结果。声明变量主要是说明数据的类型和变量名称，赋值都是采用赋值符号"＝"，当型循环结构都是使用 While 关键字，但输出结果的方法有所不同。另外通过比较也能发现，不同的计算机高级语言，语句的书写格式有所不同，C♯和 Java 语言所编写的程序中的语句必须加"；"，循环结构的条件表达式也必须加"（）"，循环体也必须加"｛｝"，而 Visual Basic. NET 程序中的语句不需要加"；"，循环结构的条件表达式不需要加"（）"，循环体也不需要加"｛｝"，这些都可以说明用不同的计算机高级语言编写程序时有许多共性，当然各种语言也有其个性。

4.5.3　程序设计的基本步骤

程序设计就是针对给定的问题设计算法、编写和调试计算机程序的过程。程序设计的一般步骤如下。

（1）分析问题

首先根据用户的具体要求，需要进行以下几个方面的分析。

① 需求分析：详细而具体地理解要解决的问题。

② 数据及处理分析：分析待解决的问题有哪些已知或需要的输入数据，数据需要如何进行处理，需要输出哪些数据作为问题的结果。

③ 可行性分析：分析待解决问题是否可用计算机解决，判断使用计算机解决该问题在技术上和经济上是否可行。

④ 运行环境分析：分析硬件环境、操作系统和编译系统。

然后在分析基础上，将实际问题抽象化，建立相应的数据模型并确定解决方案。

（2）确定算法

根据选取的数学模型和确定的方案,确定解题最合适的过程,或确定合适的处理方案,或设计出具体的操作步骤,对于同一个问题使用不同的处理方案,决定了不同的处理步骤,程序的执行效率也不同。

（3）描述算法

使用流程图或伪代码将确定的算法清晰、直观地表示出来。

（4）编写程序

选用合适的开发平台和程序设计语言,将算法按所选语言的规则描述出来,即形成源程序。

（5）调试运行程序

调试主要包括排错和测试两部分,排错是指查出程序执行过程中出现的语法错误和逻辑错误,并加以改正。测试是指确认程序在各种可能的情况下正确、可靠地运行,输出结果准确无误。对编写好的程序进行试运行和检验,发现问题及时对程序进行修改,然后再试运行、检验、修改错误,直至得出正确的结果。

（6）建立文档资料

整理并分析计算结果,建立相应的文档资料（包括程序技术说明书、用户使用说明书等）,以便于维护和修改。

程序设计是一种构造性技术,作为一名程序员,要想设计好一个程序,不仅要掌握程序设计语言本身的语法和语句,还要学习设计程序的方法和技巧,并通过程序设计的实践,不断地发现总结规律,从而进一步提高程序设计的能力。

编程实战

任务 4-2　使用 if 语句编写程序计算基本工资

【任务描述】

明德学院工资管理体系规定,职员的基本工资包括两部分：岗位工资和薪级工资。对于基本工资较低的职员,实行最低基本工资保障制度。2017 年规定对于基本工资低于2000 元的职员,最低基本工资提高到 2000 元。李春天 2017 年 1 月的岗位工资为1256 元,薪级工资为 620 元,编写 C#程序计算李春天的基本工资额,且在屏幕中输出姓名和基本工资。

【问题分析】

由于明德学院对于基本工资较低的职员实行最低基本工资保障,也就是说如果基本工资低于 2000 元,最低基本工资应为 2000 元。编程时,应先计算出职员的基本工资,然后设置一个判断条件,将职员的基本工资与 2000 元进行比较,如果低于 2000 元,则应将基本工资改为 2000 元,否则保持其基本工资不变。

【任务实施】

（1）启动 Visual Studio 2012。

（2）创建项目 Application0402。

在 Visual Studio 2012 开发环境中,在解决方案 Solution04 中创建一个名称为 Application0402 的项目。

（3）编写方法 Main()的代码。

项目 Application0402 中 C#程序 Program. cs 的 Main()方法的代码如表 4-3 所示。

表 4-3　项目 Application0402 中 C♯程序 Program. cs 的 Main()方法的代码

行号	C#程序代码
01	static void Main()
02	{
03	double postPay, dutyPay;
04	double basePay;
05	string name="李春天";
06	postPay=756;
07	dutyPay=420;
08	basePay=postPay+dutyPay;
09	if(basePay<2000)
10	{
11	basePay=2000;
12	}
13	Console.WriteLine("{0}2017 年 1 月的基本工资为:{1:C}", name, basePay);
14	}

（4）运行程序,输出结果。

设置项目 Application0402 为启动项目,然后按 Ctrl＋F5 快捷键开始运行程序,其输出结果如下所示。

李春天 2017 年 1 月的基本工资为:￥2000.00

【代码解读】

（1）Application0402 项目中 Program. cs 程序的 Main()方法中的各行代码整体上仍是按顺序执行,为顺序结构,其中包含 1 条 if 语句。

（2）第 03～07 行依次为变量声明和给变量赋初值。

（3）第 08 行先计算算术表达式的值,其结果为 1176,将算术表达式的值赋给变量 basePay,即变量 basePay 对应内存单元存储的数据为 1176。

（4）第 09～12 行为 if 语句,首先判断条件表达式 basePay<2000 的值是否为 true,如果为 true 则执行 if 语句本身的语句。这里变量 basePay 的值为 1176,即关系表达式 1176<2000 的值为 true,所以执行赋值语句"basePay＝2000;",即变量 basePay 的值变为

2000。

假定赋值语句"basePay＝postPay＋dutyPay;"执行后,变量 basePay 的值为 2100,那么 if 语句的关系表达式 basePay<2000 的值为 false(显然 2100<2000 不成立),这时 if 语句内部的赋值语句不会被执行,这种情况下的 if 语句形同虚设,没有起作用,所以变量 basePay 的值仍为 2100,而不会变成 2000。

(5) 第 13 行输出的基本工资为 2000,而不是 1176。

任务 4-3　使用 if...else 语句编写程序计算个人所得税

【任务描述】

明德学院郑州老师 2016 年 5 月的应纳税金额为 9152.81 元(没有减去费用扣除额 3500 元),编写程序计算应缴纳的个人所得税为多少?

【问题分析】

根据税法规定计算个人所得税:每月取得的工资、薪金收入先减去"五险一金",再减去费用扣除额 3500 元/月,为应纳税所得额,按 3%～45% 的 7 级超额累进税率计算缴纳。计算公式为:个人所得税＝应纳税所得额×适用税率－速算扣除数。也就是说如果 5 月份的应纳税金额在 3500 元以下(含 3500 元),那么个人所得税金额为 0,否则按相关规定计算个人所得税。工资、薪金收入的个人所得税税率表如表 4-4 所示。

表 4-4　工资、薪金收入的个人所得税税率表

级数	应纳税所得额(含税)	税率/%	速算扣除数
1	不超过 1500 元的	3	0
2	超过 1500～4500 元的部分	10	105
3	超过 4500～9000 元的部分	20	555
4	超过 9000～35000 元的部分	25	1005
5	超过 35000～55000 元的部分	30	2755
6	超过 55000～80000 元的部分	35	5505
7	超过 80000 元的部分	45	13505

说明:表 4-4 中含税级距中应纳税所得额是指"每月收入金额－各项社会保险金(五险一金)－起征点 3500 元"的余额。

【任务实施】

(1) 创建项目 Application0403。

在 Visual Studio 2012 开发环境中,在解决方案 Solution04 中创建一个名称为 Application0403 的项目。

（2）编写方法 Main()的代码。

项目 Application0403 中 C♯程序 Program.cs 的 Main()方法和 GetIncomeTax()方法的代码如表 4-5 所示。

表 4-5　项目 Application0403 中 C♯程序 Program.cs 的 Main()方法和 GetIncomeTax()方法的代码

行号	C#程序代码
01	`static void Main()`
02	`{`
03	`    double ratal, incomeTax;`
04	`    string name="郑州";`
05	`    ratal=9152.81;`
06	`    if(ratal <=3500)`
07	`    {`
08	`        incomeTax=0;`
09	`    }`
10	`    else`
11	`    {`
12	`        incomeTax=GetIncomeTax(ratal-3500);`
13	`    }`
14	`    Console.WriteLine("{0}老师 2017 年 5 月的应缴个人所得税金额为:{1:C}",`
15	`                                        name,incomeTax);`
16	`}`
17	`//计算个人所得税的方法`
18	`static double GetIncomeTax(double ratal)`
19	`{`
20	`    double incomeTax;`
21	`    if(ratal <=1500)`
22	`        incomeTax=ratal * 0.03;`
23	`    else if(ratal <=4500)`
24	`        incomeTax=ratal * 0.1-105;`
25	`    else if(ratal <=9000)`
26	`        incomeTax=ratal * 0.20-555;`
27	`    else if(ratal <=35000)`
28	`        incomeTax=ratal * 0.25-1005;`
29	`    else if(ratal <=55000)`
30	`        incomeTax=ratal * 0.30-2755;`
31	`    else if(ratal <=80000)`
32	`        incomeTax=ratal * 0.35-5505;`
33	`    else`
34	`        incomeTax=ratal * 0.45-13505;`
35	`    return incomeTax;`
36	`}`

（3）运行程序，输出结果。

设置 Application0403 项目为启动项目，然后按 Ctrl＋F5 快捷键开始运行程序，其输出结果如下所示。

郑州老师 2017 年 5 月的应缴个人所得税金额为：￥575.56

【代码解读】

（1）程序 Program.cs 的 Main()方法的代码整体上为顺序结构，按先后顺序执行，其中包含 1 条 if...else 语句。

（2）表 4-5 中的第 03～05 行为变量声明语句和赋值语句。

（3）表 4-5 中的第 06～13 行为一条 if...else 语句。

（4）表 4-5 中的第 14、15 行为输出语句。

（5）表 4-5 中的第 21～34 行为一条 if...else if 语句。

任务 4-4　使用 switch 语句编写
程序计算调整后的工资额

【任务描述】

明德学院工资管理体系规定，职员的基本工资包括两个部分：岗位工资和薪级工资。明德学院拟从 2017 年 3 月开始适当上调薪级工资，薪级工资的调整方案如下：教授增加10％，副教授增加15％，讲师增加18％，助教增加20％，其他各类职称按同档次进行调整，对于没有职称或职务的各类职员增加25％。另外对于基本工资低于 2000 元的职员，实行最低工资保障制度，最低工资为 2000 元。吉琳老师的职称为副教授，2017 年 1 月的岗位工资为 2650 元，薪级工资为 1858 元，编写程序计算吉琳老师调整后的薪级工资和基本工资，且在控制台中输出调整后的薪级工资和基本工资。

【问题分析】

本任务对于不同的职称，工资调整的幅度不同，使用 if...else if 语句和 switch 语句计算薪级工资的增加额都可以，但是使用 switch 语句可读性更强，更容易理解。

【任务实施】

（1）创建项目 Application0404。

在 Visual Studio 2012 开发环境中，在解决方案 Solution04 中创建一个名称为 Application0404 的项目。

（2）编写方法 Main()的代码。

项目 Application0404 中 C#程序 Program.cs 的 Main()方法和 AddPay()方法的代码如表 4-6 所示。

表 4-6　项目 Application0404 中 C♯程序 Program. cs 的 Main()方法和 AddPay()方法的代码

行号	C#程序代码
01	static void Main()
02	{
03	double postPay, dutyPay;
04	double basePay;
05	string name="吉琳";
06	string duty="副教授";
07	postPay=2650;
08	dutyPay=1858;
09	dutyPay=dutyPay+AddPay(duty, dutyPay);
10	basePay=postPay+dutyPay;
11	if(basePay<2000)
12	{
13	basePay=2000;
14	}
15	Console.WriteLine("{0}老师(职称为{1})2017 年 2 月的基本工资为:{2:C}",
16	name,duty, basePay);
17	}
18	
19	static double AddPay(string duty, double dutyPay)
20	{
21	double addDutyPay;
22	switch(duty)
23	{
24	case "教授":
25	addDutyPay=dutyPay * 0.1;
26	break;
27	case "副教授":
28	addDutyPay=dutyPay * 0.15;
29	break;
30	case "讲师":
31	addDutyPay=dutyPay * 0.18;
32	break;
33	case "助教":
34	addDutyPay=dutyPay * 0.2;
35	break;
36	default :
37	addDutyPay=dutyPay * 0.25;
38	break;
39	}
40	return addDutyPay;
41	}

（3）运行程序，输出结果。

设置 Application0405 项目为启动项目，然后按 Ctrl＋F5 快捷键开始运行程序，其输出结果如下所示。

吉琳老师（职称为副教授）2017 年 2 月的基本工资为：￥4786.70

【代码解读】

（1）表 4-6 中第 11～14 行使用了 if 语句控制最低基本工资。

（2）表 4-6 中第 22～39 行使用了 switch 语句计算不同职称的薪级工资增加额。

任务 4-5 使用 for 语句编写程序计算平均工资

【任务描述】

明德学院韩海老师 2016 年 1～12 月的实发工资如下：5919.70 元、6415.15 元、5985.89 元、5903.58 元、6460.74 元、6435.14 元、6552.80 元、5662.50 元、6441.80 元、6232.40 元、6350.10 元、6732.60 元。利用 C♯的 for 语句编写程序计算 2016 年韩海老师的平均实发工资，并且输出该平均工资。

【问题分析】

（1）12 个月实发工资可声明一个一维数组来存储。

（2）使用 C♯语言的 for 语句，通过 12 次循环累加每个月的实发工资。

【任务实施】

（1）创建 Application0405 项目。

在 Visual Studio 2012 开发环境中，在解决方案 Solution04 中创建一个名称为 Application0405 的项目。

（2）编写 Main()方法的代码。

项目 Application0405 中 C♯程序 Program.cs 的 Main()方法的代码如表 4-7 所示。

表 4-7 项目 Application0405 中 C♯程序 Program.cs 的 Main()方法的代码

行号	C#程序代码
01	static void Main()
02	{
03	int length;
04	double totalPay;
05	double[] realPay ={ 5919.70,6415.15,5985.89,5903.58,
06	6460.74,6435.14,6552.80,5662.50,
07	6441.80,6232.40,6350.10,6732.60 };
08	length=realPay.Length;

续表

行号	C#程序代码
09	totalPay=0;
10	for(int i=0; i<length; i++)
11	{
12	totalPay += realPay[i];
13	}
14	Console.WriteLine("韩海老师 2016 年平均实发工资为:{0}元", totalPay/length);
15	}

（3）运行程序，输出结果。

设置 Application0405 项目为启动项目，然后按 Ctrl＋F5 快捷键开始运行程序，其输出结果如下所示。

韩海老师 2016 年平均实发工资为：6257.7 元

【代码解读】

Program.cs 程序的 Main()方法中的程序整体上仍然是顺序结构，按语句的先后顺序执行，只是局部使用了循环语句，当程序执行到循环语句中，该循环语句的循环体可能重复执行多次，也可能一次也不执行。

表 4-7 中的第 10～13 行为 for 语句，该语句的表达式"i＜length"判断了 13 次，循环体内部的语句"totalPay ＋＝ realPay[i];"被重复执行了 12 次。

对比表 4-2 和表 4-7 中的程序代码，这两个程序实现的功能相同，都是累加 12 个月的实发工资。表 4-2 中的代码有 49 行之多，其中有三行代码重复书写了 12 次，而表 4-7 中的代码却只有 15 行，减少了 34 行，显然简洁得多。

任务 4-6　使用 foreach 语句编写程序计算平均工资

【任务描述】

明德学院韩海老师 2016 年 1～12 月的实发工资如下：5919.70 元、6415.15 元、5985.89 元、5903.58 元、6460.74 元、6435.14 元、6552.80 元、5662.50 元、6441.80 元、6232.40 元、6350.10 元、6732.60 元。利用 C♯ 的 foreach 语句编写程序计算 2016 年韩海老师的平均实发工资，并且输出该平均工资。

【问题分析】

声明一个一维数组存储 12 个月的实发工资，使用 foreach 语句遍历给定数组中的所有元素，累计 12 个数组元素的值。

【任务实施】

（1）创建项目 Application0406。

在 Visual Studio 2012 开发环境中，在解决方案 Solution04 中创建一个名称为 Application0406 的项目。

（2）编写 Main()方法的代码。

项目 Application0406 中 C♯程序 Program. cs 的 Main()方法的代码如表 4-8 所示。

表 4-8　项目 Application0406 中 C♯程序 Program. cs 的 Main()方法的代码

行号	C#程序代码
01	static void Main()
02	{
03	int length;
04	double totalPay;
05	double[] realPay = { 5919.70,6415.15,5985.89,5903.58,
06	6460.74,6435.14,6552.80,5662.50,
07	6441.80,6232.40,6350.10,6732.60 };
08	length=realPay.Length;
09	totalPay=0;
10	foreach(double pay in realPay)
11	{
12	totalPay +=pay;
13	}
14	Console.WriteLine("韩海老师 2016年平均实发工资为:{0}元",totalPay/length);
15	}

（3）运行程序，输出结果。

设置 Application0406 项目为启动项目，然后按 Ctrl＋F5 快捷键开始运行程序，其输出结果如下所示。

韩海老师 2016年平均实发工资为：6257.7 元

【代码解读】

表 4-8 中的第 10～13 行使用了一个 foreach 语句累加一维数组元素的值，第 10 行中的变量 pay 是 foreach 语句的循环变量，该循环变量依次存储数组元素的值，然后进行累加，直到将一维数组中所有的元素处理完毕，则跳出 foreach 循环。第 10 行的 realPay 表示一维数组的名称。

任务 4-7　使用 while 语句编写
程序计算平均工资

【任务描述】

明德学院韩海老师 2016 年 1～12 月的实发工资如下：5919.70 元、6415.15 元、

5985.89 元、5903.58 元、6460.74 元、6435.14 元、6552.80 元、5662.50 元、6441.80 元、6232.40 元、6350.10 元、6732.60 元。利用 C♯ 的 while 语句编写程序计算 2016 年韩海老师的平均实发工资,并且输出该平均工资。

【问题分析】

累加 12 个月的实发工资,除了可以使用 for 语句实现,也可以使用 while 语句实现。

【任务实施】

(1) 创建项目 Application0407。

在 Visual Studio 2012 开发环境中,在解决方案 Solution04 中创建一个名称为 Application0407 的项目。

(2) 编写 Main()方法的代码。

项目 Application0407 中 C♯ 程序 Program.cs 的 Main()方法的代码如表 4-9 所示。

表 4-9 项目 Application0407 中 C♯ 程序 Program.cs 的 Main()方法的代码

行号	C#程序代码
01	static void Main()
02	{
03	int length,i;
04	double totalPay;
05	double[] realPay = { 5919.70,6415.15,5985.89,5903.58,
06	6460.74,6435.14,6552.80,5662.50,
07	6441.80,6232.40,6350.10,6732.60 };
08	length=realPay.Length;
09	i=0;
10	totalPay=0;
11	while(i<length)
12	{
13	totalPay +=realPay[i];
14	i++;
15	}
16	Console.WriteLine("韩海老师 2016 年平均实发工资为:{0}元",totalPay /length);
17	}

(3) 运行程序,输出结果。

设置 Application0407 项目为启动项目,然后按 Ctrl＋F5 快捷键开始运行程序,其输出结果如下所示。

韩海老师 2016 年平均实发工资为: 6257.7 元

【代码解读】

表 4-9 中第 11～15 行使用了一个 while 循环语句,该循环语句的循环变量为 i,i 必须

在循环语句的前面予以声明且赋初值。由于 length 变量的值为 12，当 i 的值依次为 0、1、2、3、4、5、6、7、8、9、10、11 时，while 语句的表达式"i＜length"的值均为 true，从而反复 12 次执行循环体内的两条语句，依次累加一维数组各个元素的值，存储在 totalPay 变量中，同时不断改变循环变量 i 的值，逐步接近终点值 12。当 i 的值为 12 时，while 语句的表达式"i＜length"的值为 false，循环结束，转而执行程序中 while 语句后面的语句。

任务 4-8　使用 do...while 语句编写程序计算平均工资

【任务描述】

明德学院韩海老师 2016 年 1～12 月的实发工资如下：5919.70 元、6415.15 元、5985.89 元、5903.58 元、6460.74 元、6435.14 元、6552.80 元、5662.50 元、6441.80 元、6232.40 元、6350.10 元、6732.60 元。利用 C♯的 do...while 语句编写程序计算 2016 年韩海老师的平均实发工资，并且输出该平均工资。

【问题分析】

累加 12 个实发工资，使用 do...while 循环语句与使用 while 循环语句区别不大，循环条件、循环体都基本一致。

【任务实施】

（1）创建项目 Application0408。

在 Visual Studio 2012 开发环境中，在解决方案 Solution04 中创建一个名称为 Application0408 的项目。

（2）编写 Main()方法的代码。

项目 Application0408 中 C♯程序 Program.cs 的 Main()方法的代码如表 4-10 所示。

表 4-10　项目 Application0408 中 C♯程序 Program.cs 的 Main()方法的代码

行号	C#程序代码
01	static void Main()
02	{
03	int i=0;
04	double totalPay=0;
05	double[] realPay = { 5919.70,6415.15,5985.89,5903.58,
06	6460.74,6435.14,6552.80,5662.50,
07	6441.80,6232.40,6350.10,6732.60 };
08	do
09	{
10	totalPay +=realPay[i];
11	i++;
12	} while(i<realPay.Length);

续表

行号	C#程序代码
13	Console.WriteLine("韩海老师 2016 年平均实发工资为:{0}元",
14	totalPay / realPay.Length);
15	}

（3）运行程序，输出结果。

设置 Application0408 项目为启动项目，然后按 Ctrl＋F5 快捷键开始运行程序，其输出结果如下所示。

韩海老师 2016 年平均实发工资为：6257.7 元

【代码解读】

表 4-10 中第 08～12 行使用了一个 do...while 循环语句，该循环语句的循环变量为 i，i 必须在循环语句的前面予以声明且赋初值。由于 realPay.Length 的值为 12，当 i 的值依次为 0、1、2、3、4、5、6、7、8、9、10、11 时，do...while 语句的表达式"i ＜ realPay.Length"的值均为 true，从而反复 12 次执行循环体内的两条语句，依次累加一维数组各个元素的值，存储在 totalPay 变量中，同时不断改变循环变量 i 的值，逐步接近终点值 12。当 i 的值为 12 时，do...while 语句的表达式"i ＜ realPay.Length"的值为 false，循环结束，转而执行程序中 do...while 语句后面的语句。

任务 4-9　使用嵌套结构语句编写程序计算平均工资

【任务描述】

2016 年 1 月明德学院计算机系软件教研室的四位老师（郑州、刘丽、谭浩和叶琳）的实发工资如下：5919.70 元、6415.15 元、5985.89 元、5903.58 元。2 月的实发工资如下：6460.74 元、6435.14 元、6552.80 元、5662.50 元。3 月的实发工资 6441.80 元、6232.40 元、6350.10 元、6732.60 元。利用二维数组和嵌套结构编写程序计算 2016 年第 1 季度软件教研室的四位老师每个月的平均实发工资、第 1 季度每位老师的平均实发工资和第 1 季度每月每位老师的平均实发工资，并且以表 4-11 所示的表格形式输出这些数据。

表 4-11　2016 年第 1 季度四位老师的实发工资的输出格式

月　份	郑州	刘丽	谭浩	叶琳	月平均工资
1 月	￥2919.70	￥3415.15	￥2985.89	￥2903.58	￥3056.08
2 月	￥3460.74	￥2435.14	￥2552.80	￥2662.00	￥2777.67
3 月	￥3441.80	￥3232.00	￥3350.10	￥4732.09	￥3689.00
人平均工资	￥3274.08	￥3027.43	￥2962.93	￥3432.56	￥3174.25

【问题分析】

使用一个 double 型二维数组（包含 12 个元素）存储四位老师三个月的实发工资，二维数组的每一行存储一个月四位老师的实发工资，二维数组的每一列存储一位老师三个月的实发工资。

使用一个 double 型一维数组（包含 3 个元素）存储每个月四位老师的月平均工资，每一个元素对应一个月的平均工资；使用另一个 double 型一维数组（包含 4 个元素）存储每位老师三个月的人平均工资，每一个元素对应一位老师的人平均工资。

使用第三个 string 型一维数组（包含 6 个元素）分别存储 6 个字符串（"月份"，"郑州"，"刘丽"，"谭浩"，"叶琳"，"月平均工资"）。

使用循环嵌套结构分别计算季度实发工资总额、月平均工资和人平均工资，使用循环嵌套结构和混合嵌套结构输出一个二维数组和三个一维数组中存储的数据。

【任务实施】

（1）创建项目 Application0409。

在 Visual Studio 2012 开发环境中，在解决方案 Solution04 中创建一个名称为 Application0409 的项目。

（2）编写 Main() 方法的代码。

项目 Application0409 中 C#程序 Program.cs 的 Main() 方法的代码如表 4-12 所示。

表 4-12　项目 Application0409 中 C#程序 Program.cs 的 Main() 方法的代码

行号	C#程序代码
01	static void Main()
02	{
03	//声明变量
04	int length1, length2,length;
05	int k;
06	//声明数组与赋初值
07	double totalpay=0;
08	string[] personnelName ={"月份","郑州","刘丽","谭浩","叶琳","月平均工资" };
09	double[,] realPay=new double[3, 4]
10	{ { 5919.70,6415.15,5985.89,5903.58 },
11	{ 6460.74,6435.14,6552.80,5662.50 },
12	{ 6441.80,6232.40,6350.10,6732.60 } };
13	length=realPay.Length;
14	length1=realPay.GetLength(0);
15	length2=realPay.GetLength(1);
16	double[] monthPay=new double[length1];
17	double[] personPay=new double[length2];
18	//计算工资总额
19	foreach(double pay in realPay)

行号	C#程序代码
20	{
21	totalpay +=pay;
22	}
23	//计算月平均工资
24	for(int i=0;i<length1; i++)
25	{
26	for(int j=0; j<length2; j++)
27	{
28	monthPay[i] +=realPay[i, j];
29	}
30	monthPay[i] /=length2;
31	}
32	//计算人平均工资
33	for(int i=0;i<length2; i++)
34	{
35	for(int j=0; j<length1; j++)
36	{
37	personPay[i] +=realPay[j, i];
38	}
39	personPay[i] /=length1;
40	}
41	//输出第一行字符串数据
42	k=0;
43	while(k<personnelName.Length)
44	{
45	if(k==0)
46	{
47	Console.Write("{0,8}", personnelName[k]);
48	}
49	else
50	if(k==personnelName.Length-1)
51	{
52	Console.Write("{0,12}", personnelName[k]);
53	}
54	else
55	{
56	Console.Write("{0,10}",personnelName[k]);
57	}
58	k++;
59	if(k ==personnelName.Length)

行号	C#程序代码
60	`    {`
61	`        Console.Write("\n");`
62	`    }`
63	`}`
64	`//输出月份、月实发工资和月平均工资`
65	`k=0;`
66	`do`
67	`{`
68	`    Console.Write("{0,8:D2}月", k+1);`
69	`    for(int j=0; j<length2; j++)`
70	`    {`
71	`        Console.Write("{0,12:C2}", realPay[k,j]);`
72	`    }`
73	`    Console.Write("{0,12:C2}\n", monthPay[k]);`
74	`    k++;`
75	`}`
76	`while(k<length1);`
77	`//输出人平均工资和总平均工资`
78	`Console.Write("人平均工资");`
79	`foreach(double pay in personPay)`
80	`{`
81	`    Console.Write("{0,12:C2}", pay);`
82	`}`
83	`Console.WriteLine("{0,12:C2}", totalpay / length);`
84	`}`

（3）运行程序，输出结果。

设置项目 Application0409 为启动项目，然后按 Ctrl＋F5 快捷键开始运行程序，其输出结果如图 4-13 所示。

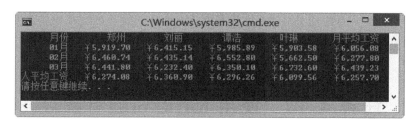

图 4-13　项目 Application0409 中 Program.cs 程序的输出结果

【代码解读】

（1）Program9.cs 程序的 Main() 方法中的代码整体上仍是顺序结构，这些语句按照其先后排列顺序依次执行。分析程序时，首先从整体观察程序的执行过程以及实现的功能。

（2）第04行声明三个 int 型变量，分别存储两个 double 型一维数组和一个 double 型二维数组的元素个数，即数组的长度。

（3）第05行声明一个 int 型变量，作为循环结构的循环变量。

（4）第07行声明一个 double 型变量，用于存储季度实发工资总额，且赋初始值为 0。

（5）第08行声明一个 string 型一维数组，用于存储姓名等字符串，使用静态初始化的方法进行赋值。

（6）第09～12行声明一个 double 二维数组，用于存储 2016 年第一季度四位老师的月实发工资额，使用静态初始化的方法进行赋值。

（7）第13行使用数组的 Length 属性获取二维数组所有元素的总数，且赋给 length 变量。

（8）第14行和第15行使用数组的 GetLength() 方法分别获取二维数组第一维和第二维的元素个数，且分别赋给变量 length1 和 length2。

（9）第16行和第17行使用动态初始化的方法定义两个一维数组，分别用于存储月平均工资和人平均工资。

（10）第19～22行使用 foreach 语句计算 2016 年第一季度四位老师实发工资总额，且存储在 totalpay 变量中。

（11）第24～31行使用 for 语句嵌套计算 2016 年第一季度的月平均工资，外循环控制月份（循环变量的取值为 0～2），内循环控制人数（循环变量的取值为 0～3）。第28行累计一个月四位老师的实发工资总额，第30行计算月平均实发工资。

（12）第33～40行使用 for 语句嵌套计算 2016 年第一季度的人平均工资，外循环控制人数（循环变量的取值为 0～3），内循环控制月份（循环变量的取值为 0～2）。第37行累计一位老师三个月的实发工资总额，第39行计算人平均实发工资。

（13）第42～63行输出第一行字符串数据，由于各个字符串的宽度不一致，为了对齐输出，在 while 语句内部使用了 if...else 语句的嵌套结构（对应第45～57行），控制字符串的输出宽度。另外由于输出语句使用了 Console 类的 Write 方法，不能自动换行，所以使用了一个 if 语句控制换行。

（14）第65行将变量 k 重新赋初值 0，由于前面的 while 语句使用变量 k 作为循环变量，改变了变量 k 值，而后一个 do...while 语句同样使用变量 k 作为循环变量，必须将变量 k 重新赋初值。

（15）第66～76行使用 do...while 循环与 for 循环的循环嵌套结构输出月实发工资和月平均工资。

（16）第79～82行使用 foreach 循环结构输出人平均工资。

任务 4-10　使用 for 语句编写程序计算银行存款的本利和

【任务描述】

明德学院郑州老师 2017 年计划零存整取（2016 年 3 月银行零存整取的利率为

1.35%），每月向银行存入 1000 元，编写程序计算年末本利和为多少。

【问题分析】

2017 年每月存款 1000 元，分 12 次存入，这属于典型的等额分付终值问题，其利率系数的计算公式为：$[(1+i)^n-1]/i$，即年末本利和的算法为：$A\times\{[(1+i)^n-1]/i\}$，其中 A 表示每个月的存款金额（即 1000 元），i 表示零存整取利率（即 1.35%），n 表示存款次数（即 12）。

【任务实施】

我们以计算零存整取年末本利和为例说明程序设计的方法和步骤。

1. 分析问题

计算零存整取年末本利和已有确定的计算公式，只需确定每个月的存款金额、零存整取利率和存款次数，就可以根据数学公式计算出零存整取年末本利和，然后输出本利和。

2. 确定算法

零存整取年末本利和的计算公式为"$A\times\{[(1+i)^n-1]/i\}$"，C#表达式的书写格式为：$A*(((1+i)n-1)/i)$。

3. 算法描述

计算零存整取的年末本利和的公式为：$A*(((1+i)n-1)/i)$。
用伪代码描述的算法如下所示。

```
Begin
    Declare: degree, fundOne, rate, fundSum, tempValue
    12→degree
    1000→fundOne
    0.0171→rate
    计算(1+i)n→tempValue
    计算零存整取年末本利和→fundSum
    Output:fundSum
End
```

4. 构思程序

选用 C#作为程序设计语言，将算法描述转化为源程序。
编写程序的基本构思如下：
（1）首先考虑数据如何存储，需要几个存储数据的内存空间，即定义几个变量，变量为哪一种数据类型：整型数据、实型数据还是其他类型的数据。显然计算零存整取年末本利和需要占用 4 个存储数据的内存单元，分别存储每个月的存款金额、零存整取利率和存款次数。存款金额、零存整取利率都不一定是整数，应该声明为实型，存款次数为整数，声明整型。

声明 3 个变量的语句如下：

```
int degree;
double fundOne, rate, fundSum;
```

由于 C♯语言没有直接提供计算$(1+i)^n$的运算符，只能使用循环结构进行计算，另外需要声明一个 double 型的变量，存储$(1+i)^n$的中间结果。

声明一个变量的语句如下：

```
double tempValue;
```

（2）然后考虑如何将数据存储到内存空间中，C♯语言的控制台程序主要使用直接赋值的方法和使用 Console 类的输入方法。这里只是分析程序设计的一般方法，由于每个月的存款金额、零存整取利率和存款次数事先已确定，选用最简单的方法：直接在源代码中给变量赋初值。

赋值语句如下所示。

```
degree=12;
fundOne=1000;
rate=0.0171;
```

（3）接着考虑如何处理数据。

先使用 for 语句计算表达式$(1+i)^n$的值，且将中间结果存储在临时变量 tempValue 中，程序代码如下所示。

```
tempValue=1;
for(int i=1; i <=degree; i++)
  {
      tempValue * = (1+rate);
  }
```

然后直接利用数学公式计算零存整取年末本利和，并临时存储在内存空间中等待输出。

计算零存整取年末本利和的语句为：

```
fundSum=fundOne * ((tempValue-1)/rate);
```

（4）最后考虑如何输出结果。C♯语言的控制台程序一般使用 Console 类的输出方法输出结果。输出结果的语句为："Console. WriteLine（"年末的本利和为：{0}"，fundSum）;"，其中"{0}"为格式符，代表引号后的变量 fundSum。

5. 创建项目并输入代码

（1）创建项目 Application0410。

在 Visual Studio 2012 开发环境中，在解决方案 Solution04 中创建一个名称为 Application0410 的项目。

（2）编写 Main()方法的代码

项目 Application0410 中 C♯程序 Program.cs 的 Main()方法的代码如表 4-13 所示。

表 4-13　项目 Application0410 中 C♯程序 Program.cs 的 Main()方法的代码

行号	C#程序代码
01	static void Main()
02	{
03	int degree;
04	double fundOne, rate, fundSum;
05	double tempValue;
06	degree=12;　　　　　　//存款次数
07	fundOne=1000;　　　　//每个月的存款金额
08	rate=0.0171;　　　　//零存整取利率
09	tempValue=1;　　　　//计算 $(1+i)^n$
10	for(int i=1; i <=degree; i++)
11	{
12	tempValue * = (1+rate);
13	}
14	fundSum=fundOne * ((tempValue-1)/ rate);　　　　//计算零存整取的本利和
15	Console.WriteLine("年末的本利和为:{0}", fundSum);　//输出计算结果
16	}

6. 调试程序并排除错误

前面的步骤完成了程序代码的输入工作,但是前面所输入的程序代码可能存在错误,接着需要对程序进行调试、发现错误、修改错误,直到程序完全正确为止。

7. 运行程序并输出结果

设置项目 Application0410 为启动项目,然后按 Ctrl+F5 快捷键开始运行程序,运行程序时如果出现错误,必须对程序进行反复多次修改,直到程序输出正确结果为止,程序运行结果如下所示。

年末的本利和为: 13195.4743943086

8. 完善程序

对源程序进一步优化,且添加注释说明。

提示:编写程序时,建议加上注释说明,这样可以增强程序的可读性,便于理解程序设计的意图。

【代码解读】

表 4-13 中第 10～13 行使用 for 语句计算 $(1+i)^n$ 的值,注意变量 tempValue 和 i 的初值都应赋 1,而不是 0。

任务 4-11 使用混合嵌套结构编写程序计算最高工资和最低工资

【任务描述】

明德学院韩海老师 2016 年 1～12 月的实发工资如下：5919.70 元、6415.15 元、5985.89 元、5903.58 元、6460.74 元、6435.14 元、6552.80 元、5662.50 元、6441.80 元、6232.40 元、6350.10 元、6732.60 元。编写程序计算韩海老师 12 个月中的最高实发工资和最低实发工资，并输出最高实发工资、最低实发工资及其所在的月份。

【问题分析】

（1）声明一个一维数组存储 12 个月的实发工资，并采用静态初始化的方法对该数组进行初始化。

（2）声明两个 double 型变量（maxValue、minValue）分别用于存储最高实发工资和最低实发工资，声明两个 int 型变量分别用于存储最高实发工资和最低实发工资所在的月份。

（3）将 1 月份的实发工资存储到两个 double 型变量（maxValue、minValue）中。将常数 1（对应 1 月）存储到两个 int 型变量中。

（4）使用一个 while 循环从一维数组的第 2 个元素开始遍历访问每一个元素，使用一个 if...else if 语句检验每一个元素的值。如果大于 maxValue 变量的值，则该元素的值存入 maxValue 变量中，并记录所在的月份；如果小于 minValue 变量的值，则该元素的值存入 minValue 变量中，并记录所在的月份。如此反复，当遍历了每一个元素之后，maxValue 变量中存储的一定是 12 个月中的最高实发工资，minValue 变量中存储的一定是 12 个月中的最低实发工资。注意月份的序号要比一维数组的对应索引值大 1。

（5）输出最高实发工资、最低实发工资及其所在的月份。

【任务实施】

（1）创建项目 Application0411。

在 Visual Studio 2012 开发环境中，在解决方案 Solution04 中创建一个名称为 Application0411 的项目。

（2）编写 Main()方法的代码。

项目 Application0411 中 C#程序 Program.cs 的 Main()方法的代码如表 4-14 所示。

表 4-14 项目 Application0411 中 C#程序 Program.cs 的 Main()方法的代码

行号	C#程序代码
01	static void Main()
02	{

行号	C#程序代码
03	double[] realPay=new double[] { 5919.70,6415.15,5985.89,5903.58,
04	6460.74,6435.14,6552.80,5662.50,
05	6441.80,6232.40,6350.10,6732.60};
06	double maxValue;　　　　　　　　　//最高实发工资
07	double minValue;　　　　　　　　　//最低实发工资
08	int monthMax;　　　　　　　　　　//最高实发工资所在的月份
09	int monthMin;　　　　　　　　　　//最低实发工资所在的月份
10	maxValue=realPay[0];
11	minValue=realPay[0];
12	monthMax=1;
13	monthMin=1;
14	int i=1;
15	while(i<realPay.Length)
16	{
17	if(realPay[i]>maxValue)
18	{
19	maxValue=realPay[i];
20	monthMax=i+1;
21	}
22	else if(realPay[i]<minValue)
23	{
24	minValue=realPay[i];
25	monthMin=i+1;
26	}
27	i++;
28	}
29	Console.Write("2016年12个月中,");
30	Console.WriteLine("{0}月份的实发工资最高,为:{1:C2},",monthMax,maxValue);
31	Console.WriteLine("{0}月份的实发工资最低,为:{1:C2}",monthMin,minValue);
32	}

（3）运行程序。

设置 Application0411 项目为启动项目,然后按 Ctrl＋F5 快捷键开始运行程序,其输出结果如下所示。

```
2016年12个月中,12月份的实发工资最高,为：￥6732.60,
8月份的实发工资最低,为：￥5662.50
```

【代码解读】

（1）表 4-14 中第 14 行 i 的初始值为 1,对应 2 月,原因是 1 月份的数据在第 10 行、第

11 行已存入变量中,从 2 月(即一维数组的第 2 个元素,索引值为 1)开始进行比较运算。

(2) 表 4-14 中第 15 行的循环条件表达式"i<realPay. Length"中使用的关系运算符是"<"而不是"<=",其原因是该一维数组元素总个数为 12(即 realPay. Length 的值为 12),但是该一维数组的最后一个元素的索引值为 11,而不是 12。如果写成"<=",则会出现"索引超出了数组界限"的错误。

(3) 表 4-14 中第 20 行和第 25 行所赋的表达式为"i+1",而不是直接赋 i,其原因是一维数组的索引值比对应月份小 1。

同步训练

任务 4-12　使用选择结构编写程序

明德学院黄莉同学本学期 4 门课程的成绩分别为:"英语"95 分、"体育"87 分、"C♯程序设计"92 分、"数据库应用"96 分,明德学院评选"三好学生"的基本条件为课程平均成绩 90 分以上(含 90 分),每一门课程的成绩在 85 分以上(含 85 分),编写 C♯程序完成以下任务。

(1) 对于 60 分以下的成绩输出"×××课程不及格"的提示信息。

(2) 将"体育"课程的成绩转换为定性评价,90 分以上(含 90 分)为优,75~90 分(含 75 分)为良,60~75 分(含 60 分)为及格,60 分以下为不及格,且输出等级。

(3) 判断黄莉同学是否符合评选"三好学生"的基本条件,且输出提示信息。

任务 4-13　使用循环结构编写程序

明德学院评选"三好学生"的基本条件为课程平均成绩 90 分以上(含 90 分),每一门课程的成绩在 85 分以上(含 85 分),软件班第 3 小组 5 位同学(黄莉、张皓、赵华、肖芳、刘峰)4 门课程的成绩如表 4-15 所示。编写 C♯程序分别判断 5 位同学是否符合评选"三好学生"的基本条件,且输出提示信息。

表 4-15　软件班第 3 小组 5 位同学的课程成绩

姓名	英语	体育	C♯程序设计	数据库应用
黄莉	95	87	92	96
张皓	84	91	96	80
赵华	90	84	71	92
肖芳	86	88	85	89
刘峰	82	94	89	93

任务 4-14　使用嵌套结构编写程序

明德学院软件班第 3 小组 5 位同学(黄莉、张皓、赵华、肖芳、刘峰)4 门课程的成绩如表 4-16 所示。编写 C♯程序完成任务。

(1) 找出 5 门课程成绩最高和最低对应的学生及课程。

(2) 升序排列 5 门课程的平均成绩。

(3) 以类似表格的形式输出姓名、课程成绩、人平均成绩和总平均成绩。

表 4-16　软件班第 3 小组 5 位同学的课程成绩

姓名	英语	体育	C♯程序设计	数据库应用
黄莉	95	87	92	96
张皓	84	91	96	80
赵华	90	84	71	92
肖芳	86	88	85	89
刘峰	82	94	89	93

【疑难解析】

【问题 1】　C♯语言中可以使用跳转语句来改变程序的执行顺序,C♯语言常用的跳转语句有哪几种? 各有哪些特点?

C♯语言可以使用跳转语句来改变程序的执行顺序,在前面介绍的 switch 语句中,曾经使用过 break 语句,除了 break 语句外,跳转语句还有 continue 语句、goto 语句等。在程序使用跳转语句,可以避免死循环。

(1) break 语句

break 语句主要用于 switch 语句和循环语句。在 switch 语句中主要用来使程序流程跳出 switch 语句,进而继续执行程序中 switch 语句后面的语句。在循环语句中主要用来跳出当前所在的循环,执行循环体外后面的语句。break 语句在循环体一般与 if 语句结合使用,实现从循环体内跳出。在多重循环中,则是跳出 break 语句所在的循环。对于永真循环,可以在循环体内设置终止循环的语句(if 语句与 break 语句配合),以保证跳出循环,避免出现死循环。

break 语句的一般语法格式如下:

```
break;
```

(2) continue 语句

continue 语句主要用于循环语句中,用来结束本次循环,进入下一次循环。在循环语句的循环体中,当程序执行到 continue 语句时,将结束本次循环,即跳过循环体中下面尚未执行的语句,直接进入下一次循环的判断,以决定是否执行下一次循环。continue 语句并不跳出当前的循环,它只是终止一次循环,直接进入下一次循环是否执行的判断。

continue 语句的一般语法格式如下:

```
continue;
```

(3) goto 语句

goto 语句是无条件跳转语句。当程序流程遇到 goto 语句时,就跳转到它指定的位置。操作时,goto 需要一条标签,标签是后面跟冒号“:”与合法的 C♯ 标识符,标签一般放在 goto 语句要跳转到的那一条语句的前面。标签在程序中并不参与运算,只起到标记的作用。而且,标签必须和 goto 用在同一个方法中。

goto 语句的一般语法格式为:

```
goto   标签;
```

注意:goto 语句这种无条件跳转程序执行流程的功能,破坏了程序的可读性。在实现程序设计中,应限制 goto 语句的使用,尽量不使用 goto 语句。

【问题 2】 C♯语言中有四种循环语句,分别为 for 语句、foreach 语句、while 语句和 do...while 语句,各适用于哪些场合?

对于循环次数确定的场合可选用 for 语句;对于数组或集合遍历可选用 foreach 语句;对于循环次数未知,可以选用 while 语句或 do...while 语句,在循环中一定要有改变循环变量的语句,否则可能会造成死循环;对于必须要先执行语句后判断条件的特定场合,只能使用 do...while 语句。

【问题 3】 评价一个优良程序的性能指标有哪些?

评价一个优良程序的性能指标如下。

(1) 正确性

编制的程序能够严格按规定要求准确无误地执行,实现其功能。

(2) 可靠性

包括程序或系统安全的可靠性,例如数据安全、系统安全等,程序运行的可靠性以及容错能力。

(3) 实用性

从用户角度来看程序要实用方便。

(4) 规范性

子系统的划分、程序的书写格式、标识符的命名都符合统一规范。

(5) 可读性

程序清晰、明了,没有太多繁杂的技巧,容易阅读和理解。

(6) 强健性

系统能识别错误操作、错误数据输入,不会因错误操作、错误数据输入以及硬件故障而造成系统崩溃。

(7) 可维护性

能及时发现系统中存在的问题或错误,顺利地修改错误。对用户提出的新要求能得到及时的满足。

【问题 4】　简述良好编程风格的主要特点。

为设计出具有良好性能的程序,程序设计人员除了具有丰富的编程经验和熟练掌握开发工具和编程语言外,还应该养成良好的编程风格。编程风格是指程序员编写程序时所表现出来的习惯和思维方式等,良好的编程风格可以减少程序的错误,增强程序的可读性,从而提高软件的开发效率。

1) 程序的布局格式追求清晰、美观

程序的布局格式虽然不会影响程序的功能,但会影响程序的可读性和视觉效果。

(1) 恰当地使用空格、空行以改善程序的清晰度。

(2) 每行只写一条语句,便于识别和加入注释。

(3) 变量赋初值应符合就近原则,定义变量的同时赋以初值。

(4) 多层嵌套结构,各层应缩进左对齐,这样嵌套结构的层次关系、程序的逻辑结构一目了然,便于理解,也便于修改。

(5) 代码行、表达式不宜太长,不要超出人的视力控制范围。

2) 标识符的命名要规范

标识符是指用户可命名的各类名称的总称,包括变量名、常量名、类名、对象名、方法名、属性名、结构名、数组名、文件名等。对于一个许多人共同完成的大型软件项目,应制定统一规范的命名规则。

(1) 标识符的命名应符合程序设计语言的语法规定。

(2) 标识符的命名应做到见名知义、一目了然,尽量使用英文字母,避免使用汉语拼音。

(3) 静态变量、局部变量、参数、符号常量的标识符应明显加以区别。

(4) 标识符的命名应全盘考虑,简单且有规律,做到前后一致。

3) 语句的设计要简洁

(1) 语句要简单直观,避免过多使用技巧。

(2) 避免使用复杂的条件判断,尽量减少否定的逻辑条件。

(3) 尽量减少循环嵌套和条件嵌套的层数。

(4) 适当使用括号主动控制运算符的运算次序,避免二义性。

(5) 应先保证语句正确,再考虑编程技巧。

(6) 尽量少用或不用 goto 语句。

4) 适当加入注释

程序的注释是为便于理解程序而加入的说明,注释一般采用自然语言进行描述。注释分为序言性注释和功能性注释两种。

(1) 序言性注释

序言性注释是指每个程序或模块起始部分的说明,它主要对程序从整体上进行说明。一般包括程序的编号、名称、版本号、功能、调用形式、参数说明、重要数据的描述、设计者、审查者、修改者、修改说明、日期等。

(2) 功能性注释

功能性注释是指嵌入程序中需说明位置上的注释。主要对该位置上的程序段、语句或数据的状态进行针对性说明。程序段注释置于需说明的程序段前,语句注释置于需说明的语句或包含需说明数据的语句之后。

加入程序注释的注意事项如下:

① 注释应在编写程序过程中形成,避免事后补加,以确保注释含义与源代码相一致。

② 注释应提供程序本身难以提供的信息。

③ 注释应采用明显标记与源程序区别。

④ 修改程序时应及时修改相应的注释,以保持注释和源程序的一致性。

5) 编写数据说明文档

程序中的注释,由于篇幅限制,只能作为提示性的说明。为了便于程序的阅读和维护,应将程序中的变量、方法、文件的功能、名称、含义用文档的形式详细记载,以备日后查找。

【问题5】 简述程序调试成功的标准。

程序编写过程中或者程序编写完成后,需要反复进行调试,直到程序没有错误能准确无误地执行,输出结果正确无误。程序调试成功的标准是:

(1) 运行过程不会导致死机或系统崩溃、不会产生错误信息,即没有语法错误。

(2) 在任何情况下操作正常,即没有逻辑错误。

(3) 具有运行时操作错误的处理能力,即具有容错能力。

(4) 在意外的用户干扰时,很容易恢复,即具有数据安全保护机制。

各种开发工具都提供了丰富的调试工具,帮助开发者逐步发现代码中的错误,有效地解决问题。例如跟踪代码、设置断点、查看变量的值等都是调试时常用的手段。

单元习题

(1) 结构化程序设计的三种基本结构是( )。

  A. while 结构、do…while 结构、foreach 结构

  B. 顺序结构、if 结构、for 结构

  C. if 结构、if…else 结构、else 结构

  D. 顺序结构、分支结构、循环结构

(2) 已知 a、b、c 的值分别是 4、5、6,执行下面的程序段后,判断变量 n 的值为( )。

```
if(c<b)
    n=a+b+c;
else if(a+b<c)
    n=c-a-b;
else
    n=a+b;
```

  A. 3   B. −3   C. 9   D. 15

(3) 如下程序的输出结果是( )。

```
using System;
class Example
{
  public static void Main()
    {
      int x=1,a=0,b=0;
      switch(x)
      {
        case 0:b++; break;
        case 1:a++;break;
        case 2: a++; b++; break;
      }
      Console.WriteLine("a={0},b={1}",a,b);
    }
  }
```

  A. a＝2,b＝1　　　　B. a＝1,b＝1　　　C. a＝1,b＝0　　　D. a＝2,b＝2

（4）以下关于 for 循环的说法错误的是(　　　)。

  A. for 循环只能用于循环次数已经确定的情况

  B. for 循环是先判定表达式,后执行循环体语句

  C. for 循环中,可以用 break 语句跳出循环体

  D. for 循环体语句中,可以包含多条语句,但要用花括号{}括起来

（5）下面有关 for 语句的描述错误的是(　　　)。

  A. 使用 for 语句时,可以省略其中的某个或多个表达式,但不能同时省略全部
   3 个表达式

  B. 在省略 for 语句的某个表达式时,如果该表达式后面原来带有分号,则一定要
   保留它所带的分号

  C. 在 for 语句的表达式中,可以直接定义循环变量,以简化代码

  D. for 语句的表达式可以全部省略

（6）已知结构 Resource 的定义如下,则下列语句的运行结果为(　　　)。

```
struct  Resource
{
  public int Data;
}
Resource[ ] list=new Resource[20];
for(int i=0;i<20;i++)
{
  System.Console.WriteLine("data={0}",list[i].Data);
}
```

  A. 打印 20 行,每行输出都是 data＝0

  B. 打印 20 行,每行输出都是 data＝null

  C. 打印 20 行,第 1 行输出 data＝0,第 2 行输出 data＝2,第 20 行输出 data＝19

  D. 出现运行时异常

（7）以下程序的输出结果是（　　　）。

```
class Example
{
  public static void Main()
  {
    int   i;
    int [] a=new int[10];
    for(i=9;i>=0;i--)
      a[i]=10-i;
    Console.WriteLine("{0}{1}{2}",a[2],a[5],a[8]);
  }
}
```

　　A. 258　　　　　　　　B. 741　　　　　　　　C. 852　　　　　　　　D. 369

（8）以下程序的输出结果是（　　　）。

```
using System;
class Example
{
  public static void Main()
  {
      int i, sum=0;
      for(i=1; i <=10; i++);
       {
          sum +=i;
       }
      Console.WriteLine(sum);
  }
}
```

　　A. 0　　　　　　　　　B. 1　　　　　　　　　C. 11　　　　　　　　　D. 21

（9）以下程序的输出结果是（　　　）。

```
using System;
class Example
{
  public static void Main()
  {
      int[] arr=new int[]{1,3,4,6,7};
      int sum=0;
      foreach(int n in arr)
      {
          if(n%2==0)
              continue;
          else
              sum +=n;
          break;
      }
      Console.WriteLine(sum);
```

```
        }
    }
```

A. 0　　　　　　　　B. 1　　　　　　　　C. 11　　　　　　　D. 21

(10) while 语句循环结构和 do...while 语句循环结构的区别在于(　　)。

A. while 语句的执行效率较高

B. do...while 语句编写程序较复杂

C. 无论条件是否成立，while 语句都要执行一次循环体

D. do...while 循环是先执行循环体，后判断条件表达式是否成立。而 while 语句是先判断条件表达式，再决定是否执行循环体

(11) 以下叙述正确的是(　　)。

A. do...while 语句构成的循环不能用其他语句构成的循环来代替

B. do...while 语句构成的循环只能用 break 语句退出

C. 用 do...while 语句构成的循环，在 while 后的表达式为 true 时结束循环

D. 用 do...while 语句构成的循环，在 while 后的表达式应为关系表达式或逻辑表达式

(12) 下面有关 break、continue 和 goto 语句描述正确的是(　　)。

A. break 语句和 continue 语句都是用于终止当前的整个循环

B. 使用 break 语句可以一次跳出多重循环

C. 使用 goto 语句可以方便地跳出多重循环，因而编程时应尽可能多地使用 goto 语句

D. goto 语句必须和标识符配合使用，break 和 continue 语句则不然

(13) 一个球从 100 米高度自由落下，每次落地后反跳回原高度的一半，再落下。编写 C#程序求它在第 10 次落地时，共经过多少米？第 10 次反弹多高？

(14) 编写 C#程序输出 1000 以内的所有完全数。完全数是这种的正整数：小于自身的因子之和恰好等于其自身大小，例如 6＝1＋2＋3。

(15) 有一分数序列"2/1,3/2,5/3,8/5,13/8,21/13,…"，编写 C#程序输出这个数列的前 20 项之和。

单元 5　面向对象基本程序设计

Visual C♯的控制台程序采用的是结构化程序设计方法,结构化程序设计方法流程复杂、代码不能重用、程序逻辑难以理解。而面向对象的程序设计方法不再基于"逻辑流程",而是基于"类"和"对象"。编程过程中,通过集成开发环境添加程序所需的对象,并且在可视化环境中设置对象的属性、为对象的事件编写代码,实现程序的功能。这种编程方法既快捷又规范、编程效率高、减小了出错的可能性、采用事件驱动、程序功能容易实现、业务逻辑容易理解。C♯是一种完全面向对象的编程语言,具有面向对象程序设计方法的优点。

程序探析

任务 5-1　初识 Person 类的完整定义结构

【任务描述】

认识 C♯语言中 Person 类的完整定义结构,认识类声明部分的开始与结束标识;区分类的成员变量、构造方法、成员方法的定义。

利用 Person 类的无参构造方法创建对象 emp1,调用类的方法输出对象基本信息,另外使用 Console 类的 WriteLine 方法输出对象的出生日期。

利用 Person 类的有参构造方法创建对象 emp2,调用类的方法输出对象的基本信息。

【问题分析】

Person 类包含以下成员。

(1)成员变量:编号、姓名、性别、日期,这些成员变量根据需要设置合适的可访问特性,其中联系电话声明为公有变量。

(2)构造方法:无参构造方法和有参构造方法。

(3)类的属性:出生日期属性。

(4)类的方法:输出成员变量值的方法。

【任务实施】

(1)启动 Visual Studio 2012。

（2）打开 Application0502 项目。

在 Visual Studio 2012 开发环境中首先打开解决方案 Solution05 中的 Application0502 项目，然后打开程序文件 Program. cs，查看其代码。项目 Application0502 中 Person 类的定义结构示例如表 5-1 所示。

表 5-1　项目 Application0502 中 Person 类的定义结构示例

说　明	序号	代　码
类声明部分的开始	01	public class Person
	02	{
定义类的成员变量	03	private string employeeNumber;　　　　　　//编号
	04	private string name;　　　　　　　　　　//姓名
	05	private char sex;　　　　　　　　　　　//性别
	06	private DateTime date;　　　　　　　　//日期
	07	
定义类的构造方法	08	//定义构造方法
	09	public Person()
	10	{
	11	employeeNumber="A6688";
	12	name="张明";
	13	sex='男';
	14	}
	15	public Person(string number, string sName, char cSex)
	16	{
	17	employeeNumber=number;
	18	name=sName;
	19	sex=cSex;
	20	}
定义类的属性	21	public DateTime birthday　　　　//定义 birthday 属性
	22	{
	23	get
	24	{
	25	return date;
	26	}
	27	set
	28	{
	29	if(value !=this.date)
	30	this.date=value;
	31	}
	32	}
定义类的成员方法	33	public void OutputInfo()　　　　//输出基本信息
	34	{
	35	Console.WriteLine("{0}的基本信息如下:", name);
	36	Console.WriteLine("编　　号:{0}", employeeNumber);
	37	Console.WriteLine("姓　　名:{0}", name);
	38	Console.WriteLine("性　　别:{0}", sex);
	39	}
类声明部分的结束	40	}

【代码解读】

表 5-1 中第 21～32 行定义了 birthday 属性，该属性是可读可写属性，定义属性使用成员变量 date 传递数据。

项目 Application0502 中 Program 类的 Main()方法的代码如表 5-2 所示。

表 5-2　项目 Application0502 中 Program 类的 Main()方法的代码

行号	C#程序代码
01	static void Main()
02	{
03	DateTime birthDate1=DateTime.Parse("1968-11-26");
04	Person emp1=new Person()　;
05	emp1.birthday=birthDate1;
06	emp1.OutputInfo();
07	Console.WriteLine("出生日期:{0:D}",emp1.birthday);
08	Console.WriteLine("-------------------------");
09	Person emp2=new Person("A5656","刘丽",'女');
10	emp2.OutputInfo();
11	}

【代码解读】

表 5-2 中的第 04 行使用无参构造方法声明一个 Person 类的对象 emp1，第 05 行给对象 emp1 的 birthday 属性赋值，第 09 行使用带参参的构造方法声明一个 Person 类的对象 emp2。

按 Ctrl＋F5 快捷键开始运行程序，其输出结果如图 5-1 所示。

图 5-1　输出父类对象的相关信息

知识导读

5.1　类的定义及其成员

类是面向对象程序设计的核心，是创建对象的模板。对象是类的实例，通过一个类可以创建多个对象。类和对象的关系就好像是设计图纸与具体实物的关系。

5.1.1　类的定义格式

C♯语言中定义类的语法格式如下所示。

```
<类修饰符>  class  <类名称>
    {
        <类的主体>
    }
```

说明：

（1）class 是定义类的关键字。

（2）类名称要符合 C♯ 标识符的命名规则，一般类名的第一个字母需要大写，最好做到见名知义。

（3）类修饰符用于指明类的可访问权限和可继承性，类修饰符为可选项，如果不指定类的访问修饰符，C♯ 系统默认该类为 internal 类型。

C♯语言使用 public 和 internal 修饰符来限制类的可访问性，使用 abstract、sealed 修饰符来限制类的可继承性。

非嵌套类常用的修饰符如表 5-3 所示。

表 5-3　非嵌套类常用的修饰符

修饰符类型	修饰符	使用说明
控制可访问权限的类修饰符	public	表示该类具有公有访问权限，为公开类，它具有最高访问级别，可以在程序的任何地方（定义类所在的项目和其他项目）访问公有类，具有完全的访问权限
	internal	表示该类具有内部访问权限，它只允许程序集内部（定义类所在的项目）进行访问，其他项目无法访问
控制继承性的类修饰符	abstract	在类声明中使用 abstract 修饰符以指示某个类只能是其他类的基类。表示该类为"抽象"类，不能用它实例化对象，只能被继承使用
	sealed	表示该类不能被继承

嵌套类具双重特性，一方面具有一般类的特性；另一方面又可以看作类的成员。嵌套类使用关键字 new 进行声明，除了可以使用修饰符 public 和 internal 限制嵌套类的可访问性之外，也可使用 private 和 protected 限制嵌套类的可访问性，其中 private 用于控制私有访问权限，表示此嵌套类只限于本类访问，protected 用于控制保护访问权限，表示此嵌套类只限于本类及其派生类访问。

类是一种全新的数据结构，类主体用于定义常量、变量、索引器、属性、构造方法、析构方法、方法、事件等成员，这些都称为类的成员，定义类的成员时可以使用访问修饰符 public、private、protected 和 internal 限制成员的访问权限，成员修饰符为可选项。如果不指定成员的访问修饰符，C♯ 系统默认该成员为 private 类型。

5.1.2 类的成员

类具有表示其数据和行为的成员,一个类可包含下列成员的声明:常量、变量、索引器、属性、构造方法、析构方法、成员方法和事件等,嵌套类也可看作一种类的成员。

1. 常量

类可以将常量声明为成员,常量是在编译时已知并保持不变的值,使用 const 关键字声明常量,常量必须在声明时初始化。

定义常量其语法格式如下:

<访问修饰符>const <数据类型名> <变量名>=<常量值>;

例如:

```
protected const int subsidy=4;
```

声明常量的修饰符可使用 public、private、protected、internal 或 protected internal,这些访问修饰符限制访问该常量的权限。

尽管常量不能使用 static 关键字,但可以像访问静态变量一样访问常量。未包含在定义常量的类中的表达式必须使用类名、一个句点和常量名来访问该常量。

2. 变量

变量是在类中声明的变量,通常用于保存类数据。在类块中声明变量的方式如下:指定变量的访问级别,然后指定变量的类型,最后指定变量的名称。

定义变量的语法格式如下:

<访问修饰符> <数据类型名> <变量名>;

声明变量时可以使用赋值运算符为变量指定一个初始值,变量初始值设定项不能引用其他实例变量。变量的可访问性通常应为 private,类的外部应当通过方法、属性或索引器来间接访问变量。

声明变量的修饰符可使用 public、private、protected、internal 或 protected internal,这些访问修饰符限制访问该变量的权限。

可以使用修饰符 static 将变量声明为静态变量,这使得调用方在任何时候都能使用变量,即使类没有任何实例,即通过“类.变量名称”的形式访问静态变量。

可以使用修饰符 readonly 将变量声明为只读变量,只读变量只能在初始化期间或在构造方法中赋值。static readonly 变量非常类似于常量,只不过 C♯编译器不能在编译时访问静态只读变量的值,而只能在运行时访问。

3. 索引器

索引器允许以类似于数组的方式为类对象建立索引。索引器类似于属性,不同之处在于它们的访问器采用参数。

4. 属性

属性并非指类中的成员变量,而是描述类的所有对象共同特征的一个数据项。属性可以为类变量提供保护,避免变量在对象不知道的情况下被更改。属性使类能够以一种公开的方法获取和设置值,同时隐藏实现或验证代码。

5. 构造方法

构造方法是在第一次创建对象时调用的方法。构造方法有以下特点。

(1) 构造方法的名称与类名称相同。

(2) 在构造方法名的前面没有返回值类型的声明。

(3) 在构造方法中不能使用 Return 语句返回一个值。

(4) 不能继承父类的构造方法。

(5) 当定义了带参数的构造方法时,系统默认的不带参数的构造方法将不再存在。

构造方法通常用来初始化新对象的数据成员。如表 5-3 所示定义了两个同名的构造方法。构造方法使得程序员可设置默认值、限制实例化以及编写灵活且便于阅读的代码。

任何时候,只要创建类的对象,就会调用它的构造方法。类可能有多个接受不同参数的构造方法,即同一个类中定义多个构造方法,方法名称相同而参数的数据类型及个数不同,此时根据参数的数据类型或个数决定使用哪一个构造方法。

如果定义类时没有提供构造方法,则 C♯ 将创建一个默认的构造方法,默认的构造方法没有参数,该构造方法实例化对象,并将所有成员变量设置为表 5-4 所示的默认值。静态类也可以有构造方法。

表 5-4　由默认构造方法返回的默认值

值类型	默 认 值
bool	false
byte	0
char	'\0'
decimal	0.0M
double	0.0D
enum	表达式(E)产生的值,其中 E 为 enum 标识符
float	0.0F
int	0
long	0L
sbyte	0
short	0

续表

值类型	默 认 值
struct	将所有的值类型变量设置为默认值,并将所有的引用类型变量设置为 null 时产生的值
uint	0
ulong	0
ushort	0

表 5-4 中列出了由默认构造方法返回的值类型的默认值,默认构造方法也是通过 new 运算符来调用的。

注意:C♯语言不允许使用未初始化的变量。

不带参数的构造方法称为"默认构造方法"。无论何时,只要使用 new 运算符实例化对象,并且不为 new 提供任何参数,就会调用默认构造方法。

除非类被声明为 static 类型,否则 C♯编译器将为无构造方法的类提供一个公共的默认构造方法,以便该类可以实例化。通过将构造方法设置为私有构造方法,可以阻止类被实例化。

如果父类没有提供默认构造方法,子类必须使用 base 显式调用其构造方法。构造方法可以使用 this 关键字调用同一对象中的另一构造方法。与 base 一样,this 可带参数使用也可不带参数使用,构造方法中的任何参数都可用作 this 的参数,或者用作表达式的一部分。

声明构造方法的修饰符可使用 public、private、protected、internal 或 protected internal,这些访问修饰符限制访问该构造方法的权限。一般将构造方法声明为 public 访问权限。

使用 static 关键字可以将构造方法声明为静态构造方法。在访问任何静态变量之前,都将自动调用静态构造方法,它们通常用于初始化静态类成员。

6. 析构方法

析构方法是当对象即将从内存中移除时由运行库执行引擎调用的方法。它们通常用来确保需要释放的所有资源都得到了适当的处理。

析构方法具有以下特点。

(1) 不能在类中定义析构方法,只能对类使用析构方法。

(2) 一个类只能有一个析构方法。

(3) 无法继承或重载析构方法。

(4) 无法显式调用析构方法,在对象被撤销时它们被自动调用。

(5) 析构方法既没有修饰符,也没有参数。

通常,与运行时不进行垃圾回收的编程语言相比,C#无须太多的内存管理。这是因为,.NET Framework 垃圾回收器会隐式地管理对象的内存分配和释放。但是,当应用程序封装窗口、文件和网络连接这类非托管资源时,应当使用析构方法释放这些资源。当对象被析构时,垃圾回收器将运行对象的 Finalize()方法。

如果应用程序在使用昂贵的外部资源,则还建议提供一种在垃圾回收器释放对象前显式地释放资源的方式。可以使用 Dispose() 方法来完成,该方法为对象执行必要的清理,这样可大大提高应用程序的性能。即使有这种对资源的显式控制,析构方法也是一种保护措施,可用来在对 Dispose() 方法的调用失败时清理资源。

7. 方法

方法定义类可以执行的操作。方法可以接受提供输入数据的参数,并且可以通过参数返回输出数据。方法还可以不使用参数而直接返回值。

8. 事件

事件是向其他对象提供有关事件发生(如单击按钮或成功完成某个方法)通知的一种方式。事件是使用委托来定义和触发的。

事件是类在发生其关注的事情时用来提供通知的一种方式。例如,封装用户界面控件的类可以定义一个在用户单击该控件时发生的事件。控件类不关心单击按钮时发生了什么,但它需要告知派生类单击事件已发生。然后,派生类可选择如何响应。

事件具有以下特点。

(1) 事件是类用来通知对象需要执行某种操作的方式。

(2) 尽管事件在其他时候(如信号状态更改)也很有用,事件通常还是用在图形用户界面中。

(3) 事件通常使用委托事件处理程序进行声明。

(4) 事件可以调用匿名方法来替代委托。

5.1.3　嵌套类

在类的内部定义的类称为嵌套类,嵌套类通常用于描述仅由包含它们的类所使用的对象。嵌套类默认访问权限为 private,但是可以将嵌套类的访问权限设置为 public、internal、protected 或 private 等类型。

5.2　对象的创建与使用

5.2.1　对象概述

类是创建对象的一个模板,当使用一个类创建一个对象时,即给出了这个类的一个实例。对象是具有数据、行为和标识的编程结构。对象数据包含在对象的变量、属性和事件中,对象行为则由对象的方法和接口定义。

C♯语言的对象具有以下特点。

(1) C♯ 中使用的全都是对象,包括 Windows 窗体和控件,所有 C♯ 对象都继承自

Object。

（2）对象是实例化的。也就是说，对象是从类所定义的模板中创建的。

（3）对象使用属性获取和更改它们所包含的信息。

（4）对象通常具有允许它们执行操作的方法和事件。

5.2.2 创建对象

在 C# 中，创建对象包括对象的声明和为对象分配内存空间两个步骤。

1. 声明对象

声明对象的语法格式如下：

```
<类名称>  <对象名>;
```

例如：

```
Person emp1;
```

2. 为声明的对象分配内存空间

使用 new 关键字和类的构造方法为声明的对象分配内存空间，其语法格式如下：

```
<对象名>=new <类名称>();
```

例如：

```
emp1=new Person();
```

如果类中没有显式声明构造方法，系统会调用默认的构造方法初始化为其默认值。对象的声明与内存空间的分配可以合为一条语句，即：

```
<类名称><对象名>=new <类名称>();
```

例如：

```
Person emp1=new Person();
```

5.2.3 使用对象

对象创建后，可以使用句点运算符"."访问该对象的变量、属性，调用该对象的方法等。

例如：

```
DateTime birthDate1=DateTime.Parse("1968-11-26");
Person emp1=new Person();
```

```
emp1.birthday=birthDate1;                    //访问对象的公有属性
emp1.OutputInfo();                           //调用对象的公有方法
```

访问对象中的方法是通过在对象名称后面依次添加一个句点"."和该方法的名称来实现的,传递给方法的参数值在括号内列出,如果有多个参数则用逗号","隔开,如果没有参数则括号中为空,但必须保留括号。语法格式为:

<对象名>.<方法名>(<参数列表>)

5.3   类的成员方法

C♯语言中,类的成员方法是包含一系列语句的代码块。

5.3.1   方法的声明

在类中声明方法时需要指定访问权限、返回值类型、方法名称以及方法参数。方法参数放在括号中,如果有多个参数则使用逗号","隔开。空括号表示方法不需要参数。

定义方法的语法格式如下:

```
<访问权限><返回值类型名><方法名>(<参数类型><参数名称>)
    {
        <方法体>
    {
```

例如,表 5-1 中定义了 1 个类的成员方法 OutputInfo()。

定义方法的修饰符可使用 public、private、protected、internal 或 protected internal,这些访问修饰符限制访问该方法的权限。

使用修饰符 static 可以声明静态方法,静态方法只属于类而不属于对象,只能由类来调用,不能由对象调用。使用修饰符 extern 表示在外部实现方法,使用修饰符 override 表示提供从父类继承的虚方法的新实现,使用修饰符 virtual 声明在派生类中其实现可由重写成员更改的方法。

5.3.2   方法的参数

如果要将参数传递给方法,只需在调用方法时在括号内提供这些参数即可。对于被调用的方法,传入的变量称为"参数"。

方法所接收的参数也是在一组括号中提供的,但必须指定每个参数的数据类型和名称。该名称不必与参数相同。

方法的参数就是调用方法时传递给它的变量,分为值传递和引用传递(也称为地址传递)两种,值传递就是传递数据的值,是将变量的值传给方法;引用传递就是传递对象的地址,是将地址传给方法。默认情况下,将值类型传递给方法时,传递的是副本而不是对象本身,传递的是值而不是同一个对象。由于它们是副本,因此对参数所做的任何更改都不会在调用方法内部反映出来。

1. 使用关键字 ref 实现引用传递

在定义方法时,在参数前面加上关键字 ref,就可以实现引用传递,也就是把输出参数的地址传给了方法,在方法中对参数的任何更改都会在调用方法内部反映出来。调用对象的成员方法时,也必须在传入的变量之前加关键字 ref,以此声明该参数实现引用参数传递,并且该参数必须事先进行初始化。

例如:对于如下所示的方法 GetPeriod()定义时,由于 workPeriod 参数之前加上了 ref 关键字,声明该参数为引用传递,代码如下所示。

```
public void GetPeriod(DateTime startdate ,ref int workPeriod)
  {
    ...
  }
```

调用类对象的成员方法 GetPeriod()时,在参数 workYear 前也需要加上 ref,并且参数 workYear 事先需要进行声明和初始化,代码如下所示。

```
int workYear=0;
Person emp=new Person();
emp.GetPeriod(joinDate, ref workYear);
```

2. 使用关键字 out 实现引用传递

除了使用 ref 关键字实际引用传递之外,还可以使用 out 关键字来实现引用传递(传出参数值)。out 关键字的作用是输出参数值,在类的方法定义的方法体中必须给参数赋值,并且在调用时参数不必初始化。

例如,定义如下的 GetPeriod 方法时,由于 workPeriod 参数之前加上了 out 关键字,声明该参数为引用传递输出参数,代码如下所示。

```
public void GetPeriod(DateTime startdate ,out int workPeriod)
  {
    ...
  }
```

调用类对象的成员方法 GetPeriod()时,在参数 workYear 前也需要加上 out,并且参数 workYear 事先需要进行声明,但是可以不必初始化,代码如下所示。

```
int workYear;
Person emp=new Person();
emp.GetPeriod(joinDate, out workYear);
```

3. 方法的使用

调用对象的方法类似于访问变量。在对象名称之后,依次添加句点、方法名称和括号。参数在括号内列出,如果有多个参数则用逗号“,”隔开。

例如:

```
Person emp1=new Person();
emp1.OutputInfo();
```

方法可以向调用方返回值。如果返回类型(方法名称前列出的类型)不是 void,则方法可以使用 return 关键字来返回值。如果语句中 return 关键字的后面是与返回类型匹配的值,则该语句将该值返回给方法调用方。return 关键字还会停止方法的执行。如果返回类型为 void,则可使用没有值的 return 语句来停止方法的执行。如果没有 return 关键字,方法执行到代码块末尾时即会停止。具有非 void 返回类型的方法才能使用 return 关键字返回值。

使用中间变量来存储调用方法时的返回值,将有助于增强代码的可读性。如果要多次使用该值,则可能必须使用中间变量。

5.4　类 的 属 性

类的属性提供灵活的机制来读取、编写或计算私有变量的值。可以像使用公共数据成员一样使用属性,但实际上它们是称为“访问器”的特殊方法,这使得数据在可被轻松访问的同时,仍能提供方法的安全性和灵活性。

5.4.1　属性的定义

属性在类的内部是通过以下方式声明的:指定变量的访问级别,后面是属性的数据类型,接下来是属性的名称,然后是声明 get 访问器和(或)set 访问器的代码模块。

定义类属性的语法格式如下:

```
<属性修饰符><属性返回值类型><属性名>
  {
    get
      {
         ...
         return  <私有变量名>;     //该私有变量在类内部声明
      }
    set
      {
         ...
         <私有变量名>=value;
      }
  }
```

属性结合了变量和方法的多个方面的优点。对于对象的用户,属性显示为变量,访问该属性与访问变量类似。对于类的设计者,属性是一个或两个代码块,表示一个 get 访问器和(或)一个 set 访问器。当读取属性时,执行 get 访问器的代码块;当向属性分配一个新值时,执行 set 访问器的代码块。定义属性时可以只包含 set 访问器而没有 get 访问器或者只包含 get 访问器而没有 set 访问器,不具有 set 访问器的属性被视为只读属性。不具有 get 访问器的属性被视为只写属性。同时具有这两个访问器的属性是读写属性。

1. 属性修饰符

属性修饰符包括访问权限修饰符和特性修饰符两个方面,例如:

```
public  virtual  double  Area
  {
     …
  }
```

以上属性定义,public 为访问权限修饰符,表示公有访问权限。virtual 为访问特性修饰符,表示该属性为虚属性,派生类可以使用 override 关键字来重写属性行为。

get 访问器用于返回属性值,而 set 访问器用于分配新值,这些访问器可以有不同的访问级别。

(1) 访问级别修饰符

定义属性的修饰符可使用 public、private、protected、internal 或 protected internal,这些访问修饰符限制访问该属性的权限。

同一属性的 get 访问器和 set 访问器可能具有不同的访问修饰符。例如,get 访问器可能是 public 以允许来自类外部的只读访问;set 访问器可能是 private 或 protected。

(2) 属性特性修饰符

可以使用 static 关键字将属性声明为静态属性,这使得调用方随时可使用该属性,即使不存在类的实例。

可以使用 virtual 关键字将属性标记为虚属性,这样,派生类就可以使用 override 关键字来重写属性的行为。重写虚属性的属性还可以使用 sealed 修饰符限定的,这表示它对派生类不再是虚拟的。

属性还可以使用关键字 abstract 声明,这意味着在类中没有具体的实现,派生类必须要重新编写代码予以实现。

2. get 访问器

当引用属性时,除非该属性为赋值目标,否则将调用 get 访问器以读取该属性的值。get 访问器与方法体相似,它必须返回属性类型的值。执行 get 访问器相当于读取变量的值。get 访问器可用于返回变量值,或用于计算并返回变量值。

get 访问器必须以 return 或 throw 语句终止。

3. set 访问器

当对属性赋值时,用提供新值的参数调用 set 访问器。set 访问器类似于返回类型为

void 的方法,它使用称为 value 的隐式参数,此参数的类型是属性的类型,value 关键字用于定义由 set 访问器分配的值。

在 set 访问器中,对局部变量声明使用隐式参数名 value 是错误的。

5.4.2　属性的使用

与方法不同,不能将属性作为 ref 参数或 out 参数传递。

属性具有多种用法:它们可在允许更改前验证数据;它们可透明地公开某个类上的数据,该类的数据实际上是从其他源(例如数据库)检索到的;当数据被更改时,它们可采取行动,例如引发事件或更改其他变量的值。

5.5　类　的　继　承

继承是面向对象程序设计中的一个重要特征,通过类的继承可以实现代码的重用。在 C♯ 中,所有的类都是直接或间接地继承自 System.Object 类而得到的。初继承的类称为父类(也称为超类),继承而得到的类称为子类(也称为派生类)。子类继承父类的属性和方法,同时也可以将其修改,以增加新的属性和方法。C♯ 只支持单继承,不支持多继承,也就是说,一个子类只能有一个父类,不允许一个类直接继承多个父类。但是可以通过接口间接地实现多继承。也可以有多层继承,即一个类可以继承某一个类的子类。

子类继承父类所有的成员变量和成员方法,但不继承父类的构造方法。在子类中如果要使用父类的构造方法,可使用 base(参数列表)语句。如果子类的构造方法中没有显式地调用父类构造方法,也没有使用 this 关键字调用重载的其他构造方法,那么在产生子类的实例时,系统默认调用父类的无参构造方法。

5.5.1　创建子类

类可以从其他类中继承,C♯ 语言中类的继承是通过运算符“:”来实现的,即在类名称后放置一个冒号“:”,然后在冒号后指定要从中继承的类(即父类)。

创建子类的语法格式如下:

```
class  <子类名>:<父类名>
  {
    <子类的主体>
  }
```

说明:

(1) 子类名必须为 C♯ 的合法标识符,必须符合标识符的命名规则。

（2）如果不使用"：父类名称"，则该类的父类默认为 System. Object。

（3）子类将从父类继承而来的变量、属性、方法等父类成员作为自己的成员。

（4）子类无法继承父类中用 private 修饰符限制的成员。

子类（即派生类）将获取父类的所有非私有数据和行为以及子类为自己定义的所有其他数据或行为。因此，子类具有两个有效类型：子类的类型和它继承的类的类型。

5.5.2　base 和 this 的使用

1. base 的使用

在类的继承中，如果在子类中定义了与父类同名的成员，则父类的成员不能被直接使用，此时称子类的成员隐藏了父类的同名成员。另外，当子类中定义了一个方法，且该方法的名称、返回类型、参数的数据类型及个数与父类的某个方法完全相同时，父类的这个方法也将被隐藏，即不能被子类所继承使用。如果想在子类中使用被子类隐藏的父类的成员时，可以使用 base 关键字。

base 关键字经常在以下情况下使用。

（1）访问被隐藏的成员变量或成员方法

使用形式如下所示。

```
base.成员变量名称;
base.成员方法名称(参数列表);
```

例如：

```
base . marriage=true;
base . nativePlace="湖南";
base . GetPeriod(joinDate , out wordPeriod);
base . outputInfo();
```

（2）调用父类的构造方法

```
子类的构造方法名():base(参数列表)
  {
    ...                                    //初始化变量代码
  }
```

例如：

```
public Teacher(string number, string sName, char cSex, string dept,
             double pay,string sDuty, bool bMarriage, string sStudy,
             string sNativePlace): base(number,sName,cSex,dept,pay)
  {
    base.marriage=bMarriage;
    base.nativePlace=sNativePlace;
  }
```

2. this 的使用

一个对象的成员方法一般可以引用成员变量。但是,当成员方法的参数与成员变量同名,或者成员方法内的局部变量与成员变量同名时,为了在成员方法内引用成员变量,需要使用 this 关键字。

this 代表了当前对象本身,更准确地说,是当前对象的一个直接引用,可以将其理解为对象的另一个名字,通过该名字可以访问对象本身。

this 关键字经常在以下情况下使用。

(1)访问当前对象的成员变量和成员方法

访问形式为:

```
this.成员变量名称;
```

或者

```
this.成员方法名称(参数列表);
```

例如:

```
this.duty ="副教授";
this.study ="硕士";
```

在类的构造方法中使用 this,表示对正在构造的对象本身的引用。在类的方法中使用 this 表示对调用该方法的对象的引用。

(2)使用 this 关键字调用同一对象中的另一构造方法

构造方法可以使用 this 关键字调用同一对象中的另一构造方法,调用形式为

```
:this([<参数 1>, <参数 2>, ...])
```

this 可带参数使用也可不带参数使用,构造方法中的任何参数都可用作 this 的参数,或者用作表达式的一部分。

(3)将对象作为参数传递给其他方法

访问形式为:

```
方法名称(this);
```

5.6 命名空间

C♯作为完全面向对象的编程语言,使用类来构建应用程序,.NET 框架为开发人员提供了丰富的类库,程序员可以继承或直接使用这些类,快速开发应用程序。这些数以万计的类、结构、枚举、委托和接口等,采用命名空间来分层分类管理。这些命名空间类似于 Windows 资源管理器中的文件夹,是一种逻辑集合。按照功能可将.NET 框架命名空间为:编程基础命名空间、数据操作命名空间、Web 命名空间、Windows 应用命名空间、组

件模型命名空间、框架服务命名空间、安全控制命名空间、网络应用命名空间、工程配置命名空间、全球/本地化命名空间和反射命名空间等。

5.6.1 自定义命名空间

在 C♯ 程序中,命名空间分为两类:系统定义的命名空间的用户定义的命名空间。.NET Framework 类使用命名空间来组织它的众多类。在较大的编程项目中,声明自己的命名空间可以帮助控制类名称和方法名称的范围,用户自定义的命名空间是指在代码中定义的命名空间。

C♯ 项目创建后,项目的所有代码都被组织在一个命名空间中。如果没有为代码提供一个命名空间,系统会自动创建一个基于项目名称的命名空间,类在命名空间内进行定义,利用命名空间可以有效地组织大量的类。也可以在命名空间中嵌套其他的命名空间,为类创建层次结构。

使用命名空间来控制范围,namespace 关键字用于声明一个范围。使用 namespace 关键字声明命名空间。

声明命名空间的语法格式如下所示。

```
namespace <命名空间名>
{
    class <类名>
    {
        //类内声明成员
    }
}
```

5.6.2 引用命名空间中的类

(1) 完全限定名

对于某个命名空间中定义的类,可以使用完全限定名形式访问命名空间中的类,由指示逻辑层次结构的完全限定名描述。例如,语句 A.B 表示 A 是命名空间或类的名称,而 B 则嵌套在其中。

语法格式如下:

<命名空间名>.<类名>

例如:

```
Application0502.IncomeTax.getIncomeTax(dealPay-deductPay)
```

(2) 使用 using 语句

大多数 C♯ 应用程序从一个 using 语句开始。该语句列出应用程序将会频繁使用的命名空间,避免程序员在每次使用其中包含的类或方法时都要指定完全限定的名称。

例如,通过在程序开头包括如下行。

```
using System;
```

程序员可以使用代码:

```
Console.WriteLine("请输入姓名!");
```

而不是

```
System.Console.WriteLine("请输入姓名!");
```

System 是一个命名空间,Console 是该命名空间中包含的类。如果使用 using 关键字,则不必使用完整的名称。

using 语句还可以用于创建命名空间的别名。一般情况下,应使用"::"来引用命名空间别名或使用"global::"来引用全局命名空间,并使用"."来限定类型或成员。

5.6.3　.NET 框架常用的命名空间

在 Visual C♯中创建一个控制台应用程序时,系统会自动引入以下命名空间。

```
using System;
using System.Collections.Generic;
using System.Linq;
using System.Text;
using System.Threading.Tasks;
```

在 Visual C♯中创建一个 Windows 应用程序时,系统会自动引入以下命名空间。

```
using System;
using System.Collections.Generic;
using System.ComponentModel;
using System.Data;
using System.Drawing;
using System.Linq;
using System.Text;
using System.Threading.Tasks;
using System.Windows.Forms;
```

这些命名空间是编程时常用的一些命名空间。

1. System

System 命名空间包含基本类和基类,这些类定义常用的值和引用数据类型、事件和事件处理程序、接口、属性和异常处理。这些类提供支持下列操作的服务:数据类型转换,方法参数操作,数学计算,远程和本地程序调用,应用程序环境管理以及对托管和非托管应用程序的监管。System 命名空间中常用的类如表 5-5 所示。

表 5-5　System 命名空间中常用的类

类	功 能 说 明
Object	支持.NET Framework 类层次结构中的所有类,并为派生类提供低级别服务。这是.NET Framework 中所有类的最终基类,它是类型层次结构的根
String	表示文本,即一系列 Unicode 字符
Array	提供创建、操作、搜索和排序数组的方法,因而在公共语言运行库中用作所有数组的基类
Console	表示控制台应用程序的标准输入流、输出流和错误流。无法继承此类
Convert	将一个基本数据类型转换为另一个基本数据类型
Math	为三角函数、对数函数和其他通用数学函数提供常量和静态方法
Type	表示类型声明:类类型、接口类型、数组类型、值类型、枚举类型、类型参数、泛型类型定义,以及开放或封闭构造的泛型类型
Random	表示伪随机数生成器,一种能够产生满足某些随机性统计要求的数字序列的类
DBNull	表示空值
Exception	表示在应用程序执行期间发生的错误
DivideByZeroException	试图用零除整数值或十进制数值时引发的异常
OverflowException	在选中的上下文中所进行的算术运算、类型转换或转换操作导致溢出时引发的异常
DllNotFoundException	当未找到在 DLL 导入中指定的 DLL 时所引发的异常
InvalidCastException	因无效类型转换或显式转换引发的异常
ObjectDisposedException	对已释放的对象执行操作时所引发的异常

2. System.IO

System.IO 命名空间包含允许对数据流和文件进行同步和异步读写的类型。

3. System.Windows.Forms

System.Windows.Forms 命名空间包含用于创建基于 Windows 应用程序的类,这些应用程序可以充分利用 Microsoft Windows 操作系统中的丰富用户界面功能。

System.Windows.Forms 命名空间内常用类的类别如表 5-6 所示。

表 5-6　System.Windows.Forms 命名空间内常用的类

类的类别	详 细 信 息
窗体、控件和用户控件	System.Windows.Forms 命名空间中的大多数类都是从 Control 类派生的。Control 类为在 Form 中显示的所有控件提供基本功能。Form 类表示应用程序内的窗口。这包括对话框、无模式窗口和多文档界面(MDI)客户端窗口及父窗口。也可以通过从 UserControl 类派生而创建自己的控件

类的类别	详 细 信 息
菜单和工具栏	Windows 窗体包含一组丰富的类,通过这些类,用户可以创建自定义工具栏和菜单,并使它们具有现代的外表和行为(外观和感受)。可以分别使用 ToolStrip、MenuStrip、ContextMenuStrip 和 StatusStrip 创建工具栏、菜单栏、快捷菜单以及状态栏
控件	System.Windows.Forms 命名空间提供各种控件类,使用这些控件类,可以创建丰富的用户界面
布局	Windows 窗体中的若干重要类有助于控制显示图面(如窗体或控件)中控件的布局。FlowLayoutPanel 以序列方式布局其包含的所有控件,TableLayoutPanel 允许定义单元格和行,以设置固定网格中控件的布局。SplitContainer 将显示界面分成两个或多个可调整的部分
数据和数据绑定	Windows 窗体为与数据源(例如数据库和 XML 文件)的绑定定义了丰富的架构。DataGridView 控件为显示数据提供了可自定义的表,允许用户自定义单元格、行、列和边框。BindingNavigator 控件代表了在窗体上导航和使用数据的一种标准化方式;BindingNavigator 通常与 BindingSource 控件一起使用,用于在窗体上的数据记录中移动并与这些数据进行交互
组件	除控件之外,System.Windows.Forms 命名空间还提供其他一些类,这些类不是从 Control 类派生的,但仍然向基于 Windows 的应用程序提供可视化功能
通用对话框	Windows 提供许多通用对话框,在执行诸如打开和保存文件、操作字体或文本颜色,或打印之类的任务时,这些通用对话框可使应用程序具有一致的用户界面。OpenFileDialog 和 SaveFileDialog 类提供显示对话框的功能,以便允许用户定位和输入要打开或保存的文件的名称。FontDialog 类显示一个对话框,以更改应用程序所使用的 Font 的元素。PageSetupDialog、PrintPreviewDialog 和 PrintDialog 类显示对话框,以便允许用户控制文档打印的各个方面。除通用对话框外,System.Windows.Forms 命名空间还提供 MessageBox 类,用于显示消息框,该消息框可以显示和检索用户提供的数据

4. System.ComponentModel

System.ComponentModel 命名空间提供了实现组件和控件的运行时和设计时行为的类。此命名空间包括用于属性和类型转换器的实现、数据源绑定和组件授权的基类和接口。

5. System.Data

System.Data 命名空间包含组成大部分 ADO.NET 结构的类。ADO.NET 结构可以生成可用于有效管理来自多个数据源的数据的组件。在断开连接的方案中,ADO.NET 提供了一些可以在多层系统中请求、更新和协调数据的工具。ADO.NET 结构也可以在客户端应用程序(例如 Windows 窗体)或 ASP.NET 创建的 HTML 页中实现。

6. System.Drawing

System.Drawing 命名空间提供对 GDI＋基本图形功能的访问。更为高级的功能在

System. Drawing. Drawing2D、System. Drawing. Imaging 和 System. Drawing. Text 命名空间中提供。

5.7 类及类成员的可访问性及变量的作用域

可以限制类的访问权限,以便只有声明它们的程序或命名空间才能使用它们。也可以限制类成员,以便只有派生类才能使用它们,或者限制类成员,以便只有当前命名空间或程序中的类才能使用它们。

5.7.1 访问修饰符概述

访问修饰符是添加到类或成员声明的关键字,这些关键字包括 public、private、protected 和 internal 等。使用这些访问修饰符声明的类成员,分别称为公有成员、私有成员、保护成员和内部成员。

public 关键字是类和类成员的访问修饰符。提供了公共访问权限,公共访问是允许的最高访问级别,提供给其他类完全的访问权限,对公共成员的访问没有限制,可以在程序的任何地方访问公共类和公共成员,允许从类的外部访问公共成员,对类的成员没有任何保护作用,因此有必要限制公共成员,否则会影响类的安全。

internal 关键字是类和类成员的访问修饰符。只有在同一程序集的文件中,内部类或成员才是可以访问的。

private 关键字是一个成员访问修饰符。提供了私有访问权限,私有访问是允许的最低访问级别,只有在声明它们的类中才是可访问的,是保护数据的有效方法。

protected 关键字是一个成员访问修饰符。受保护成员在它所在的类中可访问并且可由派生类访问。

一个类或成员只能有一个访问修饰符,使用 protected internal 组合时除外。命名空间和枚举成员始终是公共的,不能使用任何访问修饰符,没有访问限制。

5.7.2 类的可访问性

没有嵌套在其他类中的类可以是公共的,也可以是内部的。使用关键字 public 将类声明为公有的,可由其他任何类访问。使用关键字 internal 将类声明为内部的,只能由同一程序集中的类访问。类默认声明为内部的,除非向类定义添加了关键字 public。类定义可以添加 internal 关键字,使其访问级别成为显式的。访问修饰符不影响类自身,它始终能够访问自身及其所有成员。非嵌套类不允许使用 private 和 protected 访问权限,而嵌套类作为类的一种特殊成员,却允许使用。

5.7.3 类成员的可访问性

C♯语言使用访问修饰符 public、internal、protected 或 private 可以限制类成员的可访问性,如表 5-7 所示。与类自身一样,它们也可以是公共的或内部的。可以使用 protected 关键字将类成员声明为受保护的,意味着只有使用该类的派生类型才能访问该成员。通过组合 protected 和 internal 关键字,可以将类成员标记为受保护的内部成员(只有派生类或同一程序集中的类才能访问该成员)。可以使用 private 关键字将类成员声明为私有的,指示只有声明该成员的类内才能访问该成员。

表 5-7 类成员的访问修饰符

类成员声明的可访问性	含 义
public	访问不受限制,可以被任何类访问
protected	访问仅限于包含类或从包含类派生的子类
internal	访问仅限于当前程序集,只能被同一项目中类的属性或方法访问
protected internal	访问仅限于从包含类派生的当前程序集或子类,只能被该类的子类和同一项目中的任何类的属性或方法访问
private	访问仅限于包含类,只有由所属类的属性或方法访问

5.7.4 默认的可访问性

如果在类或成员声明中没有指定访问修饰符,则使用默认的可访问性。

不嵌套在其他类中的顶级类的可访问性只能是 internal 或 public,这些类的默认可访问性是 internal。

嵌套类及其他类成员默认的可以访问性及允许声明的可访问性如表 5-8 所示。

表 5-8 嵌套类及其他类成员默认的可访问性

类 别	默认的成员可访问性	允许声明的可访问性
类(class)	private	public
		protected
		internal
		private
		protected internal
结构(struct)	private	public
		internal
		private
枚举(enum)	public	无
接口(interface)	public	无

5.7.5　静态类和静态成员

使用修饰符 static 可以声明静态成员,例如静态变量、静态成员方法,静态成员属于类而不属于对象,只能由类来访问或调用,不能由对象访问或调用。静态成员必须通过"类名称.成员名称"的形式进行访问或调用。对于非静态成员,必须先创建类的对象,然后通过"对象名称.成员名称"的形式进行访问或调用。

注意:静态变量不能在类的方法中定义。

5.7.6　类及成员的可访问域

顶级类的可访问域至少是声明它的项目的程序文本,即该项目的整个源文件。嵌套类的可访问域至少是声明它的类型的程序文本,即包括任何嵌套类型的类型体。嵌套类的可访问域决不能超出包含类的可访问域。

类成员的可访问域指定程序段中可以引用成员的位置。如果成员嵌套在其他类型中,其可访问域由该成员的可访问性级别和直接包含类型的可访问域共同确定。

嵌套类的可访问性取决于它的可访问域,该域是由已声明的成员可访问性和直接包含类的可访问域这两者共同确定的。

5.7.7　变量的作用域

变量的作用域,只有在其作用域内才可以被访问和使用,超出了变量的作用域,对它的访问和使用会产生编译错误。变量的作用域一般由变量声明的位置决定,还和变量的访问修饰符密切相关。在声明变量的类内部使用变量主要取决于声明的位置,在类外部使用变量主要取决于变量的访问修饰符,在子类中使用变量取决于变量的访问修饰符和声明位置两个方面。

变量的类型主要可分为以下几种:实例变量、静态变量、局部变量、方法参数和异常处理参数,C#语言中不存在类似 Visual Basic.NET 中的全局变量,使用公共静态成员变量可以实现类似全局变量的功能。

类内部的变量作用域主要分为:类区域、方法区域和语句块区域。

(1)类区域

在类的内部,成员方法的外部声明的变量,可以在该类内部任何地方使用。

(2)方法区域

在类的成员方法内部声明的变量以及方法的参数,只能在该方法内部使用。方法外部及其他方法内部不能使用。

(3)语句块区域

在 for 语句、if 语句、if...else 语句以及异常处理的错误处理语句内部的语句块中声明的变量,只限于语句块内部使用,语句块外部的任何位置都不能使用。

5.8 Visual C# 常用的类

Visual C♯的类非常丰富,本节只介绍几个常用的类。

5.8.1 Console 类

Console 类表示控制台应用程序的标准输入流、输出流和错误流。此类无法被继承。

Console 类提供用于从控制台读取单个字符或整行的方法;该类还提供了若干写入方法,可将值类型的实例、字符数组以及对象集自动转换为格式化或未格式化的字符串,然后将该字符串(可选择是否尾随一个行终止字符串)写入控制台。Console 类还提供一些用以执行以下操作的方法和属性:获取或设置屏幕缓冲区、控制台窗口和光标的大小,更改控制台窗口和光标的位置,移动或清除屏幕缓冲区中的数据,更改前景色和背景色,更改显示在控制台标题栏中的文本,以及播放提示音等。

5.8.2 Object 类

Object 类支持. NET Framework 类层次结构中的所有类,并为派生类提供低级别服务。它是. NET Framework 中所有类的最终基类,它是类型层次结构的根。

因为. NET Framework 中的所有类均从 Object 派生而来,所以 Object 类中定义的每个方法可用于系统中的所有对象。

Object 类的主要方法如下。

(1) Equals:支持对象间的比较,确定两个 Object 实例是否相等。

(2) ToString:生成描述类的实例的可读文本字符串。

(3) GetType:获取当前实例的类型。

(4) Finalize:在自动回收对象之前尝试释放资源并执行其他清理操作。

5.8.3 String 类

字符串是 Unicode 字符的有序集合,用于表示文本。String 对象是 System. Char 对象的有序集合,用于表示字符串。String 对象的值是该有序集合的内容,并且该值是不可变的。

String 类提供的成员执行以下操作:比较 String 对象,返回 String 对象内字符或字符串的索引,复制 String 对象的值,分隔字符串或组合字符串,修改字符串的值,将数字、日期和时间或枚举值的格式设置为字符串,对字符串进行规范化等。

使用 Compare、CompareOrdinal、CompareTo、Equals、EndsWith 和 StartsWith 方法可进行字符串比较。

使用 IndexOf、IndexOfAny、LastIndexOf 和 LastIndexOfAny 方法可获取字符串中子字符串或 Unicode 字符的索引。

使用 Copy 和 CopyTo 可将字符串或子字符串复制到另一个字符串或 Char 类型的数组。

使用 Substring 和 Split 方法可通过原始字符串的组成部分创建一个或多个新字符串;使用 Concat 和 Join 方法可通过一个或多个子字符串创建新字符串。

使用 Insert、Replace、Remove、PadLeft、PadRight、Trim、TrimEnd 和 TrimStart 可修改字符串的全部或部分。

使用 ToLower、ToLowerInvariant、ToUpper 和 ToUpperInvariant 方法可更改字符串中 Unicode 字符的大小写。

使用 Format 可将字符串中的一个或多个格式项占位符替换为一个或多个数字、日期和时间或枚举值的文本表示形式。

使用 Length 属性可获取字符串中 Char 对象的数量;使用 Chars 属性可访问字符串中实际的 Char 对象。

使用 IsNormalized 方法可测试某个字符串是否已规范化为特定的范式。使用 Normalize 方法可创建规范化为特定范式的字符串。

5.8.4 Array 类

所有的数组都是由 System 命名空间的 Array 类继承而来,Array 类提供了创建、操作、搜索和排序数组的方法,任何数组都可以访问 System.Array 类的方法和属性。例如,Rank 属性将返回数组的维度,Sort 方法将对一维数组元素进行排序。

Array 类是支持数组的语言实现的基类。但是,只有系统和编译器能够从 Array 类显式派生。用户应当使用由语言提供的数组构造。

一个元素就是 Array 中的一个值。Array 的长度是它可包含的元素总数。Array 的秩是 Array 中的维数。Array 中维度的下限是 Array 中该维度的起始索引,多维 Array 的各个维度可以有不同的界限。

5.8.5 Math 类

Math 类为三角函数、对数函数和其他通用数学函数提供常量和静态方法。

5.8.6 Form 类

Form 类表示组成应用程序的用户界面的窗口或对话框。Form 是应用程序中所显示的任何窗口的表示形式。Form 类可用于创建标准窗口、工具窗口、无边框窗口和浮动窗口。还可以使用 Form 类创建模式窗口,例如对话框。一种特殊类型的窗体,即多文档界面(MDI)窗体可包含其他称为 MDI 子窗体的窗体。

使用 Form 类中可用的属性,可以确定所创建窗口或对话框的外观、大小、颜色和窗口管理功能。除了属性之外,还可以使用此类的方法来操作窗体。Form 类的事件允许响应对窗体执行的操作。可以通过在类中放置称为 Main 的方法将窗体用作应用程序中的启动类。在 Main 方法中添加代码,以创建和显示窗体。

5.8.7　Control 类

Control 类是定义控件的基类,控件是带有可视化表示形式的组件。Control 类实现向用户显示信息的类所需的最基本功能。它处理用户通过键盘和指针设备所进行的输入。它还处理消息路由和安全。虽然它并不实现绘制,但是它定义控件的边界(其位置和大小)。

5.8.8　MessageBox 类

MessageBox 类显示可包含文本、按钮和符号(通知并指示用户)的消息框。无法创建 MessageBox 类的新实例。若要显示消息框,调用 static 方法 MessageBox.Show。显示在消息框中的标题、消息、按钮和图标由传递给该方法的参数确定。

MessageBox 类的 Show 方法的常见调用形式如表 5-9 所示。

表 5-9　MessageBox 类的 Show 方法的常见调用形式

调 用 形 式	功 能 说 明
MessageBox.Show(＜文本＞)	显示具有指定文本的消息框
MessageBox.Show(＜文本＞,＜标题＞)	显示具有指定文本和标题的消息框
MessageBox.Show(＜文本＞,＜标题＞,＜按钮＞)	显示具有指定文本、标题和按钮的消息框
MessageBox.Show(＜文本＞,＜标题＞,＜按钮＞,＜图标＞)	显示具有指定文本、标题、按钮和图标的消息框
MessageBox.Show(＜文本＞,＜标题＞,＜按钮＞,＜图标＞,＜默认按钮＞)	显示具有指定文本、标题、按钮、图标和默认按钮的消息框
MessageBox.Show(＜文本＞,＜标题＞,＜按钮＞,＜图标,＜默认按钮＞,＜选项＞)	显示具有指定文本、标题、按钮、图标、默认按钮和选项的消息框
MessageBox.Show(＜文本＞,＜标题＞,＜按钮＞,＜图标＞,＜默认按钮＞,＜选项＞,＜帮助按钮＞)	显示具有指定文本、标题、按钮、图标、默认按钮、选项和"帮助"按钮的消息框

使用 MessageBox 类时,需要引入以下的命名空间:System.Windows.Forms。

例如,程序运行时,以下语句会显示如图 5-2 所示的"提示信息"对话框。

```
MessageBox.Show("注意:输入了非法字符!", "提示信息", MessageBoxButtons.OK,
MessageBoxIcon.Question, MessageBoxDefaultButton.Button1);
```

调用 MessageBox 类的 Show 方法时,其返回值为枚举 DialogResult 的值之一,枚举

图 5-2 "提示信息"对话框

DialogResult 的取值如表 5-10 所示。

表 5-10 枚举 DialogResult 的取值

枚举成员名称	说　明
Abort	对话框的返回值是 Abort(通常从标签为"中止"的按钮发送)
Cancel	对话框的返回值是 Cancel(通常从标签为"取消"的按钮发送)
Ignore	对话框的返回值是 Ignore(通常从标签为"忽略"的按钮发送)
No	对话框的返回值是 No(通常从标签为"否"的按钮发送)
None	从对话框返回 No,这表明有模式对话框继续运行
OK	对话框的返回值是 OK(通常从标签为"确定"的按钮发送)
Retry	对话框的返回值是 Retry(通常从标签为"重试"的按钮发送)
Yes	对话框的返回值是 Yes(通常从标签为"是"的按钮发送)

5.9　值类型和引用类型及装箱和拆箱

值类型主要包括基本值类型、枚举类型和结构类型,其中基本值类型又可以分为整数类型、浮点类型、字符类型、布尔类型等。引用类型主要包括数组、string 类、接口和委托。本节进一步深入探讨值类型和引用类型,同时对 C♯ 的装箱和拆箱进行分析。

5.9.1　值类型和引用类型

首先我们分析 Output1()方法的程序代码如下所示。

```
static void Output1()
  {
     int x, y;
     x=14;
     y=x;
     Console.WriteLine("x={0},y={1}", x, y);
     x +=5;
     Console.WriteLine("x={0},y={1}", x, y);
  }
```

212

变量声明语句如下：

```
int x, y;
```

分配了存储一个类型为 int 值的存储空间，命名该存储空间为 x。同时也分配了另一个存储一个类型为 int 值的存储空间，命名该存储空间为 y，变量声明语句执行后内存的状态如图 5-3 所示。

语句"x＝14;"的作用是把一个整数 14 赋给变量 x，即在存储空间为 x 中存储一个整数值，赋值语句执行后内存的状态如图 5-4 所示。

图 5-3　声明两个整型变量内存的状态　　　图 5-4　一个整型变量被赋值后内存的状态

为了在存储空间 y 中存储一个与存储空间 x 相同的整数值，即把变量 x 的值赋给变量 y，语句为"y＝x;"。

执行"y＝x;"赋值语句之后内存的状态如图 5-5 所示。执行"x ＋＝ 5"语句之后内存的状态如图 5-6 所示。

图 5-5　两个整型变量赋值后内存的状态　　　图 5-6　整型变量 y 的值变化后内存的状态

Output1() 方法的运行结果如下所示。与前面分析结构完全一致。

```
x=14,y=14
x=19,y=14
```

根据以上分析可知，值类型的变量总是包含该类型的值，对值类型变量赋值将创建所赋值的一个副本。由于赋值运算符两边的变量的存储位置不同，因此赋值后对赋值运算符两边的任一个变量操作，不会影响另一个变量。

引用类型的变量存储的是所引用对象的地址，而真实数据值存储在该地址的对应位置。下面分析 Output2() 方法的程序代码。

```
static void Output2()
  {
    int[] arr1;
    int[] arr2;
    arr1=new int[] { 5 };
    Console.WriteLine("arr1[0]={0}",arr1[0]);
    arr2=arr1;
    Console.WriteLine("arr2[0]={0}",arr2[0]);
    arr1[0]=8;
    Console.WriteLine("arr1[0]={0},arr2[0]={1}",arr1[0],arr2[0]);
```

```
arr2=new int[] { 6 };
Console.WriteLine("arr1[0]={0},arr2[0]={1}",arr1[0],arr2[0]);
}
```

数组声明语句"int[] arr1;"分配了一个存储空间,同时命名该存储空间为 arr1,该存储空间将存储内存地址。数组声明语句"int[] arr2;"分配了另一个存储空间,同时命名该存储空间为 arr2,该存储空间也将存储内存地址。执行两个数组声明语句之后内存的状态如图 5-7 所示。

为了使变量 arr1 引用一个对象,使用 new 运算符创建一个 int 类型的对象,语句如下所示。

```
arr1=new int[] { 5 };
```

执行此语句后,存储空间 arr1 存储的是整数 5 在内存中的地址,这里为了便于说明,假设存储地址为"FD06",即二进制的"1111110100000110"。执行此语句后内存的状态如图 5-8 所示。

图 5-7　分配存储空间　　　　图 5-8　创建对象并存储地址

为了使用 arr2 引用 arr1 所引用的对象,把数组 arr1 赋值给数组 arr2,语句如下:

```
arr2=arr1;
```

执行此语句后,arr2 存储空间和 arr1 存储空间存储的都是 arr1 引用的对象的地址,也就是说 arr1 和 arr2 引用的是同一个对象。

此赋值语句执行之后内存的状态如图 5-9 所示。

为了改变 arr1 变量引用的对象的成员的值,执行"arr1[0]=8;"语句,由于 arr2 和 arr1 引用的是同一个对象,因此 arr2[0] 的值也变为 8,此赋值语句执行之后内存的状态如图 5-10 所示。

图 5-9　对象变量赋值　　　　图 5-10　改变对象变量所引用对象的值

为了使用 arr2 引用另一个对象,我们使用 new 运算符创建另一个对象,语句如下所示。

```
arr2=new int[] { 6 };
```

执行此语句之后内存的状态如图 5-11 所示。

Output2()方法的运行结果如下所示。与前面分析的结构

图 5-11　创建一个新对象

完全一致。

```
arr1[0]=5
arr2[0]=5
arr1[0]=8,arr2[0]=8
arr1[0]=8,arr2[0]=6
```

根据以上分析可知,对引用类型变量赋值创建引用类型值(内存地址)的副本,也就是引用(内存地址)的副本,而不是引用对象的副本。也就是说,对引用类型变量赋值表示赋值运算符两边的变量所引用的对象具有相同的存储位置,实际上引用的是同一个对象,但是赋值运算符两边的变量的存储位置不同,因此赋值后对赋值运算符两边的任一变量的成员进行的改变,会影响另一个变量的成员。但对赋值运算符两边的任一个变量值的修改(变量保存的内存地址的修改),不会影响另一个变量。

对引用类型的变量赋值不能创建新的存储位置,也就是说对引用类型的变量赋值不能创建引用对象的副本。

5.9.2　装箱和拆箱

C♯提出的装箱(boxing)与拆箱(unboxing)的机制使任何值类型和引用类型之间可以相互转换,任何类型的数据可以转换为对象,同时任何类型的对象也可以转换到与之兼容的数据类型。有了装箱和拆箱的操作,任何类型的值都可以视为对象类型。

(1)装箱:把值类型转换为引用类型,可以隐式转换。例如:

```
int x=5;
object y=x;
```

上述代码将值类型的变量 x 装箱,创建了一个对象类型的实例 y,并把 x 的值复制到新创建的对象实例 y 中。变量 x 的值存储在栈中,x 装箱后的对象实例存储在堆中。值类型的值被装箱后,值复制到对象中,而被装箱的变量 x 自身的数值并不会受到装箱的影响,变量 x 的值与变量 y 的值相互独立。

(2)拆箱:把引用类型转换为值类型,需要显式转换。拆箱操作分为两步:首先检查对象实例,确保它是给定值类型的一个装箱值,然后把实例的值复制到值类型数据中。例如:

```
int x=5;
object y=x;                    //装箱
int z=(int)y                   //拆箱
```

上述代码首先检查对象类型实例 y,看看是否拆箱值类型与装箱值类型一致,如果一致则将值复制给值类型。这里变量 y 的值为 5,为整型;变量 z 的类型也为整型,满足拆箱转换的条件,会将 y 的值复制给整型变量 z,否则会出错。

5.10　异常及异常处理

C#程序在运行过程中可能会发生一些异常情况,例如数据元素下标越界、除数为 0、被操作的文件不存在、磁盘空间不足等,所以我们要站在异常一定可能会发生的角度来编写异常处理程序,应对程序有可能发生的错误建立一个良好的异常处理策略。针对这些情况,.NET 环境提供了异常处理机制,能在程序中定义一个异常控制处理模块的程序控制机制来处理异常情况,并自动将出错时的流程交给异常控制处理处理,以保证程序能继续向前执行或正常结束。

5.10.1　异常与异常类

异常(Exception)是 C#程序在运行期间发生的非正常情况,它将中断程序的正常执行,是一类特殊的对象,对应着特定的异常处理机制。异常处理是 C#语言为处理错误情况提供的一种机制,它为每种错误情况提供了定制的处理方式,并且把标识错误的代码与处理错误的代码分离开来。

异常产生时,我们想知道是什么原因造成的错误以及错误的相关信息。可以根据实际情况抛出具体类型的异常,方便捕捉到异常时做出具体的处理。编写程序的过程中,可以使用系统已定义的相关异常类以及自定义的异常类来实例化并抛出我们需要的异常。

在.NET 类库中,一般的异常类都派生于 System 命名空间中的 Execption 类,可以从 Execption 对象得知异常的类型。Execption 类派生于 System. Object 类,在 System 命名空间中的预定义异常类还有许多,例如 SystemException、ApplicationException 等,这些类派生于 Execption 类。SystemException 类常见的子类包括 NullReferenceException、IndexOutRangeExcetion、IOException 等。与文件与文件夹操作相关的异常类如表 5-11 所示。

表 5-11　与文件与文件夹操作相关的异常类

异常类名称	异常产生的原因或时机
DirectoryNotFoundException	当找不到文件或文件夹的一部分时所引发的异常
DriveNotFoundException	当尝试访问的驱动器或共享不可用时引发的异常
EndOfStreamException	读操作试图超出流的末尾时引发的异常
FileNotFoundException	试图访问磁盘上不存在的文件失败时引发的异常
InternalBufferOverflowException	内部缓冲区溢出时引发的异常
InvalidDataException	在数据流的格式无效时引发的异常
IOException	发生 I/O 错误时引发的异常

程序异常发生后,将由该程序或默认异常处理程序进行处理。当运行时发生了错误,异常状况发生时,会抛出一个异常对象来表示出现了错误,应用程序收到系统所提供的

Execption 对象,通过 try...catch...finally 语句就能取得异常的类型。

为了更好地展示异常信息,每个异常对象中都包含一些只读属性,这些属性可以描述异常的信息,通过这些属性可以更准确地找到异常出现的原因,例如 Message 属性显示异常原因的消息。Execption 类的属性如表 5-12 所示,这些属性可以帮助理解代码位置、类型、异常的发生原因。

表 5-12　Execption 类的属性

属 性 名 称	功 能 说 明
Data	获取一个提供用户定义的其他异常信息的键/值对的集合
HelpLink	获取或设置指向此异常所关联帮助文件的链接
InnerException	获取导致当前异常的 Exception 实例
Message	获取描述当前异常的消息
Source	获取或设置导致错误的应用程序或对象的名称
StackTrace	获取当前异常发生时调用堆栈上的帧的字符串表示形式
TargetSite	获取引发当前异常的方法

5.10.2　异常处理

1. try...catch 语句和 finally 语句

对于如下所示的程序代码。

```
static void Main(string[] args)
{
    int x=9, y=0;
    double d;
    d=x / y;
    Console.WriteLine("d="+d);
}
```

程序运行时,会出现“System. DivideByZeroException:尝试除以零”的异常,如图 5-12 所示。由于发生了异常,导致程序立即终止,无法再继续向下执行。为了解决类似问题,Visual C♯ 提供了一种对异常进行处理的方法——异常捕获。

图 5-12　程序运行时出现的“System. DivideByZeroException:尝试除以零”异常

异常捕获通常使用 try...catch 语句,完整的 try...catch...finally 语句的语法形式如下所示。

```
try
{
    //被监控的程序代码
}
catch(ExceptionType e)    //可以是Exception类及其子类
{
    //对异常的处理代码
}
finally
{
    //在try结构结束之前执行的程序代码
}
```

其中,try代码块为可能会发生异常的代码,catch代码块中是针对异常进行处理的代码,当try代码块中的语句发生了异常,就交给catch代码块进行匹配处理。

Visual C#语言利用try…catch…finally语句来处理异常,使程序不再因为异常的发生而中止执行。公共语言运行库提供了一种异常处理模型,该模型基于对象形式的异常表示形式,并且将程序代码和异常处理代码分到try块和catch块中。可以有一个或多个catch块,每个块都设计为处理一种特定类型的异常,或者将一个块设计为捕捉比其他块更具体的异常。

程序中对异常进行处理,一般要使用以下三个代码块:try代码块、catch代码块和finally代码块。结构异常处理的常见形式有三种:try…catch、try…finally和try…catch…finally。如果应用程序将要处理在执行应用程序代码块期间发生的异常,则代码必须放置在try子句中,try子句中的应用程序代码称为try块。处理由try块引发的异常的应用程序代码放在catch子句中,称为catch块。零个或多个catch块与一个try块相关联,每个catch块均包含一个确定该块处理的异常类型的类型筛选器。

(1) try代码块:可能会出现异常而被监控的程序代码,该块一直执行到引发异常或成功完成为止。被监控的程序代码是指try…catch…finally语句所监控的程序代码。当这段代码发生异常情形时,会抛出异常,异常状况会被后面的catch所处理。

(2) catch代码块:用来处理各种异常的程序代码。try…catch语句由一个try块后跟一个或多个catch子句构成,这些子句指定不同的异常处理程序。必须正确排列捕获多个Exception对象的catch子句,如果多个Exception对象之间存在继承关系,则应该把子类的Exception对象放在靠前的catch子句中。

catch后的exception名称只要是变量的名称即可,这个名称不用声明。

如果程序抛出了异常,将控制权传递给第一个catch代码块,这个代码块也称为异常过滤器。catch子句中可以列出很多异常,当有异常抛出时,将按catch子句的顺序把当前抛出的异常和catch子句中列出的异常逐一比较,直到找到第一个匹配的,然后执行它。

在同一个try…catch语句中可以使用一个以上的catch子句。这种情况下catch子句的顺序很重要,因为系统会按照catch代码块的先后顺序对异常进行捕获。catch子句应先设置特殊的异常,后设置通用的异常,最后设置成捕获 System.Exception 对象。若前面的 catch 子句没有捕获到异常,最后的 catch 子句可以捕获该异常。

　　catch 子句使用时可以不带任何参数,这种情况下它捕获任何类型的异常,并被称为一般 catch 子句。它还可以接受从 System.Exception 派生的对象参数,这种情况下它处理特定的异常。

　　(3) finally 码块:finally 块用于清除 try 块中分配的任何资源,以及运行任何即使在发生异常时也必须执行的代码。控制总是传递给 finally 块,与 try 块的退出方式无关。无论是否产生异常,finally 代码块都会被执行。

　　finally 子句为可选项,可以不使用 finally 代码块,try...catch...finally 语句变成 try...catch 的形式。

　　catch 和 finally 一起使用的常见方式是:在 try 块中获取并使用资源,在 catch 块中处理异常情况,并在 finally 块中释放资源。

　　在一般情况下使用异常机制来处理错误,能使整个程序的结构清晰、代码简单,使标识错误的代码与处理错误代码分离,但是也不能盲目地使用异常。而且使用可能会在一定程度上影响到程序的性能。对于一些简单的、可以预料的异常,应该在 try 块的外面及早做出处理。

　　接下来,使用 try...catch 语句对前面出现的"尝试除以零"异常进行捕获并处理,代码如下所示。

```
static void Main(string[] args)
{
    try
    {
        int x=9, y=0;
        double d;
        d=x / y;
        Console.WriteLine("d="+d);
    }
    catch(DivideByZeroException ex)
    {
        Console.WriteLine("已处理异常,其原因为:"+ex.Message);
    }
    catch(SystemException ex)
    {
        Console.WriteLine("已处理异常,其原因为:"+ex.Message);
    }
    catch
    {
        Console.WriteLine("已处理一般异常");
    }
}
```

　　代码的运行结果如图 5-13 所示。

　　从代码的运行结果可以看出,当 try 代码块中的代码抛出异常之后,被第一个 catch

图 5-13　执行异常处理的结果

代码块捕获,并执行该代码块中的代码,显示出现异常的原因,其后的 catch 不再被执行。

在程序中,有时候希望有些语句无论程序是否发生异常都要执行,这时可以在 try...catch 语句后加一个 finally 代码块来完成必须做的事情,例如释放系统资源等。

2. 使用 throw 抛出异常

catch 语句之所以能处理异常,是因为 try 语句块在运行时出现了错误,这时系统为程序自动抛出了某种类型的异常,该异常由 catch 语句来处理。除了由系统自动抛出异常,还可以使用 throw 人为抛出异常,其语法格式如下:

```
throw [<异常类的对象>];
```

throw 语句用于发出在程序执行期间出现反常情况(异常)的信号。通常 throw 语句与 try...catch 或 try...finally 语句一起使用。当引发异常时,程序查找处理此异常的 catch 语句。

可以使用 throw 语句显式引发异常,也可以在 catch 块中使用 throw 语句再次引发已由 catch 语句捕获的异常

在程序中之所以要通过 throw 语句来人为抛出某些异常,主要是便于外围的程序能处理抛出的异常。

throw 语句和 finally 语句应用实例代码如下所示。

```
static void Main(string[] args)
{
    try
    {
        int x=9, y=0;
        double d;
        if(y ==0)
        {
            Console.WriteLine("(1)使用 throw 人为抛出异常");
            throw new DivideByZeroException();
        }
        else
        {
            d=x / y;
            Console.WriteLine("d="+d);
        }
    }
    catch(DivideByZeroException ex)
```

```
    {
        Console.WriteLine("(2)已处理异常,其原因为:"+ex.Message);
    }
    finally
    {
        Console.WriteLine("(3)这里的异常由 throw 抛出");
    }
}
```

上述代码的运行结果如图 5-14 所示。

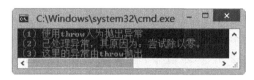

图 5-14　throw 语句和 finally 语句应用实例代码的运行结果

编程实战

任务 5-2　定义父类——职员类 Personnel

【任务描述】

定义一个名称为 Personnel 的类,该类包含以下成员。

（1）成员变量:编号、姓名、性别、部门、基本工资、日期、联系电话、婚否和籍贯,这些成员变量根据需要设置合适的可访问特性,其中联系电话声明为公有变量。

（2）成员常量:工龄补贴基数。

（3）构造方法:无参构造方法和有参构造方法。

（4）类的属性:出生日期属性和参加工作日期属性。

（5）类的方法:输出成员变量值的方法、计算实足年龄的方法、计算实足工龄的方法。

（6）利用 Personnel 类的无参构造方法创建对象 emp1,调用类的方法输出对象基本信息,另外使用 Console 类的 WriteLine 方法输出对象的出生日期、年龄、联系电话等数据。

（7）利用 Personnel 类的有参构造方法创建对象 emp2,调用类的方法输出对象的基本信息,另外使用 Console 类的 WriteLine 方法输出对象的参加工作日期和工龄等数据。

【问题分析】

（1）将编号、姓名、性别、部门、日期的可访问性设置为 private,将基本工资的可访问性设置为 protected,将联系电话的可访问性设置为 public,将婚否的可访问性设置为

internal，将籍贯的可访问性设置为 protected internal。

（2）出生日期属性和参加工作日期属性都定义为可读可写类型的属性。

（3）输出数据的方法主要输出姓名、编号、性别、部门和基本工资等方面的数据。

（4）计算实足年龄时通过出生日期属性获取出生日期的年、月、日数据。

（5）计算实足工龄时通过方法的参数获取参加工作日期的年、月、日数据，也通过该方法的参数返回实足工龄的数据。

【任务实施】

（1）启动 Visual Studio 2012。

（2）创建项目 Application0502。

在 Visual Studio 2012 开发环境中，在解决方案 Solution05 中创建一个名称为 Application0502 的项目。

（3）定义类 Personnel。

① 声明 Personnel 类的成员变量。声明 Personnel 类成员变量的代码如表 5-13 所示。

表 5-13　声明 Personnel 类成员变量的代码

行号	C#程序代码	
01	public class Personnel	
02	{	
03	private string employeeNumber;	//编号
04	private string name;	//姓名
05	private char sex;	//性别
06	private string department;	//部门
07	protected double basePay;	//基本工资
08	private DateTime date;	//日期
09	public string phoneCode;	//联系电话
10	internal bool marriage;	//婚否
11	protected internal string nativePlace;	//籍贯
12	protected const int subsidy=6;	//声明工龄补贴基数
13	}	

② 声明 Personnel 类的构造方法。C♯程序 Program.cs 中声明 Personnel 类构造方法的代码如表 5-14 所示。

表 5-14　C♯程序 Program.cs 中声明 Personnel 类构造方法的代码

行号	C#程序代码	
01	public class Personnel	
02	{	
03	…	//表 5-13 所示成员变量的声明
04	public Personnel()	
05	{	

行号	C#程序代码
06	employeeNumber="A6688";
07	name="钱多";
08	sex='男';
09	department="计算机系";
10	basePay=4508;
11	}
12	
13	public Personnel(string number,string sName,char cSex,string dept,double pay)
14	{
15	employeeNumber =number;
16	name=sName;
17	sex=cSex;
18	department=dept;
19	basePay=pay;
20	}
21	}

③ 声明 Personnel 类的属性。声明 Personnel 类属性的代码如表 5-15 所示。

表 5-15　声明 Personnel 类属性的代码

行号	C#程序代码
01	public class Personnel
02	{
03	··· //表 5-13 所示成员变量的声明
04	··· //表 5-14 所示构造方法的定义
05	public DateTime birthday //定义 birthday 属性
06	{
07	get
08	{
09	return date;
10	}
11	set
12	{
13	if(value !=this.date)
14	this.date =value;
15	}
16	}
17	
18	public DateTime joinDate //定义 joinDate 属性
19	{
20	get

行号	C#程序代码
21	{
22	return date;
23	}
24	set
25	{
26	if(value !=this.date)
27	this.date=value;
28	}
29	}
30	}

【代码解读】

表 5-15 中第 05~16 行定义了 birthday 属性,第 18~29 行定义了 joinDate 属性,这两个属性都是可读可写属性,定义属性使用成员变量 date 传递数据。

④ 声明 Personnel 类的方法。C#程序 Program.cs 中声明 Personnel 类方法的代码如表 5-16 所示。

表 5-16　C#程序 Program.cs 中声明 Personnel 类方法的代码

行号	C#程序代码
01	public class Personnel
02	{
03	… //表 5-13 所示成员变量的声明
04	… //表 5-14 所示构造方法的定义
05	… //表 5-15 所示类的属性的定义
06	public void OutputInfo() //输出基本信息
07	{
08	Console.WriteLine("{0}的基本信息如下:", name);
09	Console.WriteLine("编　　号:{0}", employeeNumber);
10	Console.WriteLine("姓　　名:{0}", name);
11	Console.WriteLine("性　　别:{0}", sex);
12	Console.WriteLine("部　　门:{0}", department);
13	Console.WriteLine("基本工资:{0:C}", basePay);
14	}
15	
16	public int GetAge() //计算实足年龄
17	{
18	int age;
19	age=DateTime.Today.Year-birthday.Year; //计算日期为 2017 年 1 月 20 日
20	if(DateTime.Today.Month<birthday.Month ||
21	DateTime.Today.Month ==birthday.Month && birthday.Day>1)

行号	C#程序代码
22	{
23	age--;
24	}
25	return age;
26	}
27	
28	public void GetPeriod(DateTime startdate ,out int workPeriod)
29	{
30	this.date=startdate;
31	workPeriod=DateTime.Today.Year-this.date.Year;
32	if(DateTime.Today.Month<this.date.Month ‖
33	DateTime.Today.Month ==this.date.Month && this.date.Day>15)
34	{
35	workPeriod--;
36	}
37	}
38	}

【代码解读】

定义 GetAge()方法时(第 16～26 行)使用类的 birthday 属性获取出生日期数据,定义 GetPeriod 方法时(第 28～37 行)声明了两个参数,其中参数 workPeriod 使用关键字 out 实现引用传递,传出参数值。

(4) 编写 Program 类 Main()方法的代码。

Program 类的 Main()方法的代码如表 5-17 所示。

表 5-17　Program 类的 Main()方法的代码

行号	C#程序代码
01	static void Main()
02	{
03	int workYear2;
04	DateTime birthDate1=DateTime.Parse("1968-11-26");
05	DateTime joinDate2=DateTime.Parse("1990-06-24");
06	Personnel emp1=new Personnel()　;
07	emp1.phoneCode="13007338888";
08	emp1.birthday=birthDate1;
09	emp1.OutputInfo();
10	Console.WriteLine("出生日期:{0:D}",emp1.birthday);
11	Console.WriteLine("年　　龄:{0}", emp1.GetAge());
12	Console.WriteLine("联系电话:{0}", emp1.phoneCode);
13	Console.WriteLine("------------------------");

行号	C#程序代码
14	Personnel emp2=new Personnel("A5656", "夏莉", '女', "电子系", 3800);
15	emp2.OutputInfo();
16	emp2.GetPeriod(joinDate2, out workYear2);
17	Console.WriteLine("工作日期:{0:D}", emp2.joinDate);
18	Console.WriteLine("工　　龄:{0}", workYear2);
19	}

【代码解读】

表 5-17 中的第 06 行使用无参构造方法声明一个 Personnel 类的对象 emp1,第 07 行在类的外部直接给 public 类型的成员变量赋值,第 08 行给对象 emp1 的 birthday 属性赋值,第 11 行调用对象的 GetAge()方法获取实足年龄。

表 5-17 中的第 14 行使用有参构造方法声明另一个 Personnel 类的对象 emp2,第 16 行调用对象 emp2 的 GetPeriod()方法,同时传递两个参数值,在传出参数前加 out。

表 5-17 中的第 17 行通过对象 emp2 的属性 joinDate 获取参加工作日期,该日期数据是由 GetPeriod 方法的第一个参数 joinDate2 传入的。

表 5-17 中的第 18 行通过传出参数 workYear2 输出实足工龄,注意调用时该参数可以不进行初始化处理。

(5)运行程序。

设置项目 Application0502 为启动项目,然后按 Ctrl+F5 快捷键开始运行程序,其输出结果如图 5-15 所示。

图 5-15　输出父类对象的相关信息

任务 5-3　定义职员类的子类——教师类 Teacher

【任务描述】

在 Application0502 项目的 Program. cs 程序中定义 Personnel 类的一个子类 Teacher,该子类包含以下成员。

(1) 成员变量:职称和学历。

(2) 构造方法:有参构造方法和无参构造方法。

(3) 类的方法:计算养老保险金额的方法、计算医疗保险金额的方法、计算失业保险金额的方法和计算住房公积金的方法,计算实发工资的方法和输出子类对象信息的方法。

【问题分析】

(1) 应发工资包括基本工资和工龄补贴两部分,工龄补贴等于实足工龄乘以补贴基数,计算公式为:应发工资=基本工资+实足工龄×补贴率。

(2) 根据相关规定,个人承担的基本养老保险金为基本工资的 8%;医疗保险金为基本工资的 2%;失业保险金为基本工资的 1%;生育保险由单位缴纳,个人不用缴费;住房公积金根据当地省级人民政府规定标准为基本工资的 10%。计算公式为:养老保险金=基本工资×8%,医疗保险金=基本工资×2%,失业保险金=基本工资×1%,住房公积金=基本工资×10%。

(3) 根据税法规定计算个人所得税:每月取得的工资、薪金收入先减去“五险一金”,再减去费用扣除额 3500 元/月,为应纳税所得额,按 3%～45% 的 7 级超额累进税率计算缴纳。计算公式为:个人所得税=应纳税所得额×适用税率-速算扣除数。

(4) 实足年龄的计算方法如下:年龄=当前年份-出生年份。如果当前月份小于出生日期的月份,则实足年龄减去 1;如果当前月份等于出生日期的月份,但出生日期大于年龄的计算日期(希望学院规定为每月 1 日),实足年龄减去 1。

实足工龄与实足年龄的计算方法相似,但是对于当前月份等于参加工作月份的情况,则规定工龄的起点日期在每月的 15 日之后,实足工龄减去 1。

(5) 实发工资的计算方法如下:实发工资= 应发工资-扣款合计。

(6) 计算养老保险金额、医疗保险金额、失业保险金额和住房公积金时都需要使用基本工资数据,该数据通过成员变量获取。

(7) 定义子类 Teacher 的构造方法时,父类 Personnel 的编号、姓名、性别、部门和基本工资数据通过父类的构造方法传递数据。

(8) 输出子类对象的信息时,通过父类的 GetPeriod()方法获取实足工龄数据。

(9) 在子类的外部输出子类的信息时,必须先给子类对象的参加工作日期属性 joinDate 赋初值,后输出其信息。

【任务实施】

（1）创建项目 Application0503。

在 Visual Studio 2012 开发环境中，在该解决方案 Solution05 中创建一个名称为 Application0503 的项目。

（2）自定义命名空间。

将系统自动生成的命名空间名称、类名称分别重命名为 Application0503、Program0503。

在命名空间 Application0503 中创建两个类 Personnel 和 Teacher，在程序 Program.cs 中添加另一个命名空间 Application050301，代码如表 5-18 所示。

项目 Application0503 中 C♯程序文件 Program.cs 的基本框架结构如表 5-18 所示，该程序的结构具有一定的代表性，定义了两个命名空间 Application050301 和 Application0503，第一个命名空间中定义了一个类 IncomeTax，第二个命名空间中定义了三个类为 Personnel、Teacher 和 Program0503，其中 Personnel 类是 Teacher 类的父类，从该程序我们来了解面向对象程序设计一些基本特征。

表 5-18　项目 Application0503 中 C♯程序文件 Program.cs 的基本框架结构

行号	C#程序代码
01	using System;
02	…
03	namespace Application050301
04	{
05	sealed class IncomeTax
06	{
07	…
08	}
09	}
10	
11	namespace Application0503
12	{
13	public class Personnel
14	{
15	…
16	}
17	
18	internal class Teacher : Personnel
19	{
20	…
21	}
22	
23	class Program0503

续表

行号	C#程序代码
24	{
25	static void Main() //程序执行入口
26	{
27	…
28	}
29	
30	static void teacherOperate()
31	{
32	…
33	}
34	}
35	}

【代码解读】

表 5-18 的第 01 行使用关键字 using 引入命名空间。

表 5-18 的第 03 行声明一个命名空间 Application050301,该命名空间的有效范围从第 04 行开始,到第 09 行结束,在该命名空间内声明了一个类 IncomeTax。

表 5-18 的第 11 行声明了另一个命名空间 Application0503,该命名空间的有效范围从第 13 行开始,到第 35 行结束,该命名空间内定义了三个类,分别是 Personnel、Teacher 和 Program0503,其中 Teacher 类的父类是 Personnel 类,其代码如任务 5-2 所示,程序的入口 Main()方法在 Program0503 类中定义。

(3) 在命名空间 Application050301 中定义类 IncomeTax。

IncomeTax 类包含一个计算个人所得税的 getIncomeTax()方法,其代码如表 5-19 所示。

表 5-19 命名空间 Application050301 中 IncomeTax 类的代码

行号	C#程序代码
01	sealed class IncomeTax
02	{
03	public static double getIncomeTax(double totalPay)
04	{
05	double incomeTax; //个人所得税
06	double ratal=totalPay-3500; //净纳税金额
07	if(ratal<=0)
08	incomeTax=0;
09	else if(ratal<=1500)
10	incomeTax=ratal * 0.03;
11	else if(ratal<=4500)
12	incomeTax=ratal * 0.1-105;

行号	C#程序代码
13	else if(ratal <=9000)
14	incomeTax=ratal * 0.20-555;
15	else if(ratal <=35000)
16	incomeTax=ratal * 0.25-1005;
17	else if(ratal <=55000)
18	incomeTax=ratal * 0.30-2755;
19	else if(ratal <=80000)
20	incomeTax=ratal * 0.35-5505;
21	else
22	incomeTax=ratal * 0.45-13505;
23	return incomeTax;
24	}
25	}

【代码解读】

表 5-19 中的第 01 行中 class 为定义类的关键字,关键字 sealed 表示该类不能被子类继承,IncomeTax 为类的名称。

表 5-19 中的第 03 行中关键字 public 表示该方法是公有方法,允许在类的外部进行访问。关键字 static 表示该方法为静态方法,它只属于类而不属于对象,只能由类来调用,不能被对象调用。关键字 double 表示该方法有返回值,返回值的类型为 double 类型。getIncomeTax()方法包含一个 double 类型的参数,参数名为 totalPay。

表 5-19 中的第 04~24 行为方法的程序代码,用于计算个人所得税,代码含义在前面的章节中已有解释,在此不再赘述。

(4) 声明子类 Teacher 的成员变量。

声明子类 Teacher 的成员变量的代码如表 5-20 所示。

表 5-20 声明子类 Teacher 的成员变量的代码

行号	C#程序代码
01	internal class Teacher : Personnel //定义教师子类
02	{
03	private string duty;
04	protected string study;
05	}

(5) 声明子类 Teacher 的构造方法。

声明子类 Teacher 的构造方法的代码如表 5-21 所示。

表 5-21　声明子类 Teacher 的构造方法的代码

行号	C#程序代码
01	`internal class Teacher : Personnel`　　　　//定义教师子类
02	`　{`
03	`　　...`　　　　　　　　　　　　　　　　　　//如表 5-20 所示成员变量的声明
04	`　　public Teacher()`
05	`　　　　: base("A8888", "方浩", '男', "管理系", 4508)`
06	`　　{`
07	`　　　this.duty ="副教授";`
08	`　　　base.marriage=true;`
09	`　　　this.study ="硕士";`
10	`　　　base.nativePlace="湖南";`
11	`　　}`
12	
13	`　　public Teacher(string number, string sName, char cSex, string dept,`
14	`　　　　　　　　double pay,string sDuty, bool bMarriage, string sStudy,`
15	`　　　　　　　　string sNativePlace): base(number,sName,cSex,dept,pay)`
16	`　　{`
17	`　　　this.duty=sDuty;`
18	`　　　base.marriage=bMarriage;`
19	`　　　this.study=sStudy;`
20	`　　　base.nativePlace=sNativePlace;`
21	`　　}`
22	`　}`

【代码解读】

第 05 行和第 15 行使用关键字 base 调用父类的构造方法。使用关键字 this 和 base 明确区别父类和子类。

（6）声明子类 Teacher 的方法。

声明子类 Teacher 的方法的代码如表 5-22 所示。

表 5-22　声明子类 Teacher 的方法的代码

行号	C#程序代码
01	`internal class Teacher : Personnel`　　　//定义教师子类
02	`{`
03	`　　...`　　　　　　　　　　　　　　　//如表 5-20 所示成员变量的声明
04	`　　...`　　　　　　　　　　　　　　　//如表 5-21 所示构造方法的定义
05	`　private double getEndowmentInsurance()`　//根据基本工资计算养老保险
06	`　　{`
07	`　　　return basePay * 0.08;`
08	`　　}`
09	

行号	C#程序代码
10	private double getHospitalizationInsurance()　　//根据基本工资计算医疗保险
11	{
12	return basePay * 0.02;
13	}
14	
15	private double getIdlenessInsurance()　　　　　　//根据基本工资计算失业保险
16	{
17	return basePay * 0.01;
18	}
19	
20	private double getAccumulationFund()　　　　　　//根据基本工资计算住房公积金
21	{
22	return basePay * 0.1;
23	}
24	
25	public void OutputTeacherInfo()
26	{
27	int workPeriod;
28	double realPay;
29	base.GetPeriod(joinDate, out workPeriod);
30	realPay=calculateRealPay(workPeriod,insurance);
31	base.OutputInfo();
32	Console.WriteLine("职　　称:{0}", duty);
33	Console.WriteLine("学　　历:{0}", study);
34	Console.WriteLine("籍　　贯:{0}", nativePlace);
35	Console.WriteLine("实发工资:{0:C}", realPay);
36	}
37	
38	private double calculateRealPay(int workYear)
39	{
40	double dealPay;
41	double deductPay, incomeTax;
42	double realPay;
43	dealPay=base.basePay+workYear * subsidy;
44	deductPay=getEndowmentInsurance()
45	+getHospitalizationInsurance()
46	+getIdlenessInsurance()+getAccumulationFund();
47	incomeTax=Application050301.IncomeTax.getIncomeTax(dealPay-deductPay);
48	realPay=dealPay-deductPay-incomeTax;
49	return realPay;
50	}
51	}

【代码解读】

第 29 行调用父类的 GetPeriod()方法计算实足工龄,通过传出参数 workPeriod 获取实足工龄。

第 47 行使用了另一个命名空间 Application050301 中 IncomeTax 类的 getIncomeTax()方法计算个人所得税。

（7）编写 Program0503 类的 teacherOperate()方法的代码和完善 Main()方法的代码。

Program0503 类的 teacherOperate()方法的全部代码和 Main()方法的部分代码如表 5-23 所示。

表 5-23　teacherOperate()方法的全部代码和 Main()方法的部分代码

行号	C#程序代码
01	static void Main()
02	{
03	... //如表 5-22 所示的部分代码
04	Console.WriteLine("------------------------");
05	teacherOperate();
06	}
07	
08	static void teacherOperate()
09	{
10	Teacher teacher1=new Teacher();
11	DateTime joinDate3=DateTime.Parse("1996-07-08");
12	teacher1.joinDate=joinDate3;
13	teacher1.OutputTeacherInfo();
14	Console.WriteLine("------------------------");
15	Teacher teacher2=new Teacher("A9988","肖平",'女',"经济系",4200,
16	"教授",true,"硕士","广东");
17	DateTime joinDate4=DateTime.Parse("1971-08-15");
18	teacher2.joinDate=joinDate4;
19	teacher2.OutputTeacherInfo();
20	}

【代码解读】

第 10 行使用无参构造方法定义子类的对象,第 15 行和第 16 行使用有参构造方法定义子类的对象。

第 12 行和第 18 行在输出子类的信息之前先给子类对象的 joinDate 属性赋初值。

（8）运行程序。

设置 Application0503 项目为启动项目,然后按 Ctrl＋F5 快捷键开始运行程序,其输出结果如图 5-16 所示。

图 5-16 输出子类对象的相关信息

任务 5-4 在同一个解决方案的不同项目之间访问类及类的成员

【任务描述】

（1）在同一个解决方案的不同项目之间实现访问类及类的成员。

（2）分析程序中的类及成员的可访问性。

（3）分析程序中变量的作用域。

【问题分析】

由于定义类时,类的访问权限包括公有（使用修饰符 public 声明）和私有（使用修饰符 internal 声明）。公有类可以被定义类所在项目之外的其他项目访问,该类的公有成员也可以被其他项目访问,但是私有类则只能被定义类所在的项目访问,而不能被其他项目访问。

【任务实施】

（1）创建项目 Application0504。

在 Visual Studio 2012 开发环境中,在解决方案 Solution05 中创建一个名称为 Application0504 的项目。

（2）重命名空间名称和类名称。

将命名空间名称和类名称和程序文件名称分别重命名为 Application0504 和

Program0504。

（3）添加引用。

在"解决方案资源管理器"窗口中右击 Application0504 项目的"引用"选项，在弹出的快捷菜单中选择"添加引用"菜单项，如图 5-17 所示。在弹出的"引用管理器"对话框中单击"浏览"标签，切换到"浏览"选项卡，然后单击"浏览"按钮，在弹出的"选择要引用的文件…"对话框中选择"Solution05 \ Application0503 \ bin \ Debug"文件夹中的"Application0503.exe"文件，如图 5-18 所示，在该对话框中单击"添加"按钮，将所选择的"Application0503.exe"文件添加到"引用管理器"对话框中，如图 5-19 所示。

图 5-17　添加引用的快捷菜单

图 5-18　在"选择要引用的文件…"对话框中选择 Application0503.exe

图 5-19　添加对 Application0503.exe 的引用

在"引用管理器"中选择"Application0503.exe",然后单击"确定"按钮即可。

添加引用 Application0503.exe 的"解决方案资源管理器"窗口如图 5-20 所示。

图 5-20　添加引用 Application0503.exe 的"解决方案资源管理器"窗口

（4）引入自定义的命名空间。

Application0504 项目中在 Program.cs 程序中引入自定义的命名空间 Application0503，代码如下所示。

```
using Application0503;
```

（5）编写 Main()方法的程序代码。

项目 Application0504 中 C♯程序 Program.cs 的 Main()方法的代码如表 5-24 所示。

表 5-24　项目 Application0504 中 C♯程序 Program.cs 的 Main()方法的代码

行号	C#程序代码
01	using System;
02	…
03	using Application0503;
04	
05	namespace Application0504
06	{
07	class Program0504
08	{
09	static void Main(string[] args)
10	{
11	Personnel Personnel1=new Personnel();
12	//Teacher Personnel2=new Teacher();
13	Personnel1.OutputInfo();
14	}
15	}
16	}

【代码解读】

由于 Application0503 项目中定义的父类 Personnel 的访问控制修饰符为 public，即为公开类,所以在 Application0504 项目中可以访问 Personnel 类,如表 5-24 中第 11 行代码所示。而子类 Teacher 的访问控制修饰符为 internal,即为 Application0503 项目的内部类,所以只能在 Application0503 项目内部访问,在 Application0504 项目中不可以访问,如表 5-24 中第 12 行代码所示,这一行代码添加了注释符"//",表示这一行代码不会运行。

如果定义类时省略了访问控制修饰符,则默认为 internal。如表 5-24 中第 07 行所示。

(6) 运行程序。

设置 Application0504 项目为启动项目,然后按 Ctrl＋F5 快捷键开始运行程序,其输出结果如图 5-21 所示。

(7) 分析 Program. cs 程序中的类及成员的可访问性。

Personnel 类的访问权限声明为 public 类型,在 Application0504 项目中也可以访问。

图 5-21　Program. cs 程序的输出结果

Personnel 类中声明的变量 employeeNumber、name、sex、department、date 的访问权限为 private 类型,这些变量只允许在 Personnel 类中进行访问,在子类 Teacher 中以及类 Program0503 的 Main()方法中都无法访问。变量 basePay、常量 subsidy 的访问权限声明为 protected 类型,它们可以在 Personnel 类中进行访问,也允许在子类 Teacher 中进行访问,但是在 Program0503 类的 Main()方法中却无法访问。变量 marriage 的访问权限声明为 internal 类型,只允许在同一个程序集(同一个项目)中进行访问。变量 nativePlace 的访问权限声明为 protected internal 类型,允许在 Personnel 类和子类 Teacher 中进行访问,也允许在同一个程序集内进行访问。变量 phoneCode 的访问权限声明为 public 类型,允许在任何地方访问,包括 Personnel 类、子类 Teacher 和 Program0503 类的 Main()方法中。

Personnel 类的构造方法中使用了 private 类型的变量 employeeNumber、name、sex、department 和 protected 类型的 basePay,这些变量在类内部都可以访问。

Personnel 类的属性 birthday 和 joinDate 的访问权限都为 public 类型,允许在任何地方进行访问。两个属性中都使用了 private 类型的变量 date,该变量在类内允许访问。还使用一个隐式参数 value,该参数只限于属性内部使用,其数据类型为属性的数据类型,即 DateTime。

Personnel 类的成员方法 OutputInfo()、GetAge()、GetPeriod()、getEndowmentInsurance()、getHospitalizationInsurance()、getIdlenessInsurance()、getAccumulationFund()的访问权限都为 public 类型,允许在类内、类外和子类中访问。

Personnel 类的成员方法 OutputInfo() 中使用了 private 类型的变量 name、employeeNumber、sex、department 和 protected 类型的 basePay。

在 Program0503 类的 Main()方法中使用了公有变量 phoneCode、公有属性 birthday、公有属性 GetPeriod 和公有方法 OutputInfo()。

在命名空间 Application050301 中定义了一个 IncomeTax 类,该类的修饰符 sealed 表示该类不能被继承。在 IncomeTax 类中定义了一个共有的静态方法 getIncomeTax(),该方法直接使用类访问。

子类 Teacher 的访问权限声明为 internal 类型,只限于本项目访问,其他项目无法访问。子类 Teacher 中声明了一个 private 类型的变量 duty 和另一个 protected 类型的变量 study。

子类 Teacher 的 OutputTeacherInfo() 方法中使用父类的方法 GetPeriod() 和 OutputInfo(),同时也使用本类中声明的方法 calculateRealPay()。

子类 Teacher 中声明了一个 private 类型的方法 calculateRealPay(),该方法使用了父类的变量 basePay 和父类的常量 subsidy,还使用了命名空间 Application050301 的 IncomeTax 类中定义的 getIncomeTax()方法。

Program0503 类的 teacherOperate()方法中使用了父类 Teacher 的属性 joinDate 和子类的 OutputTeacherInfo()方法。

Application0504 项目的 Program. cs 程序的 Main()方法中声明了一个 Personnel 类的对象 Personnel1,也调用了 Personnel 类的 OutputInfo()方法。但是在该方法中无法访问项目 Application0503 中声明的 Teacher 类,因为 Teacher 类的访问控制修饰符为 internal。

(8) 分析 Program. cs 程序中变量的作用域。

Personnel 类的有参构造方法中的参数 number、sName、cSex、dept、pay 作用域只限于该构造方法内部,其他地方不能使用。

Personnel 类的成员方法 GetAge()中声明了一个局部变量 age,该变量的作用域只限于方法 GetAge()的内部。

Personnel 类的成员方法 GetPeriod()中声明两个参数 startdate、workPeriod,这两个参数的作用域只限于 GetPeriod()方法的内部。

Program0503 类的 Main()方法中声明了 3 个局部变量 workYear2. birthDate1. joinDate2 和 2 个 Personnel 的对象 emp1、emp2,它们的作用域只限于 Main()方法内部。

命名空间 Application050301 的 IncomeTax 类的 getIncomeTax()方法中声明了一个参数 totalPay 和一个局部变量 incomeTax,其作用域都只限于该方法的内部。

子类 Teacher 的 OutputTeacherInfo() 方法中声明了两个局部变量 workPeriod、realPay,其作用域只限于 OutputTeacherInfo()方法的内部。

子类 Teacher 的 calculateRealPay()方法中声明了 1 个参数 workYear 和 4 个局部变量 dealPay、deductPay、incomeTax 和 realPay,这些变量的作用域只限于 calculateRealPay()方法的内部。

虽然 OutputTeacherInfo()和 calculateRealPay()两个方法中都使用了 1 个同名的局部变量,但是由于其作用域不同,不会产生冲突现象。

Program0503 类的 teacherOperate() 方法中声明了两个局部变量 joinDate3. joinDate4 和一个 Teacher 类的对象 teacher1,其作用域只限于 teacherOperate()方法的内部。

同步训练

任务 5-5　定义学生类 Student

创建一个名称为 Student 的类,该类包含以下成员。

(1) 成员变量:学号、姓名、性别、班级名称、政治面貌、籍贯和日期,这些成员变量根据需要设置合适的可访问特性。

(2) 构造方法:无参构造方法和有参构造方法。

(3) 类的属性:出生日期属性。

(4) 类的方法:输出成员变量值的方法、计算平均成绩的方法、判断是否符合评选"三好学生"基本条件的方法。

利用 Student 类的有参构造方法创建对象 stu,调用类的方法输出黄莉同学的基本信息,另外使用 Console 类的 WriteLine 方法输出黄莉同学的出生日期、平均成绩等数据以及是否符合评选"三好学生"的提示信息。

提示信息:黄莉同学的基本信息如下:学号为 201703100105,性别为"女",出生日期为"1990 年 5 月 14 日",政治面貌为"中共党员",籍贯为"湖南",班级名称为"软件 091"。4 门课程的成绩,"英语"为 95 分、"体育"为 87 分、"C♯程序设计"为 92 分、"数据库应用"为 96 分。

希望学院评选"三好学生"的基本条件为:课程平均成绩 90 分以上(含 90 分),每一门课程的成绩在 85 分以上(含 85 分)。

析疑解难

【问题 1】　什么是类? 什么是对象? 二者有什么区别?

在现实生活中可以把具有相同特征的一些事物抽象出来作为一个类,它不仅可以用来表示具有相同特征的现实事物,也可以表示具有相同特征的抽象事物。例如在同一平面上由不在同一条直线上的四条线段,顺次首尾连接组成的几何图形称为四边形,四边形具有相同的特征:都是由四条边、四个角组成,四个内角的和为 360°。我们可以定义一个"四边形"的类。

对象是类的实例,任何一个类必须被"实例化"后,才能应用对象的非静态方法或更改某个属性的值。实例化是一种过程,通过该过程创建类的实例并将该实例分配给对象变量。例如由边长分别为 30、11.19 和 12.64,边与边之间夹角分别为 46°、150°、95°和 69°组成的一个四边形便是"四边形"类的一个实例。

（1）类

类是创建对象的"模板"或者"蓝图"。类通过定义属性来存储数据,通过定义操作来使用这些数据,类同时也定义了一套"限制"允许或禁止访问它的属性和操作。

类是对事物共性的抽象,例如 Form 类抽象了窗体的基本属性(例如标题、背景色)和一些基本操作(例如打开、关闭、最小化)。

（2）对象

如果要执行类的非静态方法和使用类的属性,则需要创建类的实例。类的实例称为对象。对象是类的特定实例,它包含类中所定义的特征。

（3）类与对象的区别

类与对象就好比图纸与房子的关系,类是抽象的,对象是实际的。

① 类是创建对象实例的模板,是同类对象的集合与抽象,它包含所创建对象的属性描述和行为特征的定义。

② 类好比房子的设计图纸,建立一个类只是给出了抽象的说明。根据设计图纸建一幢房子就好比建立一个对象。类一经实例化,在内存中分配了具体的存储空间,便产生了一个对象。

③ 类是对象的定义。用类说明的变量称为对象,对象是类的一个实例。

④ 用一个类可以建立多个对象,如同一张设计图纸可以建多幢房子。

【问题 2】 类有哪些基本特性?

类的基本特性有:封装性、继承性和多态性。

（1）封装性

封装性是指将对象的内部实现细节(属性、方法、事件)封闭起来,对象与外界代码间的交互通过接口实现。开发人员通过封装把抽象的细节包装起来,只允许他人访问那些允许外部访问的元素。例如自动取款机(ATM)就是一个封装的例子,ATM 的界面给用户提供了操作方法,而其内部的工作机制则全部被隐藏。

封装性包括两个含义:一是把描述对象的属性与实现对象功能的方法结合在一起,将两者封装在一个独立单位中;二是指"信息隐蔽",把不需要让类外部知道的信息隐蔽起来,有些属性及方法允许类的外部使用,但不允许更改,具体实现方法对外部隐蔽,有些属性或方法则不允许外部访问。封装性还有一个特点是:为封装在类内的变量、属性、方法规定了不同级别的可见性或访问权限。

（2）继承性

描述基于现有类创建新类的能力。新类继承父类的属性、方法和事件,而且也允许定义子类的属性、方法和事件。面向对象程序设计中的继承机制,大大提高了程序代码的可重复利用率,提高了软件的开发效率,减少了程序产生错误的机会,也为程序的修改、扩充提供了便利。

（3）多态性

多态性是指同一"消息"被不同的"对象"接受时,可以导致不同的"行为"。多态特性使程序的抽象程度和简洁程度更高,有助于程序的分组协同开发。

多态性是指当两个或两个以上的类具有类似的属性或方法的情况下,编译程序自动根据这些属性和方法找到相应对象的能力。

【问题 3】　简述 C♯语言中 Main()方法的特点。

Main()方法是程序的入口点,一个 C♯程序中只能有一个入口点。程序控制在该方法中开始和结束。

Main()方法在类的内部声明,必须为静态方法,而不应为公共方法。

Main()方法可以具有 void 或 int 返回类型。如果不需要使用 Main()方法的返回值,则返回 void 可以使代码变得略微简单。但是,返回整数可以使程序将状态信息与调用该可执行文件的其他程序或脚本相关。

声明 Main()方法时既可以使用参数,也可以不使用参数。参数可以作为从零开始索引的命令行参数来读取。

可以通过 Main()方法的可选参数来访问通过命令行提供给可执行文件的参数。参数以字符串数组的形式提供。数组的每个元素都包含一个参数。与 C 和 C++ 不同,程序的名称不会被当作第一个命令行参数。

单元习题

(1) 以下不属于面向对象编程的三大特征的是(　　　)。

A. 继承　　　　　　B. 多态　　　　　　C. 封装　　　　　　D. 统一接口

(2) 如果不带修饰符,C♯中类成员被默认声明成(　　　)。

A. public　　　　　B. protected　　　　C. private　　　　　D. static

(3) 下面对 C♯中类的构造方法描述正确的是(　　　)。

A. 构造方法一般被声明成 private 型

B. 构造方法如同方法一样,需要人为调用才能执行其功能

C. 与方法不同的是,构造方法只有 void 这一种返回类型

D. 在类中可以重载构造方法,C♯会根据参数匹配原则来选择执行合适的构造方法

(4) 执行下列程序代码后,obj1.count 的值是(　　　)。

```
class Example
{
  private static int count=0;
  static Example()
   {
     count++;
   }
 }
Example obj1=new Example();
Example obj2=new Example();
```

A. 1　　　　　　　　B. 2　　　　　　　　C. 3　　　　　　　　D. 4

（5）已知"int a＝100；void Func(ref int b){ }"，则以下方法调用正确的是（　　　）。

    A．Func(ref(10 * a))；   B．Func(ref 10)；

    C．Func(a)；   D．Func(ref a)；

（6）下面是几条定义类的语句，不能被继承的类是（　　　）。

    A．public class student   B．class student

    C．abstract class student   D．sealed class student

（7）派生类不能够直接访问的父类的成员是（　　　）。

    A．公有成员   B．保护成员   C．私有成员   D．保护静态成员

（8）通过继承（　　　）类，用户可以创建自己的异常类。

    A．System.Exception   B．System.SystemException

    C．System.ApplicationException   D．System.UserException

（9）用户自定义异常类需要从以下（　　　）类继承。

    A．Exception   B．CustomException

    C．ApplicationException   D．BaseException

（10）下面有关类的继承的说法正确的是（　　　）。

    A．所有的类成员都可以被继承

    B．在子类中可通过隐藏继承成员来删除父类的成员

    C．在描述类的继承关系时，父类与子类是基类与派生类的另一种说法

    D．子类的成员应该与父类的成员一致，不能为子类增加新成员

（11）在以下（　　　）情况下，构造方法会被调用。

    A．定义类时   B．创建对象时

    C．调用对象的方法时   D．使用对象的属性时

（12）以下关于构造方法的说法中，不正确的是（　　　）。

    A．方法名必须和类名相同

    B．方法名的前面没有返回值类型的声明

    C．在方法中不能使用 Return 语句返回一个值

    D．当定义了带参数的构造方法，系统默认的不带参数的构造方法仍然存在

（13）下面有关析构方法的说法中，不正确的（　　　）。

    A．一个类中只能有一个析构方法

    B．析构方法在对象被撤销时，被自动调用

    C．无法继承或重载析构方法

    D．析构方法可以继承或重载

（14）下面有关子类的描述中，不正确的是（　　　）。

    A．子类可以继承父类的构造方法   B．子类可以重载父类的成员

    C．子类不能访问父类的私有成员   D．子类只能有一个直接父类

（15）下面关于类的定义哪一项是正确的？（　　　）

    A．public void Teacher { … }   B．public void class Teacher { … }

    C．public class void Teacher { … }   D．public class Teacher { … }

（16）类中的一个成员方法的修饰符是（　　），则该方法只能在本类被访问。

    A．public   B．protected   C．private   D．default

（17）C♯语言中，如果想让一个类不能被继承，可以使用以下（　　）关键字。

    A．const   B．private   C．sealed   D．abstract

（18）在类的继承关系中，下列（　　）成员不能被继承。

    A．构造方法   B．普通成员方法   C．属性   D．变量

（19）C♯程序中，可使用 try...catch 机制来处理程序中出现的（　　）错误。

    A．语法   B．运行   C．逻辑   D．拼写

（20）C♯中，在 MyFunc 方法内部的 try...catch 语句中，如果在 try 代码块中发生异常，并且在当前的所有 catch 块中都没有找到合适的 catch 块，则（　　）。

    A．.NET 运行时忽略该异常

    B．.NET 运行时马上强制退出该程序

    C．.NET 运行时继续在 MyFunc 的调用堆栈中查找提供该异常处理的过程

    D．.NET 抛出一个新的"异常处理未找到"的异常

（21）下列关于 try...catch...finally 语句的说明中，不正确的是（　　）。

    A．catch 块可以有多个   B．finally 是可选的

    C．catch 块也是可选的   D．可以只有 try 块

（22）为了能够在程序中捕获所有的异常，在 catch 语句的括号中使用的类名为（　　）。

    A．Exception   B．DivideByZeroException

    C．FormatException   D．ABC 均可

（23）关于异常，下列的说法中不正确的是（　　）。

    A．用户可以根据需要抛出异常

    B．在被调用方法可通过 throw 语句把异常传回给调用方法

    C．用户可以自己定义异常

    D．在 C♯ 中有的异常不能被捕获

（24）下列说法中正确的是（　　）。

    A．在 C♯ 中，编译时对数组下标越界将作检查

    B．在 C♯ 中，程序运行时，数组下标越界也不会产生异常

    C．在 C♯ 中，程序运行时，数组下标越界是否产生异常由用户确定

    D．在 C♯ 中，程序运行时，数组下标越界一定会产生异常

（25）假设给出下面的代码：

```
try
{
  throw new OverflowException();
}
catch(FileNotFoundException e){ }
catch(OverflowException e){ }
catch(SystemException e){ }
```

```
catch { }
finally { }
```

则下面会得到执行的语句是（　　　）。

  A．catch(OverflowException e){ }，finally{ }

  B．catch(OverflowException e){ }

  C．catch(SystemException e){ }

  D．catch{ }，finally{ }

单元 6　面向对象高级程序设计

多态性是 C♯ 面向对象程序设计的重要特性,多态在 C♯ 中有多种实现方式,既可以通过方法重载、构造方法重载、运算符重载来实现多态,也可以通过虚方法重写、方法隐藏和接口重新实现来实现多态。另外本单元还探讨了委托、事件与抽象类。

程序探析

任务 6-1　根据指定的语言类型在屏幕上动态输出对应语言的问候语

【任务描述】

根据指定的语言类型屏幕上动态输出对应语言的问候语,即对于“中文”类型则屏幕上输出中文的问候语,对于“英语”类型则屏幕上输出英语的问候语。

【任务实施】

(1) 启动 Visual Studio 2012。

(2) 创建项目 Application0601。

在 Visual Studio 2012 开发环境中,首先创建一个名称为 Solution06 的解决方案,然后在该解决方案中创建一个名称为 Application0601 的项目。

(3) 定义枚举类型 Language。

声明枚举类型 Language 的代码如下所示。

```
public enum Language
{
    English, Chinese
}
```

(4) 定义 Program 类的 GreetPeople 方法。

Program 类中声明的 GreetPeople()方法的代码如下所示,该方法用于根据指定的语言类型,调用对应的方法。

```
public static void GreetPeople(string name, Language lang)
```

```
    {
        switch(lang)
        {
            case Language.English:
                EnglishGreeting(name);
                break;
            case Language.Chinese:
                ChineseGreeting(name);
                break;
        }
    }
```

(5) 定义类 Program 中输出问候语的方法。

Program 类中输出问候语的方法分别为 EnglishGreeting、ChineseGreeting,其代码如下所示,分别用于输出英文问候语和中文问候语。

```
public static void EnglishGreeting(string name)
{
    Console.WriteLine("Good morning, "+name);
}
public static void ChineseGreeting(string name)
{
    Console.WriteLine("早上好, "+name);
}
```

(6) 编写 Main()方法的代码。

Application0601 项目中 C♯ 程序 Program.cs 的 Main()方法的代码如下所示。

```
GreetPeople("Tom", Language.English);
GreetPeople("汤姆", Language.Chinese);
```

(7) 运行程序。

设置 Application0601 项目为启动项目,然后按 Ctrl+F5 快捷键开始运行程序,其输出结果如下所示。

```
Good morning, Tom
早上好, 汤姆
```

知识导读

6.1 委托与事件

在 C 语言中,调用函数有两种方式:一种是通过函数名来调用;另一种是利用函数指针来调用。第二种调用函数的目的,主要是通过一个指向函数的指针变量来灵活调用多个不同功能的方法。而在 C# 语言中,有一个与 C 指针作用类似的变量类型,它就是委托,委托是面向对象和类型安全的,另外委托是.NET 框架中事件处理机制的基础。

6.1.1　委托概述

C# 中的方法类似于 C 中的函数,在内存中有一个入口物理地址,它就是方法被调用的地址。方法的入口地址可以被赋给委托,通过委托来调用该方法。因此,从这个意义上,可以认为委托就是方法的指针。在 C# 语言中,委托具有如下特点。

(1) 委托是引用类型,它是对特定返回类型和参数列表的方法的引用,委托封装了方法。

(2) 委托是用户自定义类型,因此在定义委托的时候,并不是定义委托类的变量,而是定义一种数据类型。

(3) 委托封装的方法可以是静态方法,也可以是实例方法,对方法的名称没有任何特殊要求,也不限制方法能做什么。

(4) 调用委托其实就是调用委托所封装的方法,委托相当于一个代理的角色。

委托在.NET 编程中使用很广泛,多线程编程时,使用委托来指定一个线程启动时调用的方法;在异步编程时,委托通常会用作回调函数;在事件模型中,委托通常用来指定事件触发时调用的方法;委托的概念也给类库的开发带来了极大的方便,因为可以定义一些通用进程,这些进程仅规定调用的方法的返回类型和参数,而进程中使用的方法可以由程序员提供。

6.1.2　委托的定义、实例化与使用

1. 委托的定义

定义委托的语法格式如下:

```
[<访问修饰符>] delegate <返回类型名> <委托名> (<参数列表>)
```

其中访问修饰类与类中普通成员的访问修饰符含义相同,delegate 是关键字,返回类型为该委托类型封装的方法的返回类型,委托名是符合 C# 语法的标识符,参数列表为该委托类型封装的方法的参数。

以下代码定义了一个封装返回值为整型,带有两个整数参数的方法的委托类型。

```
delegate int Compute(int x,int y)
```

2. 委托的使用

委托的典型使用步骤如下:

(1) 定义委托类型。

(2) 定义委托封装的方法。

（3）实例化委托。实例化委托就是使用 new 运算符创建一个该委托的对象，并将委托指向的方法名作为参数传给委托对象。其语法格式如下：

<委托名><委托对象名>=new <委托名>(<委托封装的方法名>)

这里传递的方法必须符合委托对方法的要求。

（4）调用委托。调用委托即调用委托中封装的方法，其语法格式如下：

<委托对象名>(<参数列表>);

事件的定义与使用实例详见任务 6.2。

6.1.3　事件的定义

基于 Windows 和 Web 的应用程序都是事件驱动的应用程序，根据事件来执行各种不同方法的操作。每个窗体及控件都提供了一个预定义的事件集，开发人员可以根据这个事件集进行编程。当发生某一个事件时，对象发送消息引发事件。

事件必须以一个类的方法作为触发器引发事件，可以单独编写一个方法，也可以用构造方法等作为触发器引发事件。

例如，Windows 应用程序中的按钮单击就被定义为一个事件，程序员可以编写该事件的处理程序，该程序单元通常为一个方法，然后将该方法与单击事件关联起来，当用户单击按钮时触发事件，此时就会调用关联的方法处理该事件。

C♯语言中的事件模型与其他编程语言类似，首先要定义一个事件，然后将事件与特定的事件处理程序关联起来，当事件发生的时候，就通知事件处理程序处理该事件，同时将事件参数传递给事件处理程序。

在定义事件时，通常要将事件与某个委托相关联，这意味着该事件对应的处理程序必须是此委托指定的、具有特定返回类型和参数的方法。定义事件的语法格式如下：

[<访问修饰符>] event <委托名><事件名>;

其中访问修饰符与普通的类成员访问修饰符相同，event 是关键字，委托名为与该事件相关联的委托，事件名是符合 C♯语法的标识符。

与事件相关联的委托可以是 .NET 类库中已经定义的，也可以是用户自定义的。.NET 类库中已经定义的事件委托具有如下形式。

[<访问修饰符>] delegate void <委托名>(oject source , EventArgs e);

其中 source 表示事件源对象，e 表示 EventArgs 类或者其子类的一个实例，它包含事件的其他信息。在 System. Windows. Forms 命名空间中包含许多已定义好的事件处理委托，例如：

public delegate void MouseEventHandler(object source , MouseEventArgs args);

上述定义的委托 MouseEventArgs 专门用来处理鼠标事件。

用户自定义的事件委托不受任何限制，但返回类型一般为 void。下列代码段定义了一个自定义事件的委托以使用该委托的事件。

```
public delegate void delTellWeek(string strDate);　//自定义委托 delTellWeek
public event delTellWeek myEvent;　　　　　　　//定义使用委托 delTellWeek 的事件 myEvent
```

6.1.4　事件的使用

使用事件的基本过程如下：

（1）定义与事件相关联的委托，首先要确定事件发生时应该有哪些参数，然后定义事件委托。

（2）定义使用委托的事件。

（3）订阅事件。订阅事件其实就是将事件和事件处理方法通过委托相关联，其基本语法如下：

```
<事件名>+=new<委托名>(<方法名>);
```

一个事件可以与多个方法相关联，当然也可以通过运算符"－＝"取消事件与事件处理方法的关联。

（4）触发事件。触发事件就是依次执行与该事件相关联的所有方法。触发事件的语法格式如下：

```
<事件名>(<事件参数列表>);
```

在.NET 框架类库中已经定义了许多事件和事件委托，规定了事件发生时事件参数是如何组成的。这样，程序员的主要工作是编写事件的处理程序，来完成应用程序要实现的目标，而不必考虑事件是如何实现的。

事件的定义与使用实例详见任务 6.3。

6.2　接　　口

在 C♯中，类的继承只允许单继承，一个类只能有一个直接父类。如果要实现多重继承，可以通过接口(interface)实现，一个类可以同时实现多个接口，从而实现多重继承，这样既避免了多重继承的复杂性，又达到了多种继承的效果。

接口可以理解为对类实现的功能描述，它是一个定义好的规范。接口只提供功能的描述，不提供具体实现，程序员利用类来实现这些接口并完成接口提供的功能。

6.2.1　接口的定义与实现

C♯语言中，接口也是一种数据类型，所以对接口的定义相当于定义一个新的数据类型，定义接口的语法格式如下：

```
[<接口修饰符>]  interface  <接口名>
{
    ...
}
```

其中接口修饰符与普通的类修饰符含义一样,可以为 public、internal。interface 是接口定义的关键字,接口名应符合 C♯ 语法的标识符,接口的成员只可以是属性、方法、事件或索引,只是说明而没有实现,并且不允许含有成员变量、构造方法、析构函数或静态成员。接口中的成员默认被声明为 public,在成员前不得加任何访问修饰符。

以下代码段是一个定义接口示例。

```
public interface GoodsInterface0604
{
    void DisplayBaseInfo();                    //输出商品的基本信息
    void DisplayAmount();                      //输出商品的总金额
}
```

从上述代码可以看到,该接口有两个成员方法,且这些方法只有定义没有实现,它告诉实现该接口的类必须实现方法 DisplayBaseInfo 和 DisplayAmount。

类如果要实现接口,则要在定义的类名后添加“:”和接口名;如果要实现多个接口,则接口名依次列出,中间用半角逗号分隔,接口名的前后次序没有要求。当一个类既要继承一个父类又要实现接口时,父类放在所有接口的前面。

类实现接口的语法格式如下:

```
[<类访问修饰符>]  class  <类名>:[<父类>,]  <接口名列表>
{
    ...
    <类实现接口代码>
    ...
}
```

在接口定义完以后,虽然不能对接口实例化,但是可以声明接口类型的实例,此时可以将实现该接口的类的对象引用赋给接口类型实例,通过该实例访问接口中的成员,间接调用类实现接口的成员。

6.2.2 显式接口

一般情况下,如果类实现了一个接口,则可以通过类的实例访问该类实现的接口成员。但有些情况比较复杂,例如,一个类同时实现两个接口,这两个接口中都声明了同名的方法,此时在类实现接口时,就必须在成员前加上相关的接口名,来指明该成员隶属于哪个接口,这种情况称为显式接口。在该访问显式接口的成员时,不能通过类实例,只能通过接口实例来访问。

6.2.3　接口作为参数和返回值

在 C♯ 语言中,可以将接口作为方法的参数或返回值来使用,当接口作为方法的参数时,表明对应的参数应该是实现该接口的一个类的实例,例如,集合类 System. Collections. ArrayList 中方法 BinarySearch 的一个重载形式就将接口作为参数来使用,该方法的一个原型如下:

```
public virtual int BinarySearch(Object value , IComparer comparer);
```

而接口作为方法的返回值时,表明该方法返回一个实现该接口的类的实例,例如,集合类 System. Collections. HashTable 中的方法 GetEnumerator 有如下一种原型。

```
public virtual IDictionaryEnumerator GetEnumerator();
```

6.3　抽　象　类

继承是面向对象程序设计的重要特征之一,在大型程序设计时,往往需要提供一个合适的基类,以派生若干子类,通过这样一个合适的基类,减少代码对特定基类的依赖程序,这时,就要用到抽象类。

6.3.1　抽象类的定义

抽象类的主要作用是提供公共定义供子类共享。抽象类的公共成员只有通过子类的对象才能访问,抽象类是不能被实例化的。定义一个抽象类时,只需要在定义类的关键字 class 之前添加 abstract 就可以了,其语法格式如下:

```
[<访问修饰符>] abstract class <类名>
{
    //类成员
}
```

抽象类可以包含抽象方法,所谓抽象方法是声明时,在方法返回类型的前面添加关键字 abstract,该方法就称为抽象方法,其语法格式如下:

```
<访问修饰符>  abstract  <返回类型名>  <方法名>(<参数列表>);
```

抽象方法不需要实现,即不需要写方法体,而抽象类的子类必须实现所有抽象方法。如果一个类含有一个或一个以上的抽象成员(抽象方法或抽象属性),则该类必须定义为抽象类。

在抽象类中,既可包含一般方法,也可以包含抽象方法。但必须注意的是,抽象类可以不包含抽象成员。

6.3.2　抽象类的实现

抽象类的抽象方法或属性只有声明,而没有实现,在其子类中必须重写该方法或属性。重写抽象方法或属性时,要用到关键字 override。重写抽象类的方法后,就可以创建一个子类的对象,来访问抽象方法的具体实现。

抽象类虽然不能实例化,即不能用抽象类直接创建对象,但可以像接口一样声明抽象类实例,让其引用子类的实例,然后通过抽象类实例调用其子类的抽象方法的具体实现。

除了在抽象类中定义抽象方法外,还可以定义抽象属性,抽象类不提供抽象属性的实现,只声明该类支持哪些属性,这些属性可以是只读、只写或可读写的,抽象属性的实现由子类负责。抽象属性的定义和实现与抽象方法基本相同,在此不再赘述。

6.4　类 的 多 态

简单地说,类的多态是指当不同的对象执行相同的方法时,系统能根据不同的对象正确调用各对象所属类的相应方法,从而产生不同的结果。多态性是面向对象程序设计的重要特点,在 C♯语言中通过方法重载、虚方法、抽象类及接口实现多态。

6.4.1　利用方法和运算符重载实现多态

方法重载指的是可以在类中定义多个同名的方法,而这些方法的参数各不相同。参数不同有几种情况:参数的类型不同、参数的个数不同、参数的次序不同、参数的传递方式不同。如果两个方法同名,并且参数类型、个数、次序和传递方式完全相同,仅返回值不同,这在 C♯中编译时无法通过,因为编译器无法确定到底调用哪一个方法。

虽然参数不同会导致多种形式的重载,但在实际应用中主要有以下两种比较常见的重载形式:不同参数类型的重载和不同参数个数的重载。

1. 不同参数类型的重载

这种情况下,定义的重载方法的算法基本相同,仅仅因为不同的参数类型而略有不同。下列代码中定义了两个方法:一个是求两个字符的较大值;另一个是求两个整数据的较大值。

```
public static int Max(int x, int y)          //求两个整数的较大值
{
    if(x>y)
        return x;
    else
        return y;
}
```

```
public static int Max(char x, char y)          //求两个字符的较大值
{
    if(x>y)
        return x;
    else
        return y;
}
```

上述代码定义的两个同名方法,参数个数相同,但类型不同,因此属于重载的一种形式。在调用方法时,编译器会按照参数来调用对应的方法。因此,应尽量保证实参和形参的类型相同,如果类型不同,此时编译器会寻找最匹配的同名方法执行。下列代码演示了重载方法的调用。

```
static void Main(string[] args)
{
    int a=5, b=3;
    char x='a', y='b';
    Console.WriteLine("两个整数{0}、{1}的较大值为{2}",a,b,Max(a,b));
    Console.WriteLine("两个字符{0}、{1}的较大值为{2}",x,y,(char)Max(x,y));
}
```

上述代码的 2 个输出语句中,Max(a,b)会调用 Max(int x,int y)方法,Max(x,y)会调用 Max(char x,char y)方法。

2. 不同参数个数的重载

有时为了让类的方法具有更多的适应性,可以让方法接收个数不等的参数,程序员可以根据实际情况使用最适当的一种。以下代码演示了这种重载方式。

```
public static int Max(int x, int y)            //求两个整数的较大值
{
    if(x>y)
        return x;
    else
        return y;
}
```

```
public static int Max(int x, int y,int z)      //求 3 个整数的最大值
{
    if(z>Max(x,y))
        return z;
    else
        return Max(x,y);
}
```

上述代码中,带 3 个参数的 Max()方法调用了带 2 个参数的 Max()方法。调用带有不同参数个数的重载方法时,编译器会通过实际参数的个数来决定调用哪个重载方法。

这种形式的重载在 C♯语言中也是广泛存在的,例如,Console.WriteLine 方法有以

下重载形式。

```
public static void WriteLine(string format , Object arg0 , Object arg1);
public static void WriteLine(string value);
public static void WriteLine(string format k , Object art0);
```

对于求最大值的方法,如果要求出 4 个、5 个或者多个整数中的最大值,是否还要定义 Max 方法更多参数的其他重载形式? 解决这个问题的方法是定义数量可变的方法参数,在定义方法时指定一个元素可变的数组参数,在该参数的前面加关键字 params,以表明实参是可变的参数列表。以下代码为定义的重载方法 Max()可以接收任意数量(包括0 个)的参数。

```
public static int Max(params int[] a)          //求两个整数的较大值
{
    int max=0;
    if(a.Length ==0)
    {
        return -1;                              //如果传入的整数组没有元素,则返顺-1
    }
    max=a[0];
    for(int i=0; i<a.Length; i++)               //求数组中的最大值
    {
        if(max<a[i])
            max=a[i];
    }
        return max;
}
```

以下代码在 Main()方法中调用可变参数的 Max()方法。

```
static void Main(string[] args)
{
    int a=5, b=3,c=2;
    Console.WriteLine("最大值为{0}",Max(8,6,4,2));
}
```

3. 构造方法的重载

类的构造方法也可以像方法一样重载,它是一种特殊的重载方式,其主要目的是满足用户创建对象的不同需要,从而为创建对象提供极大的方便。

以下代码是一个构造方法重载的实例。

```
public class GoodsParentClass
{
  //定义父类包含 2个参数的构造方法
  public GoodsParentClass(string code, string name)
    {
        this.goodsCode=code;
        this.goodsName=name;
```

```
    }
//定义父类包含 3 个参数的构造方法
public GoodsParentClass(string code, string name, string category)
    {
        this.goodsCode=code;
        this.goodsName=name;
        this.goodsCategory=category;
    }
public GoodsParentClass(string code, string name, int num)
    {
        this.goodsCode=code;
        this.goodsName=name;
        this.goodsNumber=num;
    }
}
```

如果一个类定义了多个重载的构造方法,则可以根据实际情况创建不同性质的对象。

4. 运算符的重载

运算符"+"不仅能对数值类型的数据进行加法运算,而且在处理字符串时,能使用运算符"+"连接多个字符串,如下列代码所示。

```
string s1,s2,s3;
s1="早上好,";
s2="Tom";
s3=s1+s2;
Console.WriteLine("字符串连接为:{0}",s3);
```

可以看到这里的运算符"+"已经不是普通意义上的两个数值的相加,而是将两个字符串连接。这是因为字符串对象对该运算符进行了特别的处理,这种情况称为运算符的重载。运算符的重载是多态的一种表现,也可以看成是特殊的方法重载。

在 C♯语言中,并不是所有的运算符都可以被重载,例如,is、sizeof、new、->等运算符则不能被重载,能重载的运算符包括算术运算符、比较运算符等。若要重载运算符,则必须在类中定义以下方法。

[<访问修饰符>] static <返回数据类型名> operator <X>(<参数列表>)

上述方法必须是静态的,其中 X 是重载的运算符的名称或符号。如果是一元运算符,则该方法必须具有一个参数;如果是二元运算符,则该方法必须具有两个参数。其他情况依次类推。

6.4.2 利用虚方法和方法隐藏实现多态

1. 利用虚方法实现多态

虚方法是指使用关键字 virtual 修饰,且能在子类中重写的方法。这样同一个方法的声明在不同类中有不同的方法体,从而实现多态。虚方法实现多态分为两个步骤。

（1）定义虚方法

定义虚方法就是在方法的访问修饰符和返回类型之间放置关键字 virtual。

修饰符 virtual 不能和 static 或 abstract 同时使用,即虚方法不能同时为静态方法或抽象方法。其语法格式如下：

```
class <父类名>
{
    [<访问修饰符>]  virtual  <返回值类型名>  <方法名>(<参数列表>)
    {
        ...                                    //方法体
    }
}
```

以下代码在 Person 类中定义了一个虚方法 OutputInfo()。

```
class Person
{
    private string employeeNumber;          //编号
    private string name;                    //姓名
    public Person(string strNumber, string strName)
    {
        employeeNumber=strNumber;
        name=strName;
    }
    public virtual void OutputInfo()        //输出基本信息
    {
        Console.WriteLine("{0}的基本信息如下:", name);
        Console.WriteLine("编    号:{0}", employeeNumber);
        Console.WriteLine("姓    名:{0}", name);
    }
}
```

一般情况下,虚方法不能定义为私有的,因为子类在重写虚方法时会调用其父类的虚方法。

（2）重写虚方法

子类重写虚方法时,要在子类的方法声明前加一个关键字 override。

注意：只有定义为 virtual 或 abstract 的方法才能重写。

在子类定义重写方法时,必须与父类中的虚方法的结构一致。重写虚方法的语法格式如下：

```
class  <子类名>
{
    [<访问修饰符>]  override  <返回值类型名>  <方法名>(<参数列表>)
    {
        ...                                    //重写的方法体
    }
}
```

以下代码定义了一个子类 Student,在其中重写父类 Person 的虚方法 OutputInfo()。

```
class Student : Person
{
    private char sex;                        //性别
    public Student(string number, string name, char cSex):base(number,name)
    {
        this.sex=cSex;
    }
    public override void OutputInfo()        //输出基本信息
    {
        base.OutputInfo();                   //调用父类的虚方法
        Console.WriteLine("性    别:{0}", sex);
    }
}
```

上述代码中,使用 override 关键字定义了 OutputInfo()方法,它重写了父类 Person 的虚方法 OutputInfo(),并且在方法体内使用 base 关键字调用了其父类的虚方法。

在 Main()函数调用子类 Student 的 OutputInfo()方法的代码如下所示。

```
static void Main(string[] args)
{
    Student stu=new Student("A5656", "范刚", '男');
    stu.OutputInfo();
}
```

如果从 Student 类中继续派生子类,派生类中可以继续重写 OutputInfo()方法,也可以不重写 OutputInfo()方法,此时相当于从 Student 类中继承重写后的方法。

通过抽象类也可以实现多态,其实现多态的机制与虚方法非常类似,可以将抽象类中的抽象类中的抽象方法或属性看成特殊的虚方法和虚属性。以下代码是一个抽象类实现多态的示例。

```
abstract class A
{
   abstract public void Show();
}

class B : A                              //类 B 为类 A 的子类
{
   public override void Show()           //实现类 A 的抽象方法 Show
   {
       Console.WriteLine("This is a method in B");
   }
}

class C : B                              //类 C 为类 B 的子类
{
   public override void Show()           //实现类 A 的抽象方法 Show
```

257

```
    {
        Console.WriteLine("This is a method in C");
    }
}
```

上述代码中,类 B 和类 C 分别从类 A 直接派生和间接继承,两个类都对类 A 的抽象方法 Show 进行了实现。为显示调用 Show 方法表现出来的多态性,编写以下代码来演示。

```
static void Main(string[] args)
{
    A x=new B();                              //x 是类 A 的变量
    x.Show();                                 //x 调用的是类 B 的 Show 方法
    x=new C();
    x.Show();                                 //x 调用的是类 C 的 Show 方法
}
```

由此可见,抽象类 A 的对象 x 在调用 Show 方法时,能根据引用的子类的类型,动态调用对应的方法,从而实现多态。

2. 利用方法隐藏实现多态

方法隐藏指的是子类可以使用关键字 new 隐藏父类中的方法。隐藏方法时,要在子类定义的方法前面加关键字 new,方法的参数要跟父类中的要隐藏的方法一致,但方法的返回值可以不同。与虚方法不同的是,如果父类的实例调用被子类隐藏的方法时,不管父类的实例引用的是父类的对象,还是子类的对象,均调用父类的方法而不是派生类隐藏的方法。方法隐藏的语法格式如下:

```
class  <子类名>
{
    [<访问修饰符>]  new  <返回值类型名>  <方法名>(<参数列表>)
    {
        ...                                  //方法体
    }
}
```

以下代码在 Person 类中定义了一个方法 OutputInfo()。

```
class Person
{
    private string employeeNumber;          //编号
    private string name;                    //姓名
    public Person(string strNumber, string strName)
    {
        employeeNumber=strNumber;
        name=strName;
    }
    public void OutputInfo()                //输出基本信息
    {
```

```
        Console.WriteLine("{0}的基本信息如下:", name);
        Console.WriteLine("编      号:{0}", employeeNumber);
        Console.WriteLine("姓      名:{0}", name);
    }
}
```

在子类 Teacher 中对方法进行隐藏的代码如下：

```
class Teacher : Person
{
    private string title;                    //职称
    public Teacher(string number, string name, string strTitle)
        : base(number, name)
    {
        this.title=strTitle;
    }
    public new void OutputInfo()             //输出基本信息
    {
        base.OutputInfo();                   //调用父类的方法
        Console.WriteLine("职      称:{0}", title);
    }
}
```

为了演示方法隐藏实现多态，即上述方法 OutputInfo() 在不同类中具有不同的行为。为此，在主方法 Main() 中编写如下代码，来测试方法隐藏的效果。

```
static void Main(string[] args)
{
    Person person1=new Person("A6568", "薛玉");
    person1.OutputInfo();
    Person person2=new Teacher("A6568", "薛玉", "副教授");
    person2.OutputInfo();
    ((Teacher)person2).OutputInfo();
}
```

上述代码中虽然 Person 类的对象 person2 刚开始引用的是 Teacher 的实例，由于 person2 是 Person 类型，所以调用的还是 Person 类的 OutputInfo() 方法。后来通过语句 ((Teacher)person2) 将对象 person2 强制转换为 Teacher 类型，最后调用的则是 Teacher 类的 OutputInfo() 方法，从而实现了多态的效果。

6.4.3   通过接口实现多态

接口实现多态是指已经实现接口的类在派生子类时可以有不同的实现方式。这种对接口的重新实现主要有两种方式：对接口直接重新实现以及对接口成员使用关键字 virtual 重新实现。

1. 对接口直接重新实现

从已实现接口的父类中派生子类时，将该接口列入子类的继承列表中，在该派生类中

259

对该接口重新实现。

以下代码是一个对接口直接重新实现的示例。

```csharp
public interface GoodsInterface
{
    void DisplayAmount();                          //输出商品总金额
}


public class Books : GoodsInterface
{
    public void DisplayAmount()
    {
        Console.WriteLine("商品总金额为:200元");
    }
}


public class Textbook:Books, GoodsInterface
{
    public void DisplayAmount()
    {
        Console.WriteLine("商品总金额为:500元");
    }
}
```

上述代码中,子类 Textbook 由 Books 类派生,Books 类本身已经实现 GoodsInterface 接口。但是在定义 Textbook 子类时将 GoodsInterface 接口也列入该类 的父类列表,意味着该类会对 GoodsInterface 接口重新实现。

在主方法 Main()中编写如下代码,来测试对接口方法直接重新实现的效果。

```csharp
static void Main(string[] args)
{
    Books book=new Books();
    book.DisplayAmount();
    Textbook text=new Textbook();
    text.DisplayAmount();
}
```

2. 对接口成员使用 virtual 关键字重新实现

该方式是在父类实现接口的成员时,在该成员前面加关键字 virtual,来表示父类中 声明的此方法是一个虚方法,此时在子类中可以加关键字 override 对接口成员进行重新 实现。

将上述对接口直接重新实现的代码稍做修改,形成如下的代码,来完成对接口成员的 重新实现。

```csharp
public interface GoodsInterface
{
```

```
        void DisplayAmount();                    //输出商品总金额
    }
    public class Books : GoodsInterface
    {
        public virtual void DisplayAmount()
        {
            Console.WriteLine("商品总金额为:200元");
        }
    }
    public class Textbook:Books
    {
        public override void DisplayAmount()
        {
            Console.WriteLine("商品总金额为:500元");
        }
    }
```

上述代码对前面的代码进行了 3 处改动,即在 Books 类的 DisplayAmount()方法前加关键字 virtual;定义 Textbook 时类,在其父类列表中去掉 GoodsInterface 接口;在 Textbook 类中定义 DisplayAmount()方法时,加关键字 override。

主方法 Main()中的代码不变,程序的运行结果没有变化。

编程实战

任务 6-2 使用委托实现屏幕上动态输出不同语言的问候语

【任务描述】

使用委托实现以下功能:根据指定的语言类型屏幕上动态输出对应语言的问候语,即对于"中文"类型,则屏幕上输出中文的问候语;对于"英语"类型,则屏幕上输出英语的问候语。

【任务实施】

(1) 启动 Visual Studio 2012。

(2) 创建项目 Application0602。

在 Visual Studio 2012 开发环境中,在该解决方案 Solution06 中创建一个名称为 Application0602 的项目。

(3) 定义委托。

在 Application0602 项目的 Program 类中使用关键字 delegate 定义委托,它定义了可以代表方法的类型,其代码如下:

```
public delegate void GreetingDelegate(string name);
```

（4）在 Program 类中定义 2 个方法 EnglishGreeting 和 ChineseGreeting，分别用于输出英文的问候语和中文问候语，其代码如下：

```
private static void EnglishGreeting(string name)
{
    Console.WriteLine("Good morning, "+name);
}
private static void ChineseGreeting(string name)
{
    Console.WriteLine("早上好, "+name);
}
```

（5）在 Program 类中添加一个 GreetPeople 方法，该方法接受一个 GreetingDelegate 类型的方法作为参数，其代码如下：

```
private static void GreetPeople(string name, GreetingDelegate MakeGreeting)
{
    MakeGreeting(name);
}
```

GreetPeople()方法可以接受一个参数变量，这个变量可以代表另一个方法，当我们给这个变量赋值 EnglishGreeting 的时候，它代表着 EnglsihGreeting()这个方法；当我们给它赋值 ChineseGreeting 的时候，它又代表着 ChineseGreeting()方法。我们将这个参数变量命名为 MakeGreeting。

MakeGreeting 的参数类型定义应该能够确定 MakeGreeting 可以代表的方法种类，再进一步讲，就是 MakeGreeting 可以代表的方法的参数类型和返回类型。

于是委托出现了：它定义了 MakeGreeting 参数所能代表的方法的种类，也就是 MakeGreeting 参数的类型。

委托 GreetingDelegate 出现的位置与 string 相同，string 是一个类型，那么 GreetingDelegate 应该也是一个类型。但是委托的声明方式和类完全不同，实际上，委托在编译的时候确实会编译成类。因为 Delegate 是一个类，所以在任何可以声明类的地方都可以声明委托。

（6）编写 Main()方法的代码。

项目 Application0602 中 C#程序 Program.cs 的 Main()方法的代码如表 6-1 所示。

表 6-1　项目 Application0602 中 C#程序 Program.cs 的 Main()方法的代码

行号	C#程序代码
01	`static void Main(string[] args)`
02	`{`
03	`    string name1, name2;`
04	`    name1="Tom";`
05	`    name2="汤姆";`

行号	C#程序代码
06	GreetingDelegate delegate1, delegate2;
07	delegate1=EnglishGreeting;
08	delegate2=ChineseGreeting;
09	GreetPeople(name1, delegate1);
10	GreetPeople(name2, delegate2);
11	GreetPeople("Mary", EnglishGreeting);
12	GreetPeople("玛丽", ChineseGreeting);
13	Console.ReadKey();
14	}

（7）运行程序。

设置 Application0602 项目为启动项目，然后按 Ctrl＋F5 快捷键开始运行程序，其输出结果如下所示。

```
Good morning, Tom
早上好，汤姆
Good morning, Mary
早上好，玛丽
```

任务 6-3　使用事件驱动机制输出指定日期对应的星期数

【任务描述】

通过键盘输入一个日期格式的字符串，使用事件驱动机制求出该日期对应的星期数，并输出结果。

【问题分析】

（1）定义一个与事件相关联的委托。

（2）使用定义的委托定义一个事件，通过该事件处理指定日期对应的星期数。

（3）定义一个与委托相匹配的方法，通过委托调用该方法来输出星期数。

（4）定义一个方法来订阅并触发事件，执行相应的事件处理方法并输出结果。

【任务实施】

（1）创建项目 Application0603。

在 Visual Studio 2012 开发环境中，在该解决方案 Solution06 中创建一个名称为 Application0603 的项目。

（2）定义类 TestEvent。

在 Application0603 项目中定义类 TestEvent。

（3）定义委托和事件。

在 Application0603 项目的 TestEvent 类中定义委托和事件，其代码如下：

```
public   delegate void delTellWeek(string strDate);
                                          //定义委托 delTellWeek
public   event delTellWeek myEvent;       //定义使用委托 delTellWeek 的事件 myEvent
```

（4）定义 TestEvent 类的 TellWeek 方法。

在 TestEvent 类中定义一个与委托 delTellWeek 相匹配的方法，来求出指定日期对应的星期数，并输出结果，代码如下所示。

```
void TellWeek(string strDate)
{
    DateTime date=DateTime.Parse(strDate);
    Console.WriteLine(strDate+"是星期{0:ddd}",date);
}
```

上述代码中的 {0:ddd}是日期类型的格式符，用于显示日期的星期数。

（5）定义 TestEvent 类的 TrigEvent 方法。

在 TestEvent 类中定义 TrigEvent 方法，来订阅和触发事件，代码如下所示。

```
public void TrigEvent()
{
    myEvent +=new delTellWeek(TellWeek);    //订阅事件
    Console.WriteLine("准备触发事件……");
    Console.WriteLine("请输入一个标准日期格式的字符串(yyyy-mm-dd):");
    string strDate=Console.ReadLine();
    Console.WriteLine("正在处理事件……");
    //触发事件,通过委托调用 TellWeek 方法来输出该日期对应的星期数
    myEvent(strDate);
    Console.WriteLine("事件处理结束!");
}
```

（6）编写 Main()方法的代码。

Application0603 项目中 C♯程序 Program.cs 的 Main()方法的代码如下所示，其作用是调用 TrigEvent 方法来输出处理结果。

```
static void Main(string[] args)
{
    TestEvent test=new TestEvent();
    test.TrigEvent();
}
```

（7）运行程序。

设置 Application0603 项目为启动项目，然后按 Ctrl＋F5 快捷键开始运行程序，按提示输入日期，这里输入"2016-3-26"，其输出结果如图 6-1 所示。

264

图 6-1　Application0603 项目的运行结果

任务 6-4　商品接口的定义与实现

【任务描述】

（1）创建商品接口 GoodsInterface0604，在该接口中分别定义 2 个方法 displayBaseInfo()、displayAmount()，分别用于输出商品基本信息和总金额。

（2）创建继承自 GoodsInterface0604 的 GoodsClass0604 类，该类中实现了接口所有的方法。

（3）在 Program 类的 Main()方法分别通过类对象和接口对象访问接口的成员变量和类的成员方法。

【任务实施】

（1）创建 Application0604 项目。

在 Visual Studio 2012 开发环境中，在该解决方案 Solution06 中创建一个名称为 Application0604 的项目。

（2）定义接口 GoodsInterface0604。

在 Application0604 项目中定义接口 GoodsInterface0604，其代码如表 6-2 所示。

表 6-2　GoodsInterface0604 接口的程序代码

序号	C#程序代码
01	public interface GoodsInterface0604
02	{
03	void DisplayBaseInfo();　　　　　　　//输出商品基本信息
04	void DisplayAmount();　　　　　　　　//输出商品总金额
05	}

（3）定义类 GoodsClass0604。

在 Application0604 项目中定义类 GoodsClass0604，该类继承自接口 GoodsInterface0604，实现了接口的方法 displayBaseInfo 和 displayAmount，其代码如表 6-3 所示。

表 6-3　GoodsClass0604 类的程序代码

序号	C#程序代码
01	class GoodsClass0604 : GoodsInterface0604
02	{
03	string goodsCode;　　　　　　　　　//商品编码
04	string goodsName;　　　　　　　　　//商品名称
05	int goodsNumber;　　　　　　　　　//商品数量
06	double goodsPrice;　　　　　　　　//商品价格
07	char currencyUnit1='￥';　　　　　//货币单位 1
08	string currencyUnit2="元";　　　　//货币单位 2
09	public GoodsClass0604(string code, string name, int num,double price){
10	goodsCode=code;
11	goodsName=name;
12	goodsNumber=num;
13	goodsPrice=price;
14	}
15	public void DisplayBaseInfo()
16	{
17	Console.WriteLine("商品基本信息如下:");
18	Console.WriteLine("【商品编码】:{0}" , goodsCode);
19	Console.WriteLine("【商品名称】:{0}", goodsName);
20	Console.WriteLine("【商品价格】:{0}{1:N2}", currencyUnit1 , goodsPrice);
21	}
22	public void DisplayAmount()
23	{
24	Console.WriteLine("商品总金额:{0:N2}{1}", goodsNumber * goodsPrice ,
25	currencyUnit2);
26	}
27	}

（4）编写 Main()方法的代码。

项目 Application0604 中 C#程序 Program.cs 的 Main()方法的代码如表 6-4 所示。

表 6-4　项目 Application0604 中 C#程序 Program.cs 的 Main()方法的代码

序号	C#程序代码
01	static void Main(string[] args)
02	{
03	//创建类对象
04	GoodsClass0604 objGoods1=new GoodsClass0604("1509659", "华为 P8",2,2058.00);
05	objGoods1.DisplayBaseInfo();　　　　//通过类对象访问类的成员方法
06	objGoods1.DisplayAmount();　　　　　//通过类对象访问类的成员方法
07	Console.WriteLine("------------------------");
08	//创建接口对象

续表

序号	C#程序代码
09	GoodsInterface0604 objGoods2=new GoodsClass0604("1588189",
10	"创维 50M5",5,8499.00);
11	objGoods2.DisplayBaseInfo(); //通过接口对象访问类的成员方法
12	objGoods2.DisplayAmount(); //通过接口对象访问类的成员方法
13	}

（5）运行程序。

设置 Application0604 项目为启动项目，然后按 Ctrl＋F5 快捷键开始运行程序，其输出结果如图 6-2 所示。

图 6-2　Application0604 项目的运行结果

任务 6-5　商品抽象类的定义与继承

【任务描述】

（1）创建商品抽象类 GoodsAbstractClass0605，在抽象类中定义多个成员变量（包括商品编码、商品名称、商品数量、商品价格和货币单位等）、多个构造方法和成员方法。

（2）在商品抽象类中定义 2 个抽象方法 displayBaseInfo（）、displaySizeInfo（），分别用于输出商品基本信息和商品尺寸。

（3）创建商品抽象类 GoodsAbstractClass0605 的抽象子类 GoodsAbstractClassSub1，该子类只实现了其父类的 1 个抽象方法 displayBaseInfo（）。

（4）创建商品抽象类 GoodsAbstractClass0605 的子类 BooksClassSub2，该子类实现了其父类所有的抽象方法，子类中使用 override 关键字定义了重载方法。

（5）在 Program 类的 Main（）方法中分别调用父类的 displayAmount（）方法，输出商品总金额，调用子类的 displayBaseInfo（）方法输出商品的基本信息。

【任务实施】

（1）创建项目 Application0605。

在 Visual Studio 2012 开发环境中，在该解决方案 Solution06 中创建一个名称为

267

Application0605 的项目。

（2）定义抽象类 GoodsAbstractClass0605。

在 Application0605 项目中定义抽象类 GoodsAbstractClass0605，其代码如表 6-5 所示。

表 6-5 Application0605 项目中抽象类 GoodsAbstractClass0605 的程序代码

序号	C#程序代码
01	`abstract class GoodsAbstractClass0605`
02	`{`
03	`    protected string goodsCode;` //商品编码
04	`    protected string goodsName;` //商品名称
05	`    protected int goodsNumber;` //商品数量
06	`    protected double goodsPrice;` //商品价格
07	`    protected char currencyUnit;` //货币单位
08	`    //定义父类无参构造方法`
09	`    public GoodsAbstractClass0605()`
10	`    {`
11	`    }`
12	`    //定义父类中包含 5 个参数的构造方法`
13	`    public GoodsAbstractClass0605(string code,string name,int number,`
14	`                            double price, char unit)`
15	`    {`
16	`        goodsCode=code;`
17	`        goodsName=name;`
18	`        goodsNumber=number;`
19	`        goodsPrice=price;`
20	`        currencyUnit=unit;`
21	`    }`
22	`    // 输出商品的总金额`
23	`    public void DisplayAmount()`
24	`    {`
25	`        if(currencyUnit =='元')`
26	`        {`
27	`            Console.WriteLine("商品总金额:{0:N2}{1}",`
28	`                            goodsNumber * goodsPrice, currencyUnit);`
29	`        } else {`
30	`            Console.WriteLine("商品总金额:{0}{1:N2}",`
31	`                            currencyUnit, goodsNumber * goodsPrice);`
32	`        }`
33	`    }`
34	`    // 输出商品的基本信息`
35	`    public abstract void DisplayBaseInfo();` //抽象方法
36	`    // 输出商品的尺寸`
37	`    public abstract void DisplaySizeInfo();` //抽象方法
38	`}`

（3）定义抽象子类 GoodsAbstractClassSub1。

在 Application0605 项目中定义抽象子类 GoodsAbstractClassSub1，该类继承自抽象类 GoodsAbstractClass0605，实现了父类的 DisplayBaseInfo 方法，但没有实现父类的方法 DisplaySizeInfo，因此要定义成抽象类，其代码如表 6-6 所示。

表 6-6　Application0605 项目中抽象子类 GoodsAbstractClassSub1 的程序代码

序号	C#程序代码
01	//继承自抽象类 GoodsAbstractClass0605,但没有实现其所有的抽象方法
02	abstract class GoodsAbstractClassSub1 : GoodsAbstractClass0605
03	{
04	public override void DisplayBaseInfo()
05	{
06	Console.WriteLine("商品基本信息如下:");
07	Console.WriteLine("【商品编码】:"+goodsCode);
08	Console.WriteLine("【商品名称】:"+goodsName);
09	Console.WriteLine("【商品价格】:"+goodsPrice);
10	}
11	}

（4）定义子类 BooksClassSub2。

在 Application0605 项目中定义子类 BooksClassSub2，该类继承自抽象类 GoodsAbstractClass0605，实现了父类的所有方法，其代码如表 6-7 所示。

表 6-7　Application0605 项目中 BooksClassSub2 子类的程序代码

序号	C#程序代码
01	class BooksClassSub2 : GoodsAbstractClass0605
02	{
03	int format;　　　　　　　　　　//开本
04	//定义子类包含 5 个参数的构造方法
05	public BooksClassSub2(string code, string name, int number,
06	double price, char unit)
07	:base(code, name, number, price, unit)
08	{
09	goodsCode=code;
10	goodsName=name;
11	goodsNumber=number;
12	goodsPrice=price;
13	currencyUnit=unit;
14	}
15	//定义子类包含 6 个参数的构造方法
16	public BooksClassSub2(string code, string name, int number,
17	double price, char unit,int format)
18	: base(code, name, number, price, unit)

序号	C#程序代码
19	{
20	goodsCode=code;
21	goodsName=name;
22	goodsNumber=number;
23	goodsPrice=price;
24	currencyUnit=unit;
25	this.format=format;
26	}
27	// 输出图书的基本信息
28	public override void DisplayBaseInfo()
29	{
30	Console.WriteLine("图书的基本信息如下:");
31	Console.WriteLine("【图书的编码】:"+goodsCode);
32	Console.WriteLine("【图书的名称】:"+goodsName);
33	}
34	// 输出图书的开本
35	public override void DisplaySizeInfo()
36	{
37	Console.WriteLine("图书的开本为:"+format+"开");
38	}
39	}

（5）编写 Main()方法的代码。

项目 Application0605 中 C＃程序 Program. cs 的 Main()方法的代码如表 6-8 所示。

表 6-8　项目 Application0605 中 C＃程序 Program. cs 的 Main()方法的代码

序号	C#程序代码
01	static void Main(string[] args)
02	{
03	GoodsAbstractClass0605 obj1;
04	BooksClassSub2 obj2;
05	obj1=new BooksClassSub2("1588189", "创维 50M5", 3, 2058.0, '￥');
06	obj1.DisplayAmount();　　　　　　　　　//调用父类的方法
07	Console.WriteLine("---------------------");
08	obj2=new BooksClassSub2("1547058396", "C 语言程序设计任务驱动教程",
09	4, 25.8, '￥');
10	obj2.DisplayAmount();　　　　　　　　　//调用父类的方法
11	obj2.DisplayBaseInfo();　　　　　　　　//调用子类实现的方法
12	}

（6）运行程序。

设置 Application0605 项目为启动项目,然后按 Ctrl＋F5 快捷键开始运行程序,其输出结果如图 6-3 所示。

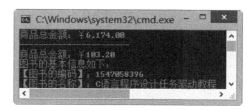

图 6-3　Application0605 项目的运行结果

任务 6-6　通过方法的重载实现多态

【任务描述】

（1）在 Visual Studio 2012 开发环境中，首先在解决方案 Solution06 中创建一个名称为 Application0606 的项目。

（2）在命名空间 Application0606 中定义父类——商品信息类 GoodsParentClass，该类包括多个成员变量、构造方法和成员方法。

（3）创建继承自 GoodsParentClass 类的子类 DigitalProductsClass，定义子类的多个成员变量（包括型号、外观、颜色、重量等），定义子类的多个构造方法，定义输出数码产品的主体参数、输出数码产品的总金额、输出数码产品价格的成员方法。

【任务实施】

1. 创建解决方案和项目

（1）启动 Visual Studio 2012。

（2）创建项目 Application0606。

在 Visual Studio 2012 开发环境中，首先在解决方案 Solution06 中创建一个名称为 Application0606 的项目。

2. 定义类 GoodsParentClass

（1）声明 GoodsParentClass 类的成员变量

C♯程序 Program.cs 中声明 GoodsParentClass 类成员变量的代码如表 6-9 所示。

表 6-9　C♯程序 Program.cs 中声明 GoodsParentClass 类成员变量的代码

行号	C#程序代码
01	public class GoodsParentClass
02	{
03	private string goodsCode;　　　　　　　　//商品编码
04	private string goodsName;　　　　　　　　//商品名称

行号	C#程序代码	
05	`private string goodsCategory;`	//商品类别
06	`private int goodsNumber;`	//商品数量
07	`private double goodsPrice;`	//商品价格
08	`private char currencyUnit;`	//货币单位
09	`}`	

（2）声明 GoodsParentClass 类的构造方法

声明 GoodsParentClass 类构造方法的代码如表 6-10 所示。

表 6-10　声明 GoodsParentClass 类构造方法的代码

行号	C#程序代码
01	`//显式定义父类中的无参构造方法,相当于默认的构造方法`
02	`public GoodsParentClass()`
03	`{`
04	`}`
05	`//定义父类中的包含 2 个参数的构造方法`
06	`public GoodsParentClass(string code, string name)`
07	`{`
08	`  this.goodsCode=code;`
09	`  this.goodsName=name;`
10	`}`
11	`//定义父类中的包含 3 个参数的构造方法`
12	`public GoodsParentClass(string code, string name, string category)`
13	`{`
14	`  this.goodsCode=code;`
15	`  this.goodsName=name;`
16	`  this.goodsCategory=category;`
17	`}`
18	
19	`public GoodsParentClass(string code, string name, int num)`
20	`{`
21	`  this.goodsCode=code;`
22	`  this.goodsName=name;`
23	`  this.goodsNumber=num;`
24	`}`
25	`//定义父类中的包含 6 个参数的构造方法`
26	`public GoodsParentClass(string code, string name, string category,`
27	`                    double price, char unit, int num)`
28	`{`
29	`  this.goodsCode=code;`
30	`  this.goodsName=name;`

行号	C#程序代码
31	`this.goodsCategory=category;`
32	`this.goodsNumber=num;`
33	`this.goodsPrice=price;`
34	`this.currencyUnit=unit;`
35	`}`

（3）声明 GoodsParentClass 类的属性

声明 GoodsParentClass 类属性的代码如表 6-11 所示。

表 6-11　声明 GoodsParentClass 类属性的代码

行号	C#程序代码
01	`//设置商品的价格`
02	`public void setGoodsPrice(double price)`
03	`{`
04	`    this.goodsPrice=price;`
05	`}`
06	`//获取商品的价格`
07	`public double getGoodsPrice()`
08	`{`
09	`    return goodsPrice;`
10	`}`
11	`//设置货币的单位`
12	`public void setCurrencyUnit(char unit)`
13	`{`
14	`    this.currencyUnit=unit;`
15	`}`
16	`//获取货币的单位`
17	`public char getCurrencyUnit()`
18	`{`
19	`    return currencyUnit;`
20	`}`

（4）声明 GoodsParentClass 类的方法

声明 GoodsParentClass 类方法的代码如表 6-12 所示。

表 6-12　声明 GoodsParentClass 类方法的代码

行号	C#程序代码
01	`//计算商品的总金额`
02	`public double calAmount()`
03	`{`
04	`    double amount;`
05	`    amount=goodsPrice * goodsNumber;`

行号	C#程序代码
06	return amount;
07	}
08	//输出商品的基本信息
09	public void displayBaseInfo()
10	{
11	Console.WriteLine("--------------------------------");
12	Console.WriteLine("商品的基本信息如下:");
13	Console.WriteLine("【商品编码】:{0}", goodsCode);
14	Console.WriteLine("【商品名称】:{0}", goodsName);
15	Console.WriteLine("【商品类别】:{0}", goodsCategory);
16	Console.WriteLine("【商品价格】:￥{0:N2}", goodsPrice);
17	}
18	//输出商品的部分信息
19	public void displayBaseInfo(string code, string name)
20	{
21	Console.WriteLine("--------------------------------");
22	Console.WriteLine("商品的部分信息如下:");
23	Console.WriteLine("【商品编码】:{0}", code);
24	Console.WriteLine("【商品名称】:{0}", name);
25	}
26	//输出商品的总金额
27	public void displayAmount()
28	{
29	if(this.currencyUnit == '元')
30	Console.WriteLine("商品总金额:{0:N2}{1}",
31	this.calAmount(),this.currencyUnit);
32	else
33	Console.WriteLine("商品总金额:{0}{1:N2}",
34	this.currencyUnit,this.calAmount());
35	}
36	//输出商品的价格
37	public void displayPrice()
38	{
39	if(this.currencyUnit == '元')
40	Console.WriteLine("商品的价格为:{0:N2}{1}",
41	this.goodsPrice,this.currencyUnit);
42	else
43	Console.WriteLine("商品的价格为:{0}{1:N2}",
44	this.currencyUnit,this.goodsPrice);
45	}

3. 定义子类 DigitalProductsClass

（1）声明 DigitalProductsClass 子类的成员变量

C♯程序 Program. cs 中声明 DigitalProductsClass 子类成员变量的代码如表 6-13 所示。

表 6-13　C♯程序 Program. cs 中声明 DigitalProductsClass 子类成员变量的代码

行号	C#程序代码
01	//定义子类 DigitalProducts,即数码产品类
02	public class DigitalProductsClass : GoodsParentClass
03	{
04	private string digitalModel;　　　　　　　//型号
05	private string digitalColor;　　　　　　　//颜色
06	private double weight;　　　　　　　　　//重量
07	}

（2）声明 DigitalProductsClass 子类的构造方法

声明 DigitalProductsClass 子类构造方法的代码如表 6-14 所示。

表 6-14　声明 DigitalProductsClass 子类构造方法的代码

行号	C#程序代码
01	//定义无参子类构造方法
02	public DigitalProductsClass(){
03	}
04	//定义子类包含 3 个参数的构造方法
05	public DigitalProductsClass(string model, string color, double weight)
06	{
07	this.digitalModel=model;
08	this.digitalColor=color;
09	this.weight=weight;
10	}
11	//定义子类包含 9 个参数的构造方法
12	public DigitalProductsClass(string code, string name, string category,
13	double price, char unit, int num,
14	string model,string color, double weight)
15	:base(code,name,category,price, unit, num)
16	{
17	this.digitalModel=model;
18	this.digitalColor=color;
19	this.weight=weight;
20	}

（3）声明 DigitalProductsClass 子类的方法

声明 DigitalProductsClass 子类方法的代码如表 6-15 所示。

表 6-15　声明 DigitalProductsClass 子类方法的代码

行号	C#程序代码
01	//输出数码产品的主体参数
02	public void displayBaseInfo(string wightUnit){
03	Console.WriteLine("---------------------------");
04	Console.WriteLine("数码产品的主体参数如下:");
05	Console.WriteLine("【产品型号】:{0}", digitalModel);
06	Console.WriteLine("【产品颜色】:{0}", this.digitalColor);
07	Console.WriteLine("【产品重量】:{0:N2}{1}", this.weight , wightUnit);
08	}
09	//输出数码产品的总金额,格式为:¥XXX
10	public void displayAmount(string currencyUnit){
11	Console.WriteLine("【数码产品的总金额】:{0}{1:N2}",
12	currencyUnit,calAmount());
13	}
14	//输出数码产品价格,格式为:¥XXX
15	public new void displayPrice(){
16	Console.WriteLine("【数码产品的价格】:{0}{1:N2}",
17	getCurrencyUnit(),getGoodsPrice());
18	}

4. 定义子类 Program 及其方法的代码

（1）编写 Program 类 useParentClass()方法的代码

Program 类的 useParentClass()方法的代码如表 6-16 所示。

表 6-16　Program 类的 useParentClass()方法的代码

行号	C#程序代码
01	private static void useParentClass()
02	{
03	//使用显式定义的无参构造方法实例化对象
04	GoodsParentClass objGoods1=new GoodsParentClass();
05	objGoods1.displayBaseInfo();
06	GoodsParentClass objGoods2;　//创建并使用父类对象
07	//使用带参数的构造方法实例化对象
08	objGoods2=new GoodsParentClass("1588189", "创维 50M5",
09	"家电产品",7999.00,'元',3);
10	objGoods2.displayBaseInfo();
11	objGoods2.displayAmount();
12	objGoods2.displayPrice();
13	}

【代码解读】

表 6-16 中第 10～12 行分别调用父类的方法输出商品的基本信息、总金额和商品价格。

（2）编写 Program 类 useSubClass()方法的代码

Program 类的 useSubClass()方法的代码如表 6-17 所示。

表 6-17　Program 类的 useSubClass()方法的代码

行号	C#程序代码
01	`private static void useSubClass()`
02	`{`
03	`    //创建并使用子类 DigitalProducts 的第 1 个对象`
04	`    DigitalProductsClass objDigital1;`
05	`    objDigital1=new DigitalProductsClass("S5830","白色", 119);`
06	`    //调用父类的静态方法输出数码产品的基本信息`
07	`    objDigital1.displayBaseInfo("1509659", "华为 P8");`
08	`    //创建并使用子类 DigitalProducts 的第 2 个对象`
09	`    DigitalProductsClass objDigital2;`
10	`    objDigital2=new DigitalProductsClass("1217499","Apple iPhone 6",`
11	`                    "数码产品", 1500.00, '￥', 2, "A350", "尊贵灰", 138);`
12	`    objDigital2.displayBaseInfo("g");    //调用子类的方法输出主体参数`
13	`    objDigital2.displayAmount("￥");    //调用子类的方法输出总金额`
14	`    objDigital2.displayAmount();    //调用父类的方法输出总金额`
15	`    objDigital2.displayPrice();    //调用子类的方法输出价格`
16	`}`

（3）编写 Program 类 Main()方法的代码

Program 类的 Main()方法的代码如表 6-18 所示。

表 6-18　Program 类的 Main()方法的代码

行号	C#程序代码
01	`static void Main(string[] args)`
02	`{`
03	`    useParentClass();`
04	`    useSubClass();`
05	`}`

5. 运行程序

设置 Application0606 项目为启动项目，然后按 Ctrl＋F5 快捷键开始运行程序，其输出结果如图 6-4 所示。

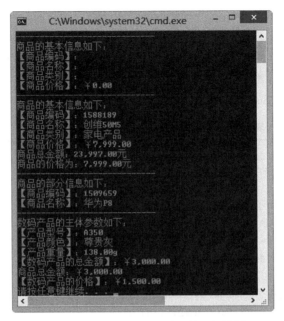

图 6-4　Application0606 项目的运行结果

同步训练

任务 6-7　委托的定义与使用

输入两个整数,根据用户的提示,求出两个整数的和、差、积和商并输出。

其实现主要步骤如下:

(1)定义一个返回值类型为整数,并且带两个整数参数的委托类型,以便调用计算整数的方法。

(2)定义 4 个方法,分别用于计算两个整数的和、差、积、商,将计算结果通过返回值返回。

(3)实例化委托,在程序运行时根据用户的提示调用所需的方法,计算结果。

(4)将计算的结果输出。

任务 6-8　设计银行卡模拟系统的抽象类和接口

已有银行账户类 Account,该类的成员变量包括银行卡卡号、账户名称、密码、账户余额、货币种类,该类包含多个获取对象数据的方法。

（1）创建一个抽象类 AccountAbstractClass，该类中包括创建账户的抽象方法 createAccount()和删除账户的抽象方法 removeAccount()。

（2）创建一个接口 AccountInterface，该接口包括输出账户数据的方法 getAccountInfo()和验证用户身份的方法 verifyStatus()。

（3）创建一个继承自抽象类 AccountAbstractClass 同时实现了接口 AccountInterface 的 CardAccountClass 类，该类包括创建账户、查找账户、删除账户、验证用户身份、输出账户信息等多个方法。创建一个测试类 Examine4，测试创建账户、验证用户身份、删除账户和输出账户信息等操作。

编写 C♯ 程序实现以上功能。

析疑解难

【问题 1】　接口与抽象类有哪些异同点？

接口是一种数据类型，是一种特殊的类，抽象类也是一种特殊的类，它们具有类的一些特性，表 6-19 对两者进行了一些比较，以便更加深入地理解和灵活运用它们。

表 6-19　接口和抽象类的比较

相　同　点	不　同　点
都属于引用类型的数据，是一种特殊的类	抽象类是由相似对象抽象而成的类，而接口只是一个行为的规范或规定
都不能实例化，必须在其子类中实现	一个类可以实现多个接口，但是只能从一个父类中派生，其中包括抽象类
都可以包含未实现的方法声明和属性声明	抽象类既包含可变部分又包含不可变部分，但接口仅定义了可变部分
两者的子类都必须实现它们的声明，子类实现抽象类的抽象方法和抽象属性，而对于接口而言，则要实现它的所有成员	如果要创建组件的多个版本，则应该创建抽象类；如果创建的功能在所有对象中使用，则应该创建接口

【问题 2】　含有抽象方法的类和虚方法的类有哪些异同点？

（1）含有抽象方法和虚方法的类的相同点为：含有抽象方法或虚方法的类通过继承，在子类中可以实现多态，在子类中实现抽象方法或重写虚方法时，都使用关键字 override。

（2）含有抽象方法和虚方法的类的不同点为：抽象类不能实例化，而定义虚方法的类可以实例化，抽象类的子类必须实现抽象类中定义的抽象方法，而定义虚方法的类的子类可以不重写虚方法。

【问题 3】　简要说明何谓程序集？

程序集是.NET Framework 应用程序的构造块；程序集构成了部署、版本控制、重复使用、激活范围控制和安全权限的基本单元。程序集是为协同工作而生成的类型和资源的集合,这些类型和资源构成了一个逻辑功能单元。程序集向公共语言运行库提供了解类型实现所需的信息。对于运行库,类型不存在于程序集上下文之外。

程序集可以是静态的或动态的。静态程序集可以包括.NET Framework 类型(接口和类),以及该程序集的资源(位图、JPEG 文件、资源文件等)。静态程序集存储在磁盘上的可移植可执行文件中。还可以使用.NET Framework 来创建动态程序集,动态程序集直接从内存运行并且在执行前不存储到磁盘上,可以在执行动态程序集后将它们保存在磁盘上。

单元习题

(1) C♯语言中,以下(　　)关键字是用于隐藏父类的方法。

    A. virtual   B. abstract   C. new   D. base

(2) 以下说法中不正确的是(　　)。

    A. C♯程序中允许一个类实现多个接口

    B. C♯程序中允许一个类继承多个类

    C. C♯程序中允许一个类同时继承一个类并实现一个接口

    D. C♯程序中允许一个接口继承一个接口

(3) 关于抽象类的说法不正确的是(　　)。

    A. 抽象类中可以有非抽象方法

    B. 抽象类中一定有抽象方法

    C. 如果父类是抽象类,并且子类不是抽象类,则子类必须重写父类所有的抽象方法

    D. 可以使用抽象类去创建对象

(4) 以下关于委托的说法,不正确的是(　　)。

    A. 委托是引用类型,委托封装了方法

    B. 委托是用户自定义一种数据类型

    C. 委托封装的方法只能是静态方法,不能是实例方法

    D. 调用委托其实就是调用委托所封装的方法

(5) 定义委托时使用的关键字是(　　)。

    A. interface   B. delegate   C. abstract   D. virtual

(6) 定义抽象类时使用的关键字是(　　)。

    A. interface   B. delegate   C. abstract   D. virtual

(7) 定义接口时使用的关键字是(　　)。

    A. interface   B. delegate   C. abstract   D. virtual

(8) 定义虚方法时使用的关键字是(　　)。

    A. interface   B. delegate   C. abstract   D. virtual

（9）子类重写虚方法时，要在子类的方法声明前加一个关键字（　　）。

　　A. abstract　　　　　B. new　　　　　　C. override　　　　D. virtual

（10）以下描述包含抽象方法和虚方法的类的共同点，正确的是（　　）。

　　A. 含有抽象方法或虚方法的类通过继承，在子类中可以实现多态

　　B. 只有在子类中重写虚方法时才能使用关键字 override

　　C. 定义虚方法的类也不能实例化

　　D. 定义虚方法的类的子类必须重写虚方法

单元 7 文件操作应用程序设计

在计算机中,通常将各种数据、文档、程序等软件资源以文件的形式存储在各种媒介上(硬盘、光盘、可移动磁盘等),并可以对文件进行读取、修改、复制、移动和删除等操作。文件是一种进行数据读写操作的有效方法,为了更方便地使用文件,操作系统中采用目录树的形式对文件进行管理,在 Windows 操作系统中,习惯上把目录称为文件夹。一个文件夹可以包含若干子文件夹或文件,由此构成了由文件夹和文件组成的树状存储系统。

编写应用程序时,经常需要以文件的形式保存和读取一些信息,这时就需要进行各种文件操作,有效地管理和读写文件以便使应用程序更加完善。

程序探析

任务 7-1 创建文件夹与查看文件夹的属性

【任务描述】

(1) 利用 C♯命名空间 System. IO 中文件夹操作的类在 D 盘中创建如图 7-1 所示的文件夹的树结构,文件夹依次为：C♯程序设计→工资管理系统→数据库文件→备份。

(2) 在控制台窗口输出新建立的子文件夹"备份"的全名、属性、创建时间和根目录等信息,输出文件夹"备份"的直接父文件夹的名称、最后一次访问时间和最后一次修改时间等信息。

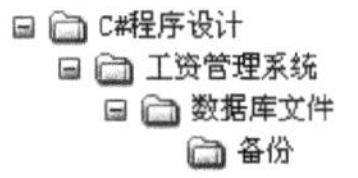

图 7-1 工资管理系统文件夹的树结构

(3) 创建一个删除各级文件夹的方法备用。

【问题分析】

使用 C♯命名空间 System. IO 中的 DirectoryInfo 类和 Directory 类都可以创建文件夹,这里使用 DirectoryInfo 类的 Create()方法创建各级文件夹。

【任务实施】

(1) 启动 Visual Studio 2012。

（2）创建项目 Application0701。

在 Visual Studio 2012 开发环境中，首先创建一个名称为 Solution07 的解决方案，然后在该解决方案中创建一个名称为 Application0701 的项目。

（3）引入必要的命名空间。

Visual C♯ 提供了 System.IO 命名空间，该命名空间中提供了一系列用于管理与操作文件和文件夹的类，要使用该命名空间的类，例如 DirectoryInfo，C♯ 程序 Program.cs 中必须引入 System.IO 命名空间，代码如下所示。

```
using System.IO;
```

（4）编写 createSubDir()方法的代码。

C♯ 程序 Program.cs 的 createSubDir()方法的代码如表 7-1 所示，该方法用于创建各级子文件夹。

表 7-1　C♯程序 Program.cs 的 createSubDir()方法的代码

行号	C#程序代码
01	static void createSubDir(DirectoryInfo dir0)
02	{
03	DirectoryInfo dir01;
04	DirectoryInfo dir011;
05	DirectoryInfo dir012;
06	dir01=dir0.CreateSubdirectory("工资管理系统");
07	dir011=dir01.CreateSubdirectory("数据库文件");
08	dir012=dir0.CreateSubdirectory("工资管理系统\\数据库文件\\备份");
09	}

【代码解读】

第 03～05 行声明三个 DirectoryInfo 类对象 dir01、dir011 和 dir012。

第 06 行利用 dir0 创建子文件夹，并把 dir01 和新建立的子文件夹"D:\C♯程序设计\工资管理系统"关联起来。

第 07 行利用 dir01 创建子文件夹，并把 dir011 和新建立的子文件夹"D:\C♯程序设计\工资管理系统\数据库文件"关联起来。其中"\\"为转义字符，表示反斜杠"\"。

第 08 行利用 dir0 建立子文件夹，并把 dir012 和新建立的子文件夹"D:\C♯程序设计\工资管理系统\数据库文件\备份"关联起来。

（5）编写 deleteDir()方法的代码。

C♯ 程序 Program.cs 的 deleteDir()方法的代码如表 7-2 所示，该方法用于删除各级指定的文件夹，该方法在 C♯ 程序 Program.cs 中的 Main()方法中暂未使用。

表 7-2　C♯程序 Program.cs 的 deleteDir()方法的代码

行号	C#程序代码
01	static void deleteDir(DirectoryInfo dir0)
02	{
03	DirectoryInfo[] subdir;

续表

行号	C#程序代码
04	subdir=dir0.GetDirectories();
05	foreach(DirectoryInfo dir in subdir)
06	{
07	dir.Delete(true);
08	}
09	dir0.Delete(false);
10	}

【代码解读】

第 03 行声明一个 DirectoryInfo 类的对象数组,用于存储指定文件夹下的所有子文件。

第 04 行返回指定文件夹中的所有子文件夹,并将它们存放在 subdir 数组中。

第 05~08 行依次处理指定文件夹中的所有子文件。第 07 行删除指定文件夹中的子文件,参数为 true 时,表示无条件直接删除该文件及其中所包含的所有子文件夹和文件。

第 09 行删除指定的文件夹,参数为 false 时,如果文件非空,会产生运行时错误。

(6)编写 listDirInfo()方法的代码。

C♯程序 Program.cs 的 listDirInfo()方法的代码如表 7-3 所示,该方法用于输出文件夹的属性信息。

表 7-3　C♯程序 Program.cs 的 listDirInfo()方法的代码

行号	C#程序代码
01	static void listDirInfo(DirectoryInfo dir0)
02	{
03	DirectoryInfo[] subdir;
04	subdir=dir0.GetDirectories();
05	foreach(DirectoryInfo dir in subdir)
06	{
07	if(dir.Name =="备份")
08	{
09	Console.WriteLine("文件夹"{0}"的全名是:{1}",dir.Name,dir.FullName);
10	Console.WriteLine("文件夹"{0}"的属性是:{1}",dir.Name,dir.Attributes);
11	Console.WriteLine("文件夹"{0}"的创建时间是:{1}", dir.Name,
12	dir.CreationTime);
13	Console.WriteLine("文件夹"{0}"的根目录是:{1}",dir.Name,dir.Root);
14	Console.WriteLine("文件夹"{0}"的父文件夹是:{1}", dir.Name,
15	dir.Parent.Name);
16	Console.WriteLine("父文件夹"{0}"最后一次访问时间:{1}",
17	dir.Parent.Name, dir.Parent.CreationTime);

行号	C#程序代码
18	Console.WriteLine("父文件夹"{0}"最后一次修改时间:{1}",
19	dir.Parent.Name, dir.Parent.LastAccessTime);
20	return;
21	}
22	else
23	{
24	listDirInfo(dir);
25	}
26	}
27	}

【代码解读】

第 05～26 行依次处理指定文件夹中的所有子文件。第 24 行递归调用 listDirInfo()方法。第 09～13 行输出子文件夹"备份"的属性,第 14～19 行输出文件夹"备份"的父文件夹(即"数据库文件")的属性。

(7) 编写 Main()方法的代码。

C♯程序 Program.cs 的 Main()方法的代码如表 7-4 所示。

表 7-4   C♯程序 Program.cs 的 Main()方法的代码

行号	C#程序代码
01	static void Main()
02	{
03	DirectoryInfo dir0=new DirectoryInfo("D:\\C#程序设计");
04	if(! dir0.Exists)
05	{
06	dir0.Create();
07	createSubDir(dir0);
08	listDirInfo(dir0);
09	}
10	else
11	{
12	listDirInfo(dir0);
13	//deleteDir(dir0);
14	}
15	}

【代码解读】

第 03 行实例化 DirectoryInfo 类对象 dir0,并把它和文件夹"D:\C♯程序设计"关联起来。

第 04 行 if 语句的条件表达式判断文件夹是否存在。

第 06 行创建文件夹"C♯程序设计"。

第 07 行调用 createSubDir()方法创建文件夹"C♯程序设计"的各级子文件夹。

第 08 行和第 12 行调用 listDirInfo()方法,输出文件夹属性。

(8) 运行程序。

按 Ctrl+F5 快捷键开始运行程序,其输出结果如图 7-2 所示。

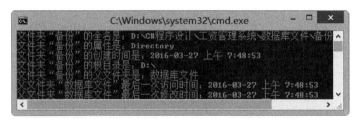

图 7-2　Application0701 项目中 Program.cs 程序的输出结果

知识导读

7.1　用于文件和文件夹操作的类

对文件的操作主要分为两个方面:文件访问和文件管理。文件访问是指从文件中读取或写入数据,文件管理是指对文件或文件夹的新建、重命名、删除、复制、移动等操作。

Visual C♯提供了 System.IO 命名空间,该命名空间中提供了一系列用于管理与操作文件和文件夹的类,如图 7-3 所示。这些类的基本功能是创建、删除和操作文件夹和文件,对文件夹和文件进行管理,对文件进行读写操作等。程序要使用 System.IO 命名空间中的类,首先必须引入该命名空间,即在源程序的最前面加入语句 using System.IO,否则系统将无法识别这些类。

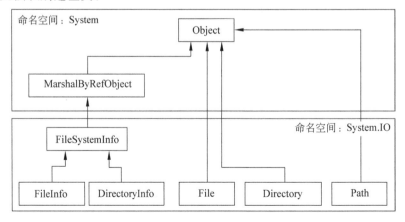

图 7-3　用于文件和文件夹操作的类

286

Visual C♯使用文件流进行文件访问,文件流可以想象成程序与文件之间数据流动的管道,通过该管道来接收或发送一系列的数据。访问文件首先要建立与文件有关的文件流对象,创建文件流对象的类是 FileStream 类。

当创建了一个文件流对象后,在程序和要访问的文件之间也就建立了一个数据流动通道,但是数据不会自己流动,文件流对象也不能控制是读取数据还是写入数据,所以,还需要建立文件的 Reader 对象或 Writer 对象。

Visual C♯将文件分成两种不同的类型:文本文件和二进制文件。文本文件只能包含纯文本字符,是以字符方式编码和保存数据的文件,对于大多数文本文件,可使用 StreamReader 类和 StreamWriter 类来进行读写操作。二进制文件是以二进制编码的形式保存数据文件,用于读取或写入任意结构的文件,例如图片文件、声音文件等。对于二进制文件,可使用 BinaryReader 类和 BinaryWriter 类进行读写操作。当数据读取完毕后,应该调用 FileStream 类的 Close()方法关闭流。

System.IO 命名空间中常用于操作文件和文件夹的类如表 7-5 所示。

表 7-5　System.IO 命名空间中常用于操作文件和文件夹的类

类 名 称	功 能 说 明
DirectoryInfo	用于创建、移动或访问文件夹。必须先创建对象实例才可以使用其属性和方法
Directory	用于创建、移动或访问文件夹。其提供的方法为共享方法,无须创建对象实例就可以使用相应方法
FileInfo	用于创建、打开、复制、移动或删除文件,必须先创建对象实例才可以使用其属性和方法,还可以协助创建 FileStream 类对象
File	用于创建、打开、复制、移动或删除文件,提供的方法为共享方法,无须创建对象实例就可以使用其方法,还可以协助创建 FileStream 类对象
FileStream	用于读取文本文件内容或将文本数据写入文本文件中
FileSystemInfo	是 FileInfo 类和 DirectoryInfo 类的抽象基类
Path	用于以跨平台方式操作路径和文件夹,提供的字段和方法都属于共享型,无须创建对象实例就可以使用其字段和方法
StreamReader	用于读取文本文件
StreamWriter	用于将数据写入文本文件
BinaryReader	用于以二进制方式读取文本文件
BinaryReader	用于以二进制方式将数据写入文本文件
DriveInfo	用于对有关驱动器信息进行访问

7.2　文件夹的操作

文件夹操作是指对文件夹进行创建、访问、移动、删除等操作。文件夹操作主要使用三个类：DirectoryInfo、Directory 和 Path。

DirectoryInfo 类提供实例方法对文件夹进行操作,Directory 类提供共享方法来对文件夹进行操作。

1．DirectoryInfo 类

DirectoryInfo 类的成员方法都不是静态的，使用时必须先实例化成一个对象，然后通过对象进行调用。如果使用同一个对象执行多个操作，使用 DirectoryInfo 类就比较有效，因为对该对象所关联文件的安全检查仅在对象被构造时执行一次，其后无论该对象调用了多少方法，都不需要进行安全检查。DirectoryInfo 类的主要属性和方法如表 7-6 所示。

表 7-6　DirectoryInfo 类的主要属性和方法

构 造 方 法	功 能 说 明
DirectoryInfo	在指定的路径中初始化 DirectoryInfo 类的新实例
属　　性	功 能 说 明
Attributes	获取或设置当前 FileSystemInfo 的 FileAttributes，即文件夹属性
Exists	获取指示文件夹是否存在的值
Extension	获取表示文件扩展名部分的字符串
FullName	获取文件夹或文件的完整文件夹
CreationTime	获取或设置当前 FileSystemInfo 对象的创建时间
LastAccessTime	获取或设置上次访问当前文件或文件夹的时间
LastWriteTime	获取或设置上次写入当前文件或文件夹的时间
Name	获取此 DirectoryInfo 实例的名称
Parent	获取指定文件夹的父文件夹
Root	获取路径的根文件夹名
方　　法	功 能 说 明
Create	在指定路径中创建文件夹
CreateObjRef	创建一个对象，该对象包含生成用于与远程对象进行通信的代理所需的全部相关信息
CreateSubdirectory	在指定路径中创建一个或多个子文件夹
Delete	从路径中删除 DirectoryInfo 及其内容
Equals	确定两个 Object 实例是否相等
GetAccessControl	获取当前文件夹的访问控制列表项
GetDirectories	返回当前文件夹的子文件夹
GetFiles	返回当前文件夹的文件列表
GetType	获取当前实例的 Type
MoveTo	将 DirectoryInfo 实例及其内容移动到新路径中
ReferenceEquals	确定指定的 Object 实例是否是相同的实例
Refresh	刷新对象的状态
ToString	返回用户所传递的原始路径

2. Directory 类

Directory 类既可以用来复制、移动、重命名、创建和删除文件夹，也可以用来获取和设置与文件夹的创建、访问及修改操作的时间信息。

由于所有的 Directory 类的方法都是静态的（属于共享方法），所以如果只想执行一个操作，那么使用 Directory 方法的效率比使用相应的 DirectoryInfo 实例方法可能更高。Directory 类的静态方法对所有方法都执行安全检查。Directory 类的属性和方法与 DirectoryInfo 类基本相同，创建指定路径的文件夹的方法为 CreateDirectory()，请参考 Visual C♯ 的帮助系统了解其属性和方法。

3. Path 类

Path 类对包含文件或文件夹路径信息的 String 实例执行操作，并且这些操作是以跨平台的方式执行的。

Path 类的大多数成员不与文件系统交互，并且不验证路径字符串指定的文件是否存在。修改路径字符串的 Path 类成员对文件系统中文件的名称没有影响。但是 Path 成员需要验证指定路径字符串的内容；如果在路径字符串中包含了无效的字符，则引发 ArgumentException 异常。

Path 类的成员可以快速方便地执行常见操作，例如确定文件扩展名是否是路径的一部分，以及将两个字符串组合成一个路径名。Path 类的所有成员都是静态的，因此无须创建路径的实例即可被调用。

Path 类方法有很多，其中 GetDirectoryName() 方法表示获取指定路径字符串的文件夹信息，其他的属性和方法请参考 Visual C♯ 的帮助系统。

7.3　文件的操作

文件操作的类主要用于创建、复制、删除、移动和打开文件，文件操作主要使用两个类：FileInfo 和 File。

FileInfo 类首先需要建立一个与特定文件关联的对象实例，然后使用实例成员方法对该文件进行操作。而 File 类包含多个用于创建、复制、删除和打开文件的共享方法，调用时不需要创建该类的实例，可以将文件名作为参数传递。

1. FileInfo 类

FileInfo 类用于创建、复制、删除、移动和打开文件，并且可以帮助创建 FileStream 对象。FileInfo 类的方法都不是静态的，使用时必须先实例化成一个对象，然后通过对象进行调用。如果使用同一个对象执行多个操作，使用 FileInfo 类就比较有效，因为对该对象所关联文件的安全检查只在对象被构造时执行一次，其后无论该对象调用了多少方法，都不需要再进行安全检查了。FileInfo 类的主要属性和方法如表 7-7 所示。

表 7-7　**FileInfo 类的主要属性和方法**

构 造 方 法	功 能 说 明
FileInfo	初始化 FileInfo 类的新实例

属　　性	功 能 说 明
Attributes	获取或设置当前 FileSystemInfo 的 FileAttributes（即文件的属性）
Directory	获取父文件夹的实例
DirectoryName	获取表示文件夹的完整路径的字符串
Exists	获取指示文件是否存在的值
Extension	获取表示文件扩展名部分的字符串
FullName	获取文件夹或文件的完整文件夹
IsReadOnly	获取或设置确定当前文件的只读属性
CreationTime	获取或设置当前 FileSystemInfo 对象的创建时间
LastAccessTime	获取或设置上次访问当前文件或文件夹的时间
LastWriteTime	获取或设置上次写入当前文件或文件夹的时间
Length	获取当前文件的大小
Name	获取文件名

方　　法	功 能 说 明
AppendText	创建一个 StreamWriter，用于向文件中追加文本
CopyTo	将现有文件的内容复制到新文件中
Create	创建文件
CreateObjRef	创建一个对象，该对象包含生成用于与远程对象进行通信的代理所需的全部相关信息
CreateText	创建写入新文本文件的 StreamWriter
Decrypt	使用 Encrypt 方法解密由当前用户加密的文件
Delete	永久删除文件
Encrypt	将某个文件加密，使得只有加密该文件的用户才能将其解密
Equals	确定两个 Object 实例是否相等
GetType	获取当前实例的类型
MoveTo	将指定文件移到新位置，并提供指定新文件名的选项
Open	用各种读/写访问权限和共享特权打开文件，允许显式指定打开文件的模式、访问方式和文件共享参数
OpenRead	创建只读的 FileStream，只能读取现有的文件
OpenText	创建使用 UTF8 编码、从现有文本文件中进行读取的 StreamReader
OpenWrite	创建只写的 FileStream，可以进行读写访问
ReferenceEquals	确定指定的 Object 实例是否是相同的实例
Refresh	刷新对象的状态
Replace	使用当前 FileInfo 对象所描述的文件替换指定文件的内容，这一过程将删除原始文件，并创建被替换文件的备份
ToString	以字符串形式返回路径

2. File 类

File 类既可以用于创建、复制、删除、移动和打开文件，并协助创建 FileStream 对象。也可以用于获取和设置文件属性或有关文件创建、访问及修改的时间信息。

由于所有的 File 方法都是静态的，所以如果只想执行一个操作，那么使用 File 方法的效率比使用相应的 FileInfo 实例方法可能更高。File 类的静态方法对所有方法都执行安全检查。如果打算多次重用某个对象，可考虑改用 FileInfo 的相应实例方法，因为并不总是需要安全检查。

File 类的属性和方法与 FileInfo 类基本相同，请参考 Visual C♯ 的帮助系统了解其属性和方法。

7.4　读写文件的操作

读写文件是对文件最常用的操作。读写文件时，通常要通过流（Stream）来完成。流指的是信息流，有两种基本的流：输入流和输出流。可以从输入流读数据，但不能对它写数据。要从输入流读取数据，必须有一个与该流相关联的字符源，例如文件、内存或键盘等。同理，可以向输出流写数据，但不能对它进行读数据的操作。要向输出流写入数据，也必须有一个与该流相关联的目标，例如文件、内存或显示器等。

由此可见，流可以用于向文件发送数据和接收来自文件的数据。读写文件时，需要按一定的步骤进行，首先要打开文件（如果是创建新文件，则在创建该文件的同时，应该打开它）。文件被打开后，需要使用流来将数据加入到文件中或从文件中取出数据。创建流时，需要指明数据的流动方向。将流与文件关联起来后，便可以开始读写数据了。如果是读取文件中的信息，则可能需要检查是否到了文件末尾。读写信息后，需要关闭文件，并释放与之关联的所有资源。

读/写文件的基本步骤总结如下：

（1）打开或创建文件。

（2）建立从文件中取出数据或向文件写入数据的流。

（3）将数据加入到文件中或从文件中读取数据。

（4）关闭流和文件。

对文件进行读写操作的类主要有 FileStream 类、StreamReader 类、StreamWriter 类和 Bufferecl Stream 类，另外还有 BinaryReader 类和 BinaryWriter 类。FileStream 类用于对文件进行读取、写入、打开和关闭等操作，提供了许多可以进行文件读写的实例方法。使用 StreamReader 类和 StreamWriter 类读取和显示文本文件会更方便，它们提供了一次读写一行文本的方法，读取文件时，流会自动确定下一个回车符的位置，并在该处停止读取。在写入文件时，流会自动把回车符和换行符添加到文本的末尾。另外，使用 StreamReader 类和 StreamWriter 类读/写文本不需要担心文件中的使用编码方式。编码方式是指文件中的文本用什么格式存储，可能的编码方式有 ASCII、Unicode、UTF7 和

UTF8。使用 StreamReader 类能正确读取任何格式的文件,使用 StreamWriter 类可以使用任何一种编码方式格式化要写入的文本。

1. FileStream 类

FileStream 类用于创建文件流对象、打开或关闭一个文件。FileStream 对象只能用来打开文件,建立到文件的通道,本身不能访问文件,要访问文件,必须使用读、写方法。

由于 FileStream 类能够对输入输出进行缓冲,因而处理效率比较高。FileStream 类的方法是非静态的,需要使用 FileStream 类的实例对象对文件中的数据进行读写操作。

要创建 FileStream 类的实例对象,一般包括以下四个方面的信息。

(1) 待访问的文件。

待访问的文件通常用一个包含文件完整路径名的字符串来表示。

(2) 打开文件的模式。例如,创建一个新文件或打开一个现有的文件。如果打开一个现有文件,写入操作则会改写文件原有的内容,并添加新内容到文件末尾。

打开文件的模式由枚举常量 FileMode 来表示。枚举常量 FileMode 的取值及含义如表 7-8 所示。

表 7-8 枚举常量 FileMode 的取值及含义

枚举成员的名称	取值及含义
Append	打开现有文件并查找到文件尾,或创建新文件。FileMode.Append 只能同 FileAccess.Write 一起使用。任何读尝试都将失败并引发 ArgumentException 异常
Create	指定操作系统应创建新文件。如果文件已存在,它将被改写。如果文件不存在,则使用 CreateNew 创建新文件;否则使用 Truncate 创建新文件
CreateNew	指定操作系统应创建新文件。如果文件已存在,则将引发 IOException 异常
Open	指定操作系统应打开现有文件。打开文件的能力取决于 FileAccess 所指定的值。如果该文件不存在,则引发 System.IO.FileNotFoundException 异常
OpenOrCreate	指定操作系统应打开文件(如果文件存在);否则,应创建新文件。如果用 FileAccess.Read 方法打开文件,则需要 FileIOPermissionAccess.Read 方法。如果文件访问方法为 FileAccess.Write 或 FileAccess.ReadWrite,则需要 FileIOPermissionAccess.Write 方法。如果文件访问方法为 FileAccess.Append,则需要 FileIOPermissionAccess.Append 方法
Truncate	指定操作系统应打开现有文件。文件一旦打开,将删除该文件中原有的内容。此操作需要 FileIOPermissionAccess.Write 方法。如果从使用 Truncate 方法打开的文件中进行读取操作将导致异常

(3) 访问文件的方式。需确定访问方式是只读、只写还是读写。

访问文件的方式由枚举常量 FileAccess 来表示,枚举常量 FileAccess 的取值及含义如表 7-9 所示。

表 7-9 枚举常量 FileAccess 的取值及含义

枚举成员的名称	取值及含义
Read	对文件进行读操作,可以从文件中读取数据。同 Write 组合即构成读写操作权限
ReadWrite	对文件进行读操作和写操作。可以从文件中读取数据和将数据写入文件
Write	对文件进行写操作,可以将数据写入文件。同 Read 组合即构成读/写操作权限

（4）文件访问的共享性。是独占访问文件,还是允许其他流同时访问文件。

文件访问的共享性由枚举常量 FileShare 来表示,枚举常量 FileShare 的取值及含义如表 7-10 所示。

表 7-10 枚举常量 FileShare 的取值及含义

枚举成员的名称	取值及含义
Delete	允许随后删除文件
None	拒绝共享当前的文件。文件关闭前,打开该文件的任何请求（由此进程或另一进程发出的请求）都将失败
Read	允许随后打开文件并进行读取操作。如果未指定此标志,则文件关闭前,任何打开该文件并进行读取的请求（由此进程或另一进程发出的请求）都将失败。但是即使指定了此标志,仍可能需要附加权限才能够访问该文件
ReadWrite	允许随后打开文件进行读取或写入。如果未指定此标志,则文件关闭前,任何打开该文件以进行读取或写入的请求（由此进程或另一进程发出）都将失败。但是即使指定了此标志,仍可能需要附加权限才能够访问该文件
Write	允许随后打开文件并进行写入操作。如果未指定此标志,则文件被关闭前,任何打开该文件以进行写入的请求（由此进程或另一进过程发出的请求）都将失败。但是即使指定了此标志,仍可能需要附加权限才能够访问该文件

FileStream 类的主要属性和方法如表 7-11 所示。

表 7-11 FileStream 类的主要属性和方法

构 造 方 法	功 能 说 明
FileStream	初始化 FileStream 类的新实例
属　　性	功 能 说 明
CanRead	获取一个值,该值指示当前流是否支持读取
CanSeek	获取一个值,该值指示当前流是否支持查找
CanTimeout	获取一个值,该值确定当前流是否可以超时
CanWrite	获取一个值,该值指示当前流是否支持写入
Handle	获取当前 FileStream 对象所封装文件的操作系统文件句柄
IsAsync	获取一个值,该值指示 FileStream 是异步还是同步被打开
Length	获取用字节表示的流长度
Name	获取传递给构造方法的 FileStream 的名称
Position	获取或设置此流的当前位置
ReadTimeout	获取或设置一个值,该值确定流在超时前尝试读取多长时间
WriteTimeout	获取或设置一个值,该值确定流在超时前尝试写入多长时间

方　　法	功　能　说　明
BeginRead	开始异步读
BeginWrite	开始异步写
Close	关闭当前流并释放与之关联的所有资源
CreateObjRef	创建一个对象,该对象包含生成用于与远程对象进行通信的代理所需的全部相关信息
EndRead	等待挂起的异步读取完成
EndWrite	结束异步写入,在 I/O 操作完成之前一直阻止
Equals	确定两个 Object 实例是否相等
Flush	清除该流的所有缓冲区,使得所有缓冲的数据都被写入文件
GetTyp	获取当前实例的类型
Lock	允许读取访问的同时防止其他进程更改 FileStream
Read	从流中读取字节块并将该数据写入给定缓冲区中
ReadByte	从文件中读取一字节,并将读取位置向后移动一字节
ReferenceEquals	确定指定的 Object 实例是否是相同的实例
Seek	将该流的当前位置设置为给定值
SetLength	将该流的长度设置为给定值
ToString	返回表示当前对象的字符串
Unlock	允许其他进程访问以前锁定的某个文件的全部或部分
Write	使用从缓冲区读取的数据将字节块写入该流
WriteByte	将一字节写入文件流的当前位置

2. StreamReader 类

StreamReader 类用于从文本文件中以字符流的形式读取文本数据。

StreamReader 类有多个构造方法来实例化对象,具体说明如下。

(1) 使用 StreamReader 直接连接文件

例如:

```
StreamReader sr=new StreamReader(@"D:\C#程序设计\文本文件\personnelInfo.txt");
```

(2) 把 StreamReader 对象关联到 FileStream 对象

例如:

```
FileStream fs=new FileStream(@"D:\C#程序设计\\文本文件\personnelInfo.txt",
FileMode.Open, FileAccess.Read, FileShare.None);
StreamReader sr=new StreamReader(fs);
```

这种方式可以获得打开文件的更多控制选项。

(3) 通过 FileInfo 类的方法

例如:

```
FileInfo fi=new FileInfo(@"D:\C#程序设计\文本文件\personnelInfo.txt");
StreamReader sr=fi.OpenText();
```

（4）使用 File 类的方法

例如：

```
StreamReader sr=File.OpenText(@"D:\C#程序设计\文本文件\personnelInfo.txt");
```

StreamReader 类的主要属性和方法如表 7-12 所示。

表 7-12　StreamReader 类的主要属性和方法

构 造 方 法	功 能 说 明
StreamReader	为指定的流初始化 StreamReader 类的新实例
属　　性	功 能 说 明
CurrentEncoding	获取当前 StreamReader 对象正在使用的当前字符编码
EndOfStream	获取一个值,该值表示当前的流位置是否在流的末尾
方　　法	功 能 说 明
Close	关闭 StreamReader 对象和基础流,并释放与读取相关联的所有系统资源
CreateObjRef	创建一个对象,该对象包含生成用于与远程对象进行通信的代理所需的全部相关信息
GetType	获取当前实例的类型
Peek	返回下一个可用的字符,但不使用它
Read	读取输入流中的下一个字符或下一组字符
ReadLine	从当前流中读取一行字符并将数据作为字符串返回
ReadToEnd	从流的当前位置到末尾读取流
ToString	返回表示当前对象的字符串

　　StreamReader 类使用简单,它提供了多种读取方法:读取单个字符使用 Read()方法,读取一行文本使用 ReadLine()方法,读取整个文件使用 ReadToEnd()方法。

　　StreamReader 对象使用后应使用 Close()方法将其关闭,并释放与读取相关联的所有系统资源。

3. StreamWriter 类

　　StreamWriter 类用于将文本数据以字符流形式写入到文件中。默认编码是 UTF8,也支持其他字符编码形式。

　　StreamWriter 类有多个构造方法来实例化对象,说明如下。

　　（1）使用 StreamWriter 直接连接文件

例如：

```
StreamWriter sw=new StreamWriter(@"D:\C#程序设计\文本文件\personnelInfo.txt");
```

　　（2）把 StreamWriter 对象关联到 FileStream 对象

例如：

```
FileStream fs = new FileStream (@"D:\C#程序设计\文本文件\personnelInfo.txt",
FileMode.CreateNew, FileAccess.Write, FileShare.Read);
StreamWriter sw = new StreamWriter(fs);
```

这种方式可以获得打开文件的更多控制选项。

（3）通过 FileInfo 类的方法

例如：

```
FileInfo fi = new FileInfo(@"D:\C#程序设计\文本文件\personnelInfo.txt");
StreamWriter sw = fi.CreateText();
```

（4）使用 File 类的方法

```
StreamWriter sw = File.CreateText(@"D:\C#程序设计\文本文件\personnelInfo.txt");
```

StreamWriter 类的主要属性和方法如表 7-13 所示。

表 7-13　StreamWriter 类的主要属性和方法

构 造 方 法	功 能 说 明
StreamWriter	初始化 StreamWriter 类的新实例
属　　　性	功 能 说 明
AutoFlush	获取或设置一个值,该值指示 StreamWriter 是否在每次调用 StreamWriter. Write 之后将其缓冲区刷新到基础流
Encoding	获取将输出写入到其中的编码
NewLine	获取或设置由当前 TextWriter 使用的行结束符字符串
方　　　法	功 能 说 明
Close	关闭当前的 StreamWriter 对象和基础流
CreateObjRef	创建一个对象,该对象包含生成用于与远程对象进行通信的代理所需的全部相关信息
GetType	获取当前实例的类型
ToString	返回表示当前对象的字符串
Write	写入流
WriteLine	写入参数中指定的某些数据,一次写入一行文本,并在其后面加上一个回车换行符

与其他流对象一样,使用 StreamWriter 对象后也应使用 Close()方法将其关闭。

4. BufferedStream 类

C♯的 BufferedStream 类继承自 Stream 抽象类,它使用了缓冲区技术,能实现将文件临时存储到缓冲区中的操作,可在另一流上添加并读取一个缓冲区。

缓冲区是内存中的字节块,用于缓存数据,从而减少对操作系统的调用次数。缓冲区可提高读取和写入性能。使用缓冲区可进行读取或写入操作,但不能同时进行这两种操作。

BufferedStream 的 Read 方法和 Write()方法自动维护缓冲区,Read()方法用于读取缓冲区中的数据,Write()方法用于将字节复制到缓冲流中,并在缓冲流内的当前位置继续写入字节,Flush 方法用于清除当前流中所有的缓冲区,使得所有缓冲的数据都被写入存储设备中。

5. BinaryReader 类

BinaryReader 类从二进制文件中读取数据,该类必须与文件流相关联,可用 BinaryReader 类的构造方法建立 BinaryReader 对象与文件流对象的关联。

6. BinaryWriter 类

BinaryWriter 类将二进制数据写入文件,该类也必须与文件流对象关联。为了将一个简单的数据项写入文件中,可以使用 Write 方法。

编程实战

任务 7-2　文件的建立与复制及其属性输出

【任务描述】

(1) 在"D:\C♯程序设计"路径中建立一个子文件夹"文本文件"。

(2) 在子文件夹"文本文件"中建立一个名称为 personnelInfo. txt 的文本文件。

(3) 将源文件 personnelInfo. txt 复制为目标文件 backupInfo. txt。

(4) 输出文本文件"personnelInfo. txt"的路径及名称、属性、创建时间、修改时间和访问时间。

【问题分析】

使用 DirectoryInfo 类的 Create()方法建立文件夹,使用 FileInfo 类的 Create()方法建立文件,使用 FileInfo 类的 CopyTo()方法复制文件,使用 FileInfo 类的多个属性输出文件的有关信息。

【任务实施】

(1) 创建项目 Application0702。

在 Visual Studio 2012 开发环境中,在解决方案 Solution07 中创建一个名称为 Application0702 的项目。

(2) 引入必要的命名空间。

在 Application0702 项目的 C♯程序 Program. cs 中引入 System. IO 命名空间,代码如下:

```
using System.IO;
```

（3）编写 copyFile()方法的代码。

项目 Application0702 中 C♯程序 Program.cs 的 copyFile()方法的代码如表 7-14 所示。

表 7-14　项目 Application0702 中 C♯程序 Program.cs 的 copyFile()方法的代码

行号	C#程序代码
01	`static void copyFile(string sourecFile, string targetFile)`
02	`{`
03	`    try`
04	`    {`
05	`        FileInfo file=new FileInfo(sourecFile);`
06	`        file.CopyTo(targetFile, false);`
07	`    }`
08	`    catch(FileNotFoundException ex)`
09	`    {`
10	`        Console.WriteLine(ex.Message);`
11	`        return;`
12	`    }`
13	`    catch(IOException ex)`
14	`    {`
15	`        Console.WriteLine(ex.Message);`
16	`        return;`
17	`    }`
18	`    catch(Exception ex)`
19	`    {`
20	`        Console.WriteLine(ex.Message);`
21	`        return;`
22	`    }`
23	`    Console.WriteLine("成功复制文件!");`
24	`}`

【代码解读】

第 05 行创建 FileInfo 类的对象 file,并和源文件相关联。

第 06 行进行文件的复制。如果第二个参数为 false,且目标文件存在,则会产生运行时错误;如果第二个参数为 true 且目标文件存在,则覆盖目标文件,不会产生运行时错误。

第 08 行捕获源文件不存在时出现的错误,第 13 行捕获目标文件已存在时出现的错误,第 18 行捕获文件复制失败时出现的错误。

（4）编写 Main()方法的代码。

Application0702 项目中 C♯程序 Program.cs 的 Main()方法的代码如表 7-15 所示。

表 7-15 项目 Application0702 中 C♯程序 Program. cs 的 Main()方法的代码

行号	C#程序代码
01	static void Main(string[] args)
02	{
03	string path1=@"D:\C#程序设计\文本文件\personnelInfo.txt";
04	string path2=@"D:\C#程序设计\文本文件\backupInfo.txt";
05	DirectoryInfo dir=new DirectoryInfo(Path.GetDirectoryName(path1));
06	if(!dir.Exists)
07	{
08	dir.Create();
09	}
10	FileInfo file=new FileInfo(path1);
11	if(file.Exists)
12	{
13	copyFile(path1, path2);
14	}
15	else
16	{
17	file.Create();
18	}
19	Console.WriteLine("文件的路径及名称为:{0}", file.FullName);
20	Console.WriteLine("文件的属性为:{0}", file.Attributes);
21	Console.WriteLine("文件的创建时间为:{0}",file.CreationTime);
22	Console.WriteLine("文件的修改时间为:{0}",file.LastAccessTime);
23	Console.WriteLine("文件的访问时间为:{0}",file.LastWriteTime);
24	}

【代码解读】

第 03 行和第 04 行声明两个 string 型变量,分别用于存储文件的路径及名称,其中 "@"表示其后的字符串为逐字字符串,在逐字字符串的双引号中,每个字符都代表其最原始的意义,不能使用转义字符,"\"作为文件夹的分隔符。

第 05 行实例化 DirectoryInfo 类对象 dir,并把它和"D:\C♯程序设计\文本文件"文件夹关联起来,使用了 Path 类的静态方法 GetDirectoryName()获取指定路径字符串的文件夹信息。

第 06 行 if 语句的条件表达式"!dir.Exists"用于判断文件夹是否存在。

第 08 行建立子文件夹"文本文件"。

第 10 行创建 FileInfo 类的 file 对象,并和文件相关联。

第 11 行 if 语句的条件表达式"file.Exists"用于判断文件是否存在。

第 13 行调用 copyFile()方法复制文件。

第 17 行创建文件 personnelInfo. txt。

第 19~23 行输出文件的相关信息。

（5）运行程序。

设置 Application0702 项目为启动项目，然后按 Ctrl＋F5 快捷键开始运行程序，其输出结果如图 7-4 所示。

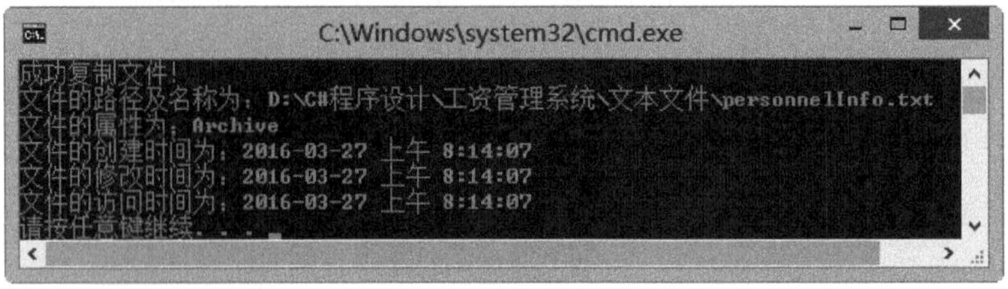

图 7-4　Application0702 项目中 Program. cs 程序的输出结果

任务 7-3　读写文件的操作

【任务描述】

明德学院三位教师的基本信息如表 7-16 所示，将这三位教师的基本信息以行为单位写入到"D:\C♯程序设计\文本文件"文件夹下的 personnelInfo. txt 文件中，然后以类似表格的形式输出这些信息。

表 7-16　教师的基本信息

编　号	姓名	性别	基本工资
A6688	张明	男	3600
A5566	刘丽	女	3800
A8888	谭浩	男	3600

【问题分析】

使用 C♯命名空间 System. IO 中的 StreamReader 类读取文本文件，把 StreamReader 对象关联到 FileStream 对象，这样可以获得打开文件的更多控制项。使用 StreamWrite 类写入文本文件。

【任务实施】

（1）创建项目 Application0703。

在 Visual Studio 2012 开发环境中，在解决方案 Solution07 中创建一个名称为 Application0703 的项目。

（2）引入必要的命名空间。

在 Application0703 项目的 C♯程序 Program. cs 中引入 System. IO 命名空间，代码

如下：

```
using System.IO;
```

（3）定义职员的信息结构。

定义职员信息结构的代码如表 7-17 所示。

表 7-17 定义职员信息结构的代码

行号	C#程序代码
01	struct personnel //定义职员信息结构
02	{
03	public string employeeNumber; //编号
04	public string name; //姓名
05	public string sex; //性别
06	public double salary; //基本工资
07	}

（4）编写 Application0703 项目的 Program 类中各个方法的程序。

Application0703 项目的 Program 类中 Main() 方法的代码及其他方法的框架如表 7-18 所示。

表 7-18 Application0703 项目的 Program 类中 Main() 方法的代码及其他方法的框架

行号	C#程序代码
01	class Program
02	{
03	static void Main()
04	{
05	int i;
06	string file;
07	personnel[] employee=new personnel[3];
08	initialize(employee); //将数组名作为参数传递
09	file=@"D:\C#程序设计\文本文件\personnelInfo.txt";
10	saveInfo(employee,file);
11	readInfo(file);
12	}
13	
14	static void initialize(personnel[] employee)
15	{
16	⋮
17	}
18	
19	static void saveInfo(personnel[] employee,string file)
20	{
21	⋮
22	}

行号	C#程序代码
23	
24	static void readInfo(string file)
25	{
26	⋮
27	}
28	}

Application0703 项目的 Program 类中 initialize()方法的代码如表 7-19 所示。

表 7-19　Application0703 项目的 Program 类中 initialize()方法的代码

行号	C#程序代码
01	static void initialize(personnel[] employee)
02	{
03	employee[0].employeeNumber="A6688";
04	employee[0].name="张明";
05	employee[0].sex="男";
06	employee[0].salary=3600;
07	employee[1].employeeNumber="A5656";
08	employee[1].name="刘丽";
09	employee[1].sex="女";
10	employee[1].salary=3800;
11	employee[2].employeeNumber="A8888";
12	employee[2].name="谭浩";
13	employee[2].sex="男";
14	employee[2].salary=3600;
15	}

Application0703 项目的 Program 类中的 saveInfo()方法的代码如表 7-20 所示。

表 7-20　Application0703 项目的 Program 类中的 saveInfo()方法的代码

行号	C#程序代码
01	static void saveInfo(personnel[] employee,string file)
02	{
03	FileStream fs=new FileStream(file, FileMode.OpenOrCreate,
04	FileAccess.Write);
05	StreamWriter sw=new StreamWriter(fs);
06	try
07	{
08	sw.Write("编号\t姓名\t性别\t基本工资\n");
09	for(int i=0; i<employee.Length; i++)
10	{
11	sw.Write(employee[i].employeeNumber);

行号	C#程序代码
12	sw.Write("\t");
13	sw.Write(employee[i].name);
14	sw.Write("\t");
15	sw.Write(employee[i].sex);
16	sw.Write("\t");
17	sw.Write(employee[i].salary);
18	sw.Write("\n");
19	}
20	}
21	catch(Exception ex)
22	{
23	Console.WriteLine(ex.Message);
24	}
25	finally
26	{
27	sw.Flush();
28	sw.Close();
29	fs.Close();
30	}
31	}

【代码解读】

第 03 行和第 04 行使用 FileStream 的构造方法创建 FileStream 类的实例对象,该构造方法的参数分别为要访问的文件、打开文件的模式(OpenOrCreate 表示打开一个文件。如果该文件不存在,则创建它)、访问文件的方式(Write 表示将数据写入文件)。

第 05 行使用 StreamWriter 类的构造方法创建 StreamWriter 类的实例对象,该构造方法没有直接提供要读取的文件名,而是与前面所创建的 FileStream 类的实例对象相关联。第 08 行、第 11~18 行使用 StreamWriter 的 Write()方法将数据写入文件中。

第 27 行使用 StreamWriter()类的 Flush()方法清除数据流的所有缓冲区,并把缓冲区的数据写入文件中,避免数据遗失。

第 28 行关闭 StreamReader 流,释放与它相关的资源,允许其他应用程序为同一个文件设置流。第 29 行关闭 FileStream 流。

Application0703 项目的 Program 类中的 readInfo()方法的代码如表 7-21 所示。

表 7-21　**Application0703 项目的 Program 类中的 readInfo()方法的代码**

行号	C#程序代码
01	static void readInfo(string file)
02	{
03	FileStream fs=new FileStream(file, FileMode.Open, FileAccess.Read);

续表

行号	C#程序代码
04	StreamReader sr=new StreamReader(fs);
05	try
06	{
07	while(sr.Peek()>=0)
08	{
09	Console.WriteLine(sr.ReadLine());
10	}
11	}
12	catch(Exception ex)
13	{
14	Console.WriteLine(ex.Message);
15	}
16	finally
17	{
18	sr.Close();
19	fs.Close();
20	}
21	}

【代码解读】

第 03 行使用 FileStream 的构造方法创建 FileStream 类的实例对象,该构造方法的参数分别为要访问的文件、打开文件的模式(Open 表示打开一个已有的文件)、访问文件的方式(Read 表示从文件中读取数据)。

第 07 行 while 语句的条件表达式中的 Peek() 方法用于返回下一个可用的字符。如果没有可用字符,则返回 -1。

第 09 行使用 StreamReader 类的 ReadLine 方法一次读取一行文本,但返回的字符串中不包括标记该行结束的回车换行符。

(5) 运行程序。

设置 Application0703 项目为启动项目,然后按 Ctrl+F5 快捷键开始运行程序,其输出结果如图 7-5 所示。

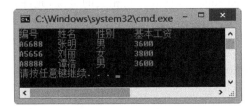

图 7-5　Application0703 项目中 Program.cs 程序的输出结果

同步训练

任务 7-4 创建文件夹和文件并输出学生信息

（1）利用 C♯ 命名空间 System.IO 中文件夹操作的类在 D 盘中创建如图 7-6 所示的文件夹的树状结构。

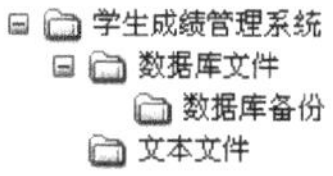

然后在控制台窗口中输出新建立的子文件夹"数据库备份"的全名、属性、创建时间和根目录等信息，输出文件夹"数据库备份"的直接父文件夹的名称、最后一次访问时间和最后一次修改时间等信息。

图 7-6 学生成绩管理系统文件夹的树状结构

（2）在子文件夹"文本文件"中建立一个名称为 student.txt 的文本文件。

（3）将源文件 student.txt 复制为目标文件 studentInfo.txt。

（4）输出文本文件 student.txt 的路径及名称、属性、创建时间、修改时间和访问时间。

（5）软件班第 3 小组 5 位同学（黄莉、张皓、赵华、肖芳、刘峰）的基本信息如表 7-22 所示。将这 5 位同学的基本信息以行为单位写入到 student.txt 文件中，然后以类似表格的形式输出这些信息。

表 7-22 软件班第 3 小组 5 位同学的基本信息

姓名	学 号	性别	出生日期	籍贯	班级名称
黄莉	201703100105	女	1998.5.14	湖南	软件 071
张皓	201703100107	男	1999.12.5	山东	软件 071
赵华	201703100111	男	1999.7.16	广东	软件 071
肖芳	201703100124	女	1998.4.27	湖南	软件 071
刘峰	201703100125	男	1999.1.23	重庆	软件 071

提示：编程时应灵活应用 try…catch…finally 语句处理程序异常。

析疑解难

【问题 1】 C♯ 语言中创建文件主要有哪几种方法？

C♯ 语言主要有 3 个与文件有关的类，即 FileStream、FileInfo 和 File，都可以用来创建文件。

（1）使用 FileStream 类创建文件

使用 FileStream 类的构造方法，在实例化对象的同时，完成文件的创建。

例如：

```
FileStream fs = new FileStream(@"D:\C#程序设计\文本文件\personnelInfo.txt",
FileMode.Create , FileAccess.Write);
```

（2）使用 FileInfo 类创建文件

例如：

```
FileInfo fi=new FileInfo(@"D:\C#程序设计\文本文件\personnelInfo.txt");
```

（3）使用 File 类创建文件

例如：

```
StreamWriter sw1=File.CreateText(@"D:\C#程序设计\文本文件\personnelInfo.txt");
FileStream fs=File.Create(@"D:\C#程序设计\文本文件\personnelInfo.txt");
```

【问题2】 使用结构化异常处理的基本原则是什么？

使用结构化异常处理的基本原则如下：

（1）如果异常产生时，可以从程序中检查并定位问题，最好不要使用结构化异常处理。

（2）如果可以预料将发生的情况（例如文件结束错误），那么不要使用异常标识它，而应该使用方法的返回值代替。

（3）应该首先测试最特殊的异常，然后再测试通用的异常。派生类的判断必须放在父类之前。

（4）对可能产生异常的程序代码周围使用 try…catch…finally 语句块，并将 catch 语句放在一起。这样做，try 语句会引起异常，finally 语句关闭或重新分配资源，catch 语句处理异常。

单元习题

（1）在使用 FileStream 打开一个文件时，通过使用 FileMode 枚举类型的（   ）成员，来指定操作系统打开一个现有文件并把文件读写指针定位在文件尾部。

    A. Append   B. Create   C. CreateNew   D. Truncate

（2）下列不支持查找操作的 Stream 类是（   ）。

    A. FileStream   B. MemoryStream

    C. BufferedStream   D. NetworkStream

（3）用 FileStream 打开一个文件时，可用 FileShare 参数控制（   ）。

    A. 对文件执行覆盖、创建、打开等选项中的操作

    B. 对文件进行只读、只写或读/写操作

    C. 其他 FileStream 对同一个文件所具有的访问类型

    D. 对文件进行随机访问时的定位参考点

(4) C♯语言中,使用文件流操作类需要单独引入的命名空间是(　　　)。

    A. System. IO　　　　　B. System. Text　　　　C. System　　　　　　D. System. Ling

(5) 以下关于 Directory 类,描述不正确的是(　　　)。

    A. Directory 类主要用于对文件夹进行操作

    B. Directory 类的方法都是静态的

    C. Directory 类使用时必须先实例化成一个对象,然后通过对象进行调用

    D. Directory 类中的 Exists(string path)方法用于判断路径是否存在

(6) 以下操作中用于创建一个文件夹的方法是(　　　)。

    A. File. Create()　　　　　　　　　　　B. FileInfo. Create()

    C. Directory. CreateDirectory()　　　　D. DirectoryInfo. CreateDirectory()

(7) 字符串变量的定义与赋值语句如下:

```
string path=@"D:\C#程序设计\文本文件\personnelInfo.txt";
```

使用 Path. GetDirectoryName(path)方法的返回值是(　　　)。

    A. D:\C♯程序设计\文本文件

    B. D:\C♯程序设计\文本文件\

    C. personnelInfo. txt

    D. D:\C♯程序设计\文本文件\personnelInfo. txt

(8) 以下不属于 FileStream 类的方法是(　　　)。

    A. Read()　　　　　　B. Flush()　　　　　　C. Close()　　　　　　D. Open()

(9) 关于 FileInfo 类的 Exists()方法的功能描述,以下说法正确的是(　　　)。

    A. 判断指定文件是否存在　　　　　　B. 判断指定的文件夹是否存在

    C. 返回指定路径下的文件路径　　　　D. 返回指定路径下的文件夹路径

(10) 使用缓冲区技术的类是(　　　)。

    A. BufferedStream　　　　　　　　　　B. StreamWriter

    C. StreamReader　　　　　　　　　　　D. FileStream

单元8　用户界面设计与交互实现

在 Windows 应用程序中,窗体和控件是基础,每个 Windows 窗体和控件都是对象,与所有.NET 框架中的对象一样,窗体和控件都是类的实例。Windows 窗体是可视化程序设计的基础界面,也是其他对象的容器。在 Windows 窗体中,可以直接"可视化地"创建应用程序,每个 Windows 窗体对应于应用程序运行的一个窗口。控件是添加到窗体对象上的对象,每种类型的控件都有一套完整的属性、方法和事件以完成特定的功能。

程序探析

任务 8-1　设计用户登录界面与实现用户登录功能

【任务描述】

创建一个 Windows 应用程序,该程序主要实现用户登录操作。设计一个用户登录界面,在该界面中输入正确的用户名和密码,单击"登录"按钮,显示"登录成功"的提示信息,否则显示"用户名或密码有误"的提示信息。另外如果用户名或密码为空时,则显示"用户名或密码不能为空"的提示信息。

【问题分析】

(1) 创建一个 WinForm,该窗体中主要包括以下控件:Label 标签(用于显示信息)、TextBox 文本框(用于接收用户输入信息)、Button 按钮(用于响应用户单击事件)。

(2) 由于本单元没有涉及数据库访问,这里只是模拟实现登录功能,并非通过访问数据表真正实现用户的登录功能。

【任务实施】

(1) 启动 Microsoft Visual Studio 2012,显示 Visual Studio 2012 的起始页。

(2) 打开"新建项目"对话框。

在 Visual Studio 2012 主窗口中选择"文件"→"新建"→"项目"命令,打开"新建项目"对话框。

也可以在 Visual Studio 2012 起始页的"最近的项目"区域中单击"创建"→"项目"超链接,打开"新建项目"对话框。

(3) 选择"项目类型"和"模板"。

在"新建项目"对话框左侧的"项目类型"列表框中选择要创建的项目类型"Visual C♯"选项,在右侧的"模板"列表框中选择"Windows 窗体应用程序"模板。

(4) 输入"项目名称""项目保存位置"和"解决方案名称"。

在"名称"文本框中输入项目名称"WindowsForms0801"。在"位置"文本框右侧单击"浏览"按钮,打开"项目位置"对话框,在该对话框中选择保存项目文件的文件夹,即"D:\C♯程序设计任务驱动教程案例\单元 8 用户界面设计与交互实现\",然后单击"选择文件夹"按钮。在"解决方案名称"文本框中输入解决方案名称 Solution08,如图 8-1 所示。

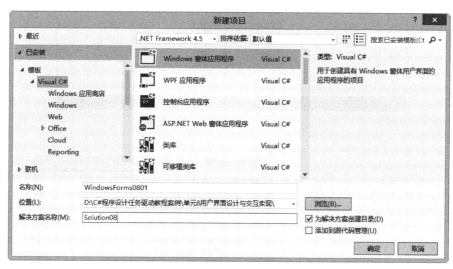

图 8-1　在"新建项目"对话框的文本框中输入相关名称

也可以在"位置"文本框中直接输入项目文件的保存路径,即"D:\C♯程序设计任务驱动教程案例\单元 8 用户界面设计与交互实现\"。

(5) 自动生成 Windows 应用程序的基本框架。

在"新建项目"对话框中单击"确定"按钮,关闭"新建项目"对话框,创建一个 Windows 应用程序。进入 Visual Studio 2012.NET 集成开发环境,同时系统会自动创建一个默认名称为 Form1.cs 的 Windows 窗体和一个默认名称为 Program.cs 的程序文件,默认情况下会在窗体设计器中打开 Form1.cs 窗体,如图 8-2 所示。

(6) 查看窗体的程序代码。

在 Windows 窗体 Form1.cs 的空白位置右击,显示如图 8-3 所示的快捷菜单,在该快捷菜单中单击菜单项"查看代码",切换到 Windows 窗体的"代码编辑窗口",如图 8-4 所示。

从 Windows 窗体的"代码编辑窗口"中可以看出,创建一个 Windows 窗体时,系统会自动引入多个所需的命名空间,并且会自动创建一个命名空间,在该命名空间中创建一个默认名称为 Form1 的类,这个类从 Form 类派生的,并且在该类中自动创建一个名称为 Form1()的方法,如图 8-4 所示。

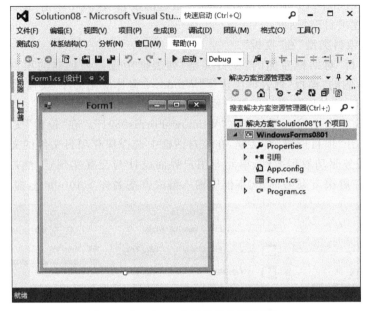

图 8-2　Windows 应用程序的设计界面

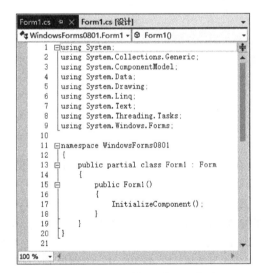

图 8-3　窗体的快捷菜单　　　　图 8-4　Windows 窗体的"代码编辑窗口"

　　说明：关键字 partial 表示分部类型定义（将一个类的不同部分分布在不同的文件中），Visual C#自动生成窗体代码时，将类的定义拆分到多个文件中。

　　（7）重命名窗体文件名称。

　　在"解决方案资源管理器"窗口中选中窗体文件名 Form1.cs，然后在 Form1.cs 文件的"属性"窗口中输入新的名称 frmLogin.cs，按 Enter 键，此时弹出如图 8-5 所示的提示信息对话框，在该对话框中单击"是"按钮，完成窗体文件名的重命名操作，窗体名称重命名后的"属性"窗口如图 8-6 所示。此时也会将该窗体的默认名称 Form1 自动修改为

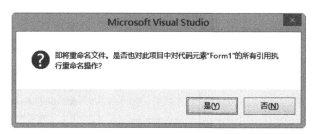

图 8-5　窗体 Form1.cs 重命名时显示的提示信息对话框

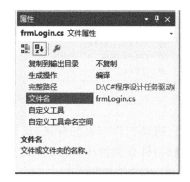

图 8-6　重命名窗体文件的文件名

图 8-7　"属性"窗口中显示重命名后的 Name 属性值

frmLogin，如图 8-7 所示。

（8）设置窗体的属性。

在窗体设计器中选择窗体，然后在窗体的"属性"窗口中修改其 Text 属性值为"用户登录"。另外将窗体的大小属性 Size 的值修改为"260，168"，如图 8-8 所示。

单击"保存"按钮，保存 frmLogin 窗体的更改。

提示：如果窗体的"属性"窗口处于隐藏状态，在窗体空白位置右击，在弹出的快捷菜单中单击"属性"命令，即可显示窗体的"属性"窗口。

（9）在窗体中添加 Label 标签控件。

在 Visual Studio 2012 集成开发环境中，默认情况下工具箱是处于隐藏状态，只显示"工具箱"标签，将鼠标指针指向该标签且单击，会自动显示"工具箱"的分组列表视图，其外观如图 8-9 所示。此时如果鼠标指针

图 8-8　修改窗体的 Text 属性值

离开"工具箱"区域，则"工具箱"会自动隐藏，只显示其标签，单击按钮时，按钮会变为形状，"工具箱"也变为"可停靠"状态。同样单击按钮时，按钮会变为形状，"工具箱"也变为"自动隐藏"状态。

在"工具箱"中单击"所有 Windows 窗体"选项左侧的按钮时，展开"所有 Windows 窗体"按钮，如图 8-10 所示。

311

图 8-9　Visual Studio 2012 工具箱的外观　　图 8-10　展开"所有 Windows 窗体"按钮的列表

在"工具箱"中展开"所有 Windows 窗体"的控件列表,拖动控件列表的滑块,找到标签控件,单击标签控件 Label,如图 8-11 所示。然后将鼠标指针移到窗体中,此时鼠标指针变为 ⁺A 形状,在窗体中的合适位置单击,窗体中会出现一个标签控件 label1 。

图 8-11　在"工具箱"中单击标签控件 Label

提示:也可以在"工具箱"中单击标签控件 Label,然后按住鼠标左键,将标签控件拖动到窗体中,此时会出现一个代表标签控件的框,同时会出现与已有控件纵向对齐和(或)横向对齐的直线,如图 8-12 所示,将框拖到窗体中合适的位置,松手释放鼠标,在窗体中便会出现一个标签控件,同时与窗体中原有的控件也会对齐。

分别采用上述两种方法,在窗体中暂添加两个标签控件,结果如图 8-13 所示。

图 8-12　两个标签控件纵向对齐　　　　图 8-13　在窗体中添加两个标签控件

图 8-14　在"工具箱"中单击文本框
控件 TextBox

（10）在窗体中添加 TextBox 文本框控件。

在"工具箱"中拖动控件列表的滑块，找到文本框控件，单击文本框控件 TextBox 如图 8-14 所示。然后将鼠标指针移到窗体中，此时鼠标指针变为 ┼ 形状，在窗体中的合适位置单击，窗体中会出现一个文本框控件。

按照类似方法，依次在窗体中添加 2 个文本框控件。

单击"保存"按钮，保存对 frmLogin 窗体的更改。

（11）窗体中控件的对齐。

在窗体中对已添加的控件进行合理布局，例如对齐、使水平间距相等、增加水平间距、使宽度相同、使高度相同等，可以使用"布局"工具栏，如图 8-15 所示。利用"布局"工具栏进行控件的布局既灵活、准确，又快捷、方便。

图 8-15　"布局"工具栏

① 将标签控件 label1 与 label2 左对齐。先单击选择基准控件 label1，然后按住键盘上的 Shift 键或者 Ctrl 键，单击待对齐的控件 label2，接着单击"布局"工具栏中的左对齐按钮，两个控件便会左对齐，如图 8-16 所示。

注意：在 Visual C# 的开发环境中，第一个选择的控件为基准控件，后面选择的控件以基准控件为参照物进行对齐。

② 将标签控件 label1 与 textBox1 横向中间对齐。先单击选择基准控件 label1，然后按住 Shift 键或者 Ctrl 键，单击待对齐的控件 textBox1，接着单击"布局"工具栏中的顶部对齐按钮，两个控件便会横向中间对齐。

图 8-16　将上下两个标签控件左对齐

③ 将标签控件 label2 与 textBox2 横向中间对齐。先单击来选择基准控件 label2，然后按住 Shift 键或者 Ctrl 键，单击待对齐的控件 textBox2，接着单击"布局"工具栏中的底部对齐按钮，两个控件便会横向居中对齐，如图 8-17 所示。

④ 将标签控件 textBox1 与 textBox2 右对齐。先单击选择基准控件 textBox1，然后按住 Shift 键或者 Ctrl 键，单击待对齐的控件 textBox2，接着单击"布局"工具栏中的右对齐按钮，两个控件便会右对齐。

4 个控件对齐后的结果如图 8-18 所示。

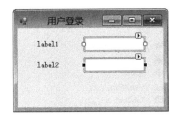

图 8-17　将左右两个控件横向居中对齐　　　　图 8-18　4 个控件处于对齐状态

单击"保存"按钮![保存],保存对 frmLogin 窗体的更改。

（12）在窗体中添加 Button 按钮控件。

在"工具箱"中拖动控件列表的滑块,找到按钮控件,单击按钮控件 Button,如图 8-19 所示。然后将鼠标指针移到窗体中,此时鼠标指针变为![十]形状,在窗体中的合适位置单击,窗体中会出现一个按钮控件![button1]。

单击"保存"按钮![保存],保存对 frmLogin 窗体的更改。按照类似方法,在窗体中添加另一个按钮控件 Button2,单击"保存"按钮![保存],保存对 frmLogin 窗体的更改。

提示:在窗体中先单击选择一个控件,然后按住左键拖动鼠标,则会出现与窗体中已有控件对齐的水平方向和（或）垂直方向的直线,如图 8-20 所示。然后可以根据对齐线进行对齐。

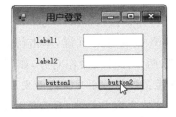

图 8-19　在"工具箱"中单击按钮控件 Button　　　图 8-20　拖动控件对齐

（13）设置标签控件的属性。

在窗体中单击选择左上方用户名对应的标签控件,然后在标签控件的"属性"窗口中设置该标签控件的 Name 属性和 Text 属性,将该标签控件的 Name 属性设置为 lblName,将该标签控件的 Text 属性设置为"用户名:"。

按照类似方法,设置另一个密码对应标签控件的 Name 属性为 lblPassword,设置 Text 属性为"密　码:",单击"保存"按钮![保存],保存 frmLogin 窗体中对标签控件属性的设置。

（14）设置文本框控件的属性。

在窗体中单击选择右上方用户名对应的文本框控件,然后在文本框控件的"属性"窗口中设置该文本框控件的 Name 属性和 Text 属性,将该文本框控件的 Name 属性设置为 txtName,将该文本框控件的 Text 属性设置为空。

按照类似方法,设置另一个密码对应文本框控件的 Name 属性为 txtPassword,设置 Text 属性为空,设置 PasswordChar 属性为"＊",即用户登录输入密码时显示"＊"。单击

"保存"按钮，保存 frmLogin 窗体中对文本框控件属性的设置。

（15）设置按钮控件的属性。

在窗体中单击选择左边的按钮控件，然后在按钮控件的"属性"窗口中设置该按钮控件的 Name 属性和 Text 属性，将该按钮控件的 Name 属性设置为 btnLogin，将该按钮控件的 Text 属性设置为"登录(&L)"。

接着单击选择右边的按钮控件，将该按钮控件的 Name 属性设置为 btnClose，将该按钮控件的 Text 属性设置为"关闭(&C)"。

单击"保存"按钮，保存 frmLogin 窗体中对按钮控件属性的设置。

（16）对窗体中已添加的控件进行合理布局。

① 首先选择窗体中左侧的标签控件 lblName、标签控件 lblPassword 和按钮控件 btnLogin，接着单击"布局"工具栏中的"使垂直间距相等"按钮，此时左侧的 3 个标签控件的垂直间距会自动相等。

提示：要选择多个控件，可以先按住鼠标左键，然后移动鼠标，此时会出现一个虚线框，虚线框所覆盖的控件则会被选中。

② 然后以左侧的控件为基准将同一行中的控件设置为横向中间对齐。

窗体中控件的位置经过精心调整后，可以将控件的位置固定，不要因为误操作而随意改变其位置。操作方法是在窗体内右击，在弹出的快捷菜单中单击"锁定控件"菜单项即可。登录窗体的外观设置效果如图 8-21 所示。

单击"保存"按钮，保存 frmLogin 窗体中控件属性的设置。

（17）编写程序代码，实现窗体的功能。

切换到窗体的设计视图，双击"登录"按钮，系统将自动切换到窗体的"代码编辑窗口"，且自动

图 8-21　登录窗体的外观设置效果

显示"登录"按钮的 Click 事件过程，在大括号"{}"内添加代码，实现所需功能。"登录"按钮的 Click 事件过程的程序代码如表 8-1 所示。

表 8-1　"登录"按钮的 Click 事件过程的程序代码

行号	C#程序代码
01	private void btnLogin_Click(object sender, EventArgs e)
02	{
03	//判断输入的用户名和密码是否为空
04	if(!String.IsNullOrEmpty(txtName.Text)
05	&& !String.IsNullOrEmpty(txtPassword.Text))
06	{
07	//如果用户名为 better,密码 123456,则登录成功
08	if(txtName.Text =="better" && txtPassword.Text =="123456")

行号	C#程序代码
09	{
10	MessageBox.Show("登录成功!");
11	}
12	else
13	{
14	MessageBox.Show("用户名或密码有误!");
15	txtPassword.Focus();
16	txtPassword.Text="";
17	}
18	}
19	else
20	{
21	MessageBox.Show("用户名或密码不能为空!");
22	}
23	}

切换到窗体的设计视图,双击"关闭"按钮,系统将自动切换到窗体的"代码编辑窗口",且自动显示"关闭"按钮的 Click 事件过程,在大括号"{ }"内添加代码"this. Close();",实现所需功能。

(18) 保存程序。

在 Visual Studio 2012 主窗口,单击"全部保存"按钮 ,保存正在编辑的窗体及其他各个文件。

(19) 生成项目。

在 Visual Studio 2012 主窗口,单击"生成"→"生成 WindowsForms0801"菜单,这时 C#编译器将会开始编译、链接程序,并最终生成可执行文件。在编译程序时,将会打开一个"输出"窗口,显示编译过程中所遇到的错误和警告等信息。如果源代码存在错误,就会在"错误列表"窗口中出现相关提示信息,双击错误提示信息行,就可以直接跳转到出现错误的代码行进行修改。

说明:由于 WindowsForms0801 项目只有一个窗体,系统默认第一个窗体为启动窗体,所以不需要重新设置启动窗体。

(20) 运行程序。

在 Visual Studio 2012 主窗口,单击"调试"→"启动调试"菜单,如图 8-22 所示。或者直接按 F5 快捷键,该应用程序开始运行,"用户登录"窗口运行的初始状态如图 8-23 所示。

"用户登录"窗口运行时,如果不输入用户名和密码,直接单击"登录"按钮,则会弹出如图 8-24 所示的"用户名或密码不能为空!"的提示信息对话框。

"用户登录"窗口运行时,如果输入的用户名或密码有误,单击"登录"按钮,则会弹出如图 8-25 所示的"用户名或密码有误!"的提示信息对话框。

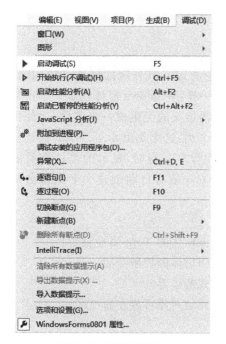

图 8-22　"调试"菜单

图 8-23　"用户登录"窗口运行的初始状态

"用户登录"窗口运行时，如果输入正确的用户名及密码，这里的用户名应输入"better"，密码应输入"123456"，然后单击"确定"按钮，则会弹出如图 8-26 所示的"登录成功！"提示信息对话框。

图 8-24　"用户名或密码不能为空！"的提示信息对话框

图 8-25　"用户名或密码有误！"的提示信息对话框

图 8-26　"登录成功！"提示信息对话框

知识导读

8.1　Windows 窗体

Windows 窗体是应用程序中所显示的任何窗口的表示形式，窗体一般以矩形样式出现，可以用来向用户显示信息，接受用户的输入，窗体类可用于创建标准窗口、工具窗口、无边框窗口和浮动窗口，还可以使用窗体类创建模式窗口。

8.1.1 Windows 窗体概述

Windows 窗体是基于 .NET 框架的一个对象,它有定义其外观的属性、定义其行为的方法以及定义其与用户交互的事件。和其他对象一样,Windows 窗体也是一个由类生成的实例。不同的是,当使用其他控件时,是直接由预定义的类生成一个实例,而使用窗体设计器设计一个 Windows 窗体时,其实是新建一个类,这个类继承了 .NET 框架预选定义好的一个窗体类(System. Windows. Forms),在程序运行时,显示的是这个类的实例。当新建一个 Windows 应用程序项目时,Visual C♯ 就会自动创建一个默认名称为 Form1 的 Windows 窗体。

Windows 窗体由以下几部分组成。

(1) 标题栏:显示该窗体的标题,标题的内容由该窗体的 Text 属性决定。

(2) 控制按钮:提供窗体最大化、最小化以及关闭窗体的控制功能。

(3) 边界:边界限定窗体的大小,可以有不同样式的边界。

(4) 窗口区:这是窗体的主要部分,应用程序的其他对象可放在窗口区。

8.1.2 Windows 窗体的基本操作

开发多窗体的 Windows 应用程序时,每个窗体都有自己的界面和功能。

1. 添加窗体

在 Visual C♯ 项目中添加窗体的常用方法有:

(1) 单击菜单项"项目"→"添加 Windows 窗体",打开"添加新项"对话框,为窗体命名后,单击"添加"按钮,添加一个新窗体。

(2) 在"解决方案资源管理器"窗口中选择已有的项目,右击,在弹出的快捷菜单中单击菜单"添加"→"添加 Windows 窗体",打开"添加新项"对话框。为窗体命名后,单击"添加"按钮,添加一个新窗体。

(3) 将已存在的窗体添加到当前项目时,选择"添加"→"添加现有项"命令,打开"添加现有项"对话框,选择需要的窗体,单击"添加"按钮,为当前项目添加一个已有的窗体。

2. 删除窗体

对于项目中不需要的窗体,可以采用以下方法删除。

(1) 选择要删除的窗体,右击,在弹出的快捷菜单中单击"删除"命令,将此窗体从磁盘中彻底删除。

(2) 选择要删除的窗体,右击,在弹出的快捷菜单中单击"从项目中排除"命令,将此窗体从此项目中排除。该窗体仍然存储在磁盘中,如果需要,还可以将该窗体添加到项目中。

3. 保存窗体

保存窗体的常用的方法有以下两种。

(1) 选择要保存的窗体,选择"文件"→"保存"命令,或者单击工具栏中的"保存"按钮 ,将窗体保存到项目中。

(2) 选择"文件"→"全部保存"命令或者单击工具栏中的"全部保存"按钮 ,将所有窗体的修改保存到项目中。

4. 窗体间的调用

在多窗体的应用程序中,显示窗体使用 Show()方法,隐藏窗体用 Hide()方法,关闭窗体用 Close()方法。由于用户在"窗体设计器"中设计的窗体是类,所以要实现窗体间的调用,必须将窗体类实例化。将窗体类实例化的语法格式如下:

```
<窗体类名>　<窗体对象名>=New　<窗体类名>();
```

用户创建的应用程序项目,默认的窗体在项目的 Program.cs 文件中被实例化。实现实例化的语句如下:

```
Application.Run(new Form1());
```

8.1.3　Windows 窗体的主要属性及其设置

"属性"用于定义窗体或控件的状态、行为和外观特性。使用"属性"窗口可以查看并设置窗体或控件的属性,有些属性可能只在运行时可用并可以通过代码访问。

Windows 窗体的许多属性可以影响窗体的外观和行为,其中最常用的有 Name 属性、Text 属性和外观属性等。

当创建窗体后,窗体的属性都有默认值,可以根据需要重新设置属性值。窗体的属性可以在窗体设计时使用"属性"窗口进行设置,也可以编写程序代码设置窗体的属性。默认情况下,"属性"窗口在 Visual Studio 2012 集成环境中处于显示状态,如果"属性"窗口被隐藏,可以在 Visual Studio 2012 的主窗口中选择"视图"→"属性"命令或者按 F4 键打开"属性"窗口。

注意:"属性"窗口所列出的是当前选定对象的属性,并且属性可以按分类顺序或字母顺序显示。

1. 设置属性的三种操作方式

设置窗体与控件的属性,有三种不同的操作方式。

(1) 直接输入式:对于 Name 之类的属性可以直接输入其属性内容。

(2) 下拉式菜单选取式:对于 FormBorderStyle 之类的属性,当选取这类属性时,在属性值右边就会出现按钮 ,单击该按钮会显示多个选择项,从中选择所需的一项即可。

（3）对话框选取式：对于 Icon 之类的属性，当选取这类属性时，在属性值的右边就会出现按钮 ▦ ，单击该按钮就会弹出一个对话框，在对话框中选择所需的属性值。

2. Windows 窗体的常用属性

窗体的基本属性有名称属性、外观属性、布局属性和样式属性。

（1）名称属性

用来设置窗体名称的属性是 Name，该属性值主要作为窗体的标志，用于在程序代码中引用窗体。应用程序运行时，该属性是只读的，不能在应用程序运行时修改。在一个项目中，窗体名称必须是唯一的。新建一个 Windows 应用程序项目，默认窗体名称为 Form1，如果添加第二个窗体，其默认名称为 Form2，依次类推。窗体的 Name 属性是一个类名，程序运行时，会自动创建一个窗体的实例，这个实例可以通过 this 关键字来访问。窗体的 Name 属性只能在设计阶段修改，不能在程序运行时更改。窗体的名称要符合 C♯语言的命名规范，尽量做到见名知义，这样会提高程序的可读性，有利于编写程序代码。

（2）外观属性

① Text 属性。用于设置窗体标题栏上显示的文字内容，它的值是一个字符串，新建一个 Windows 应用程序项目，窗体默认的 Text 属性值为 Form1。该属性既可以在设计阶段修改，也可以编写程序代码修改。在程序代码中修改 Text 属性的语法格式如下：

```
<窗体名>.Text=<标题字符串>;
```

② BackColor 属性和 ForeColor 属性。用于设置窗体的背景颜色和前景颜色，可以从弹出的调色板中进行选择。

③ BackgroundImage 属性。用于设置窗体的背景图像。此属性可以在设计窗体时，通过"属性"窗口打开一个对话框选择图片文件进行设置。

④ BackgroundImageLayout 属性。用于设置窗体背景图像的布局方式，可选项有None、Tile、Center、Stretch、Zoom。

⑤ Font 属性。用于设置窗体上显示文本的字体，包括字体的名称、字形、大小和效果。在"属性"窗口中，单击该属性右边的按钮，将打开一个"字体"对话框，从中选择需要的字体、字形和字号等，即可修改窗体上显示的文本。

⑥ FormBorderStyle 属性。用于修改窗体的边框和标题栏的外观样式，从而确定窗口的外观，其可选项如表 8-2 所示。

（3）布局属性

① StartPositon 属性。用于获取或设置窗体运行时的起始位置，该属性的值为FormStartPosition 枚举成员的取值，如表 8-3 所示。

表 8-2 　FormBorderStyle 枚举成员的取值

枚举成员的取值	窗体外形说明
None	无边框,一般用于开发应用程序的启动窗体
FixedSingle	固定的单行边框,用户不能调整窗体的大小
Fixed3D	固定的三维边框,用户不能调整窗体的大小。可以包含控制菜单、最大化按钮和最小化按钮
FixedDialog	固定的对话框样式的粗边框,用户不能调整窗体的大小。可以包含控制菜单、最大化按钮和最小化按钮
Sizable	该选项为窗体的默认边框样式,外观与 FixedSingle 相同。用户可以调整窗体的大小。可以包含控制菜单、最大化按钮和最小化按钮
FixedToolWindow	只带标题栏和关闭按钮,以及不可调整大小的工具窗口边框。工具窗口不会显示在任务栏中,也不会显示在当用户按 Alt＋Tab 快捷键时出现的窗口中。尽管指定 FixedToolWindow 的窗体通常不显示在任务栏中,还是必须确保 ShowInTaskbar 属性设置为 false,因为其默认值为 true
SizableToolWindow	只带标题栏和关闭按钮,以及可调整大小的工具窗口边框。工具窗口不会显示在任务栏中,也不会显示在当用户按 Alt＋Tab 快捷键时出现的窗口中

表 8-3 　FormStartPosition 枚举成员的取值

枚举成员的取值	窗体起始位置的说明
Manual	窗体的位置由 Location 属性确定
CenterScreen	窗体在当前显示窗口中居中,其尺寸在窗体大小中指定
WindowsDefaultLocation	窗体定位在 Windows 默认位置,其尺寸在窗体大小中指定
WindowsDefaultBounds	窗体定位在 Windows 默认位置,其边界也由 Windows 默认决定
CenterParent	窗体在其父窗体中居中

② Size 属性。用于设置窗体的大小,可以直接输入窗体的宽度和高度,也可以在窗体"属性"窗口中双击 Size 属性将其展开,再分别设置 Width 和 Height 属性值。

③ WindowState 属性。用于设置窗体启动时的初始可视状态。有三种状态: Normal 为正常状态,Maximized 为最大化状态,Minimized 为最小化状态。

④ Location 属性。用于设置窗体的左上角位置相对于其容器(通常是指屏幕)左上角的坐标位置,即设置窗体左上角的坐标值。可以直接输入坐标 X、Y 值,也可以在"属性"窗口双击 Location 属性将其展开,再分别设置 X、Y 属性值。

(4) 样式属性

① Icon 属性。用于设置窗体标题栏中显示的图标,这在窗体的系统菜单框中显示,以及当窗体最小化时显示。

② ControlBox。决定在窗体的标题栏中是否显示系统的控制菜单。如果该属性设置为 True,窗体上有控制菜单,标题栏右边有"最大化""最小化"和"关闭"按钮。如果该属性设置为 False,则标题栏右边无控制菜单。

③ Opacity。用于设置窗体的不透明度百分比,取值范围是 0～100％。取值为 0,窗体完全透明;取值为 100％,窗体不透明。

④ MaximizeBox 和 MinimizeBox。用于设置窗体标题栏的右上角是否有"最大化"

按钮和"最小化"按钮。

⑤ IsMdiContainer。用于设置窗体是否为 MDI 容器,默认值为 False。

⑥ ShowInTaskbar。确定当窗体运行时窗体的标题是否会出现在 Windows 任务栏中。这个属性对于后台运行的程序非常有用,如果在任务栏上没有显示该窗体的标题及图标,该程序就不容易被观察到,也就不容易被破坏。默认值为 True。

⑦ TopMost。确定窗体是否始终显示在此属性未设置为 True 的所有其他窗体之上,默认值为 False。

8.1.4 Windows 窗体的常用方法

方法是对象可以执行的动作。在应用程序中调用方法时,一般要指明对象,语法格式如下:

```
<对象名>.<方法名>(<参数列表>);
```

窗体对象有许多方法,可以用来实现窗体的操作,常用的方法有以下几种。

(1) Show()方法:显示一个被加载但未被激活的窗体,使窗体可见。

(2) Hide()方法:隐藏窗体,使窗体不可见,但是并没有被关闭。

(3) Focus()方法:使窗体获得焦点。

(4) Scale()方法:使窗体按指定的比例进行缩放。

(5) Close()方法:关闭窗口。

8.1.5 Windows 窗体的常用事件

窗体类提供了几十个事件,从用户的角度,可以将窗体事件理解为窗体能够识别的动作。下面介绍窗体常用的几个事件。

(1) Load 和 Activated 事件

Load 事件在加载窗体时触发,可以使用此事件执行一些初始化任务,例如分配窗体使用的资源、对属性和变量进行初始化等;Activated 事件在窗体激活时发生,例如窗体第一次加载时,此事件在 Load 事件执行之后,紧跟着执行一次;在多窗体应用程序中,当一个窗体成为当前窗体(显示在桌面最顶层的窗体)时,其 Activated 事件将会执行一次。

(2) Shown 事件

窗体首次显示时触发该事件,随后执行的最小化、最大化、还原、隐藏、显示或无效化和重新绘制操作都不会引发该事件。

(3) Click 和 DoubleClick 事件

单击窗体时,触发 Click 事件;双击窗体时,触发 DoubleClick 事件。

(4) Resize 事件

该事件在窗体大小改变时触发。

（5）KeyDown、KeyUp 和 KeyPress 事件

在首次按下键盘上的按键时触发窗体的 KeyDown 事件；释放按键时触发 KeyUp 事件；在控件具有焦点并且用户按下并释放按键时触发 KeyPress 事件。

（6） MouseEnter、MouseClick、MouseDoubleClick、MouseHover、MouseDown、MouseUp 和 MouseMove 事件

当鼠标进入控件的可见部分时触发 MouseEnter 事件；单击鼠标按钮时触发 MouseClick 事件；双击鼠标按钮时触发 MouseDoubleClick 事件；鼠标指针悬在控件上一段时间时触发 MouseHover 事件；当鼠标在控件上方并按下鼠标按钮时触发 MouseDown 事件；在鼠标指针在控件上方并释放鼠标按钮时触发 MouseUp 事件；鼠标指针在窗体上移过时触发 MouseMove 事件。

8.2　Visual C# 的控件

窗体是控件的容器（载体），控件与窗体一起构成用户界面。控件是包含在窗体中的对象，是构成用户界面的基本元素，也是 Visual C♯ 可视化编程的重要工具。所有的控件都是继承自 Control 类，它们有共同继承自父类的属性、方法和事件，控件的大小、位置和外观是控件共有属性来描述的特征。使用控件可使应用程序的设计免除了大量重复性劳动，简化了设计过程，可以有效地提高设计效率。要开发出具有实用价值的应用程序，必须熟练掌握各类控件的功能和使用方法，并掌握其常用的属性、事件和方法。由于篇幅的限制，本节只介绍控件的基本属性和 Visual C♯ 中几个常用的控件，其他控件及其属性请参考 Visual C♯ 的帮助系统和其他相关教材。

8.2.1　窗体中控件的基本操作

在开发应用程序时，创建窗体之后，就要根据需要在窗体中添加控件，设置控件属性，最终设计出满足用户需求的界面。

1. 添加控件

在窗体设计器中，在窗体中添加控件有以下几种方法。

（1）在"工具箱"中，单击要添加到窗体上的控件，然后移动鼠标指针到窗体上，指针变成十字形状，在窗体中合适的位置单击或拖动鼠标指针画出控件对象。建议一般情况下采用此方法。

（2）在"工具箱"中，单击要添加到窗体上的控件，然后按住鼠标左键移动鼠标指针到窗体上，移动到合适的位置松开鼠标左键即可。

（3）在"工具箱"中，双击要添加到窗体上的控件，该控件对象被添加到窗体上。

（4）选择窗体中已有的一个控件，选择"编辑"→"复制"命令，将选中的控件复制到剪贴板中，然后鼠标指针移动到窗体中合适的位置，选择"编辑"→"粘贴"命令，建立另一个

控件对象。采用此方法创建控件的优点是只需要修改被复制控件对象的属性,其他粘贴添加的控件对象除了 Name 属性、Location 属性与原控件对象不同,其他属性都相同,这样可以方便地统一控件的外观,使界面风格一致。

2. 选择控件

在窗体设计器中,如果要对控件进行处理,需要先选择控件,选择控件可以使用以下方法。

(1) 如果要选择单个控件,可以直接单击该控件,也可以在"属性"窗口顶部的"对象"列表框中选择该控件。

(2) 如果要同时选择多个控件,可以按住 Shift 键,然后用鼠标依次单击要选择的控件,或者用鼠标在容器上拖动一个虚线框,在该框中的控件均被选中。

3. 调整控件

对于添加到窗体中的控件,可以根据需要调整它们的大小和位置。

(1) 调整大小

选中控件后,将鼠标指针放在控件的某个句柄上,按住鼠标左键拖动,或者在"属性"窗口中修改 Size 属性值,改变控件的大小。

(2) 调整位置

选中控件后,在"属性"窗口中修改其 Location 属性值,达到精确定位的目的;或者按住 Ctrl 键,同时按住→、←、↑或↓键调整控件的位置;还可以先设置好一个控件作为基准,然后选中需要调整的控件,使用"格式"菜单中的布局菜单项或使用"布局"工具栏调整其他控件的大小和位置等。

4. 锁定控件

将一个控件放在窗体的理想位置后,为防止不小心改变控件位置,可以修改该控件的 Locked 属性为 True,将控件锁定。默认情况下,该属性值为 False,如果将其设置为 True,则控件的大小和位置都不能改变。

8.2.2　控件的通用属性

控件的外观和行为,例如控件的大小、颜色、位置以及控件的使用方式等特征,是由其属性决定的。不同的控件拥有不同的属性,并且系统为它提供的默认值也不同。大多数默认设置比较合理,能满足一般需求。通常使用控件时,只有少数的属性值需要修改。有些公共属性,适用于大多数控件或所有控件。此外,每个控件都有它个性化的属性。控件共有的基本属性如下。

(1) Name 属性

每一个控件都有一个 Name 属性,在应用程序中,可以通过此属性来引用这个控件。Visual C# 会给每一个新添加的控件指定一个默认名称,一般它由控件类型和序号组成,例如 label1、textBox1、button1、comboBox1、numericUpDown1 等。在应用程序设计时，可以根据需要将控件的默认名称修改为有实际意义的名称。控件的名称必须符合 C♯ 的命名规则。另外常用控件一般都有约定的缩写名称，例如标签控件缩写为 lbl，文本框缩写为 txt，组合框缩写为 cbo，按钮缩写为 btn。为了在程序代码中便于识别控件的类型，建议控件名称以这些缩写名称打头，后面再加上有实际意义的名称，例如 lblName、txtName、cboNumber、btnCalculate、btnClose 等。

（2）Text 属性

大多数控件都有一个获取或设置文本的属性，即 Text 属性。例如标签、按钮等都用 Text 属性设置其文本；文本框用 Text 属性获取用户输入或显示文本等。

（3）尺寸大小和位置属性

各种控件一般都有一个设置其尺寸大小和位置的属性：Size 属性和 Location 属性。Size 属性可用于设置控件的宽度和高度。

Location 属性可用于设置一个控件相对于其窗口左上角的坐标位置，对应窗体左上角的 X、Y 坐标。这两个属性可以通过输入新坐标值来改变，也可以随着控件的缩放或拖动而改变。当用鼠标单击窗体中的一个控件，控件周围就会出现多个小方块，拖曳这些小方块可以改变控件的大小，这时"属性"窗口中的 Size 属性值也随之变化。把鼠标指针置于控件上面时，鼠标指针变成十字形状◈时，这时可以拖动控件移动，控件的 Location 属性值将随之改变。

（4）Font 属性

如果一个控件要显示文字，可以通过 Font（字体）属性来改变它的文字外观。在"属性"窗口中单击 Font 属性后，在它的右边会显示一个小按钮▣，单击该按钮，就会弹出一个"字体"对话框，在"字体"对话框中可以选择所用的字体、字样以及字号等。

（5）颜色属性

控件的背景颜色是由 BackColor 属性设置的，控件要显示的文字或图形的颜色则是由 ForeColor 属性设置的。选择颜色的方法是：在"属性"窗口中用鼠标单击对应的属性后，在它的右边会显示一个小按钮▾，单击这个小按钮，会弹出一个列表框，可以从标准的 Windows 颜色列表框中选择一种颜色，也可以从打开的调色板中选择一种颜色。

（6）可见性和有效性属性

一个控件的 Visible（可见）属性确定了该控件在窗体上是否可见。一个控件的 Enabled（有效）属性则决定了该控件能否被使用。当一个控件的 Enabled 属性设置为 False 时，则它变成灰色显示，且单击此控件时不会起作用。如果一个控件的 Visible 属性设置为 False，则在窗体上就看不到这个控件了，它的 Enabled 属性设置也就无关紧要了。

（7）边框属性

BorderStyle 属性用于设置边框类型，默认值为 None（无边框），其他选项有 FixedSingle（单线边框）、Fixed3D（有立体感边框）。

（8）Anchor 属性和 Dock 属性

Anchor 属性用于控制控件相对于容器边缘的相对位置保持不变。一个控件可以锚定到其父容器的一个或多个边缘。将控件锚定到其父容器，可以确保当调整父容器的大

325

小时锚定的边缘与父容器的边缘的相对位置保持不变。Anchor 属性可以利用"属性"窗口静态设置，也可以使用 AnchorStyles 枚举类型并通过程序代码动态设置。

Dock 属性也称为停靠属性，设置控件在其容器中的停靠位置。可以将控件停靠在其容器的上、下、左、右边框上或覆盖整个容器(Fill)。设计时可以从"属性"窗口的 Dock 属性中选择控件要停靠的边框，也可以使用 DockStyle 枚举类型通过程序代码动态设置。

8.2.3　Visual C#常用的控件

Visual C#提供的控件非常多，本节只介绍几个常用的控件。

1. Label 控件

Label 控件(标签)用于显示一些简短的文本信息，但是程序运行时不能输入文本，其个性化属性如表 8-4 所示。

表 8-4　Label 控件的个性化属性

属性名	属 性 说 明
AutoSize	默认值为 False。如果 Label 控件足够高，则折行显示 Text 属性中的内容。设置为 True 时，自动调整其大小并完整地显示 Text 属性中的内容
Image	用于设置控件上要显示的图片
ImageList	用于指定一个 ImageList 控件
ImageAlign	用于设置控件上显示的图片的对齐方式
TextAlign	用于设置标签中文本的对齐方式，共有 9 个选项

2. TextBox 控件

TextBox 控件(文本框)用于程序运行时显示或输入文本，其个性化属性如表 8-5 所示。

表 8-5　TextBox 控件的个性化属性

属 性 名	属 性 说 明
PasswordChar	该属性可隐藏文本框中输入字符的真实内容，而显示设计时在 PasswordChar 属性中输入的字符。该属性在设计用户登录界面中的密码框时非常有用
Multiline	设置编辑控件的文本是否能够跨越多行，设置为 True 时可以多行显示文本
WordWrap	当 Multiline 设置为 True 时，WordWrap 也设置为 True 时，文本能自动换行。当 WordWrap 设置为 False 时，按 Enter 键换行
ScrollBars	用于多行编辑控件设置水平或垂直滚动条

3. Button 控件

Button 控件(按钮)用于单击执行某个命令，其个性化属性如表 8-6 所示。

表 8-6 Button 控件的个性化属性

属 性 名	属 性 说 明
BackgroundImage	设置按钮的背景图像
Cursor	设置当鼠标指针移到按钮上时的形状,默认值是箭头
FlatStyle	设置鼠标指针移动到控件上并单击该按钮时的外观样式,为标准或扁平的形状
Image	用于设置按钮上要显示的图片
ImageAlign	用于设置按钮上显示图片的对齐方式
TextAlign	用于设置控件上显示文本的对齐方式,共有 9 个选项

4. ComboBox 控件

ComboBox 控件用于输入字符或从一个列表中选择文本,其个性化属性如表 8-7 所示。

表 8-7 ComboBox 控件的个性化属性

属 性 名	属 性 说 明
DropDownStyle	设置组合框的外观和功能,默认值为 DropDown(表示可以从列表中选择,也可以自行输入),其他的两个选项如下:DropDownList(表示只能从列表中选择)、Simple(同 TextBox 控件)
MaxDropDownItems	设置下拉列表可以显示的最大行数,默认值为 8 行。当行数较多时,会自动出现滚动条
Sorted	确定是否对组合框的列表项进行排序,默认值为 False,即不排序
Items	组合框中列表项的集合

8.3 菜 单 设 计

菜单是 Windows GUI 软件界面中最重要的元素之一,用于显示一系列命令,其中一部分命令旁带有图像,以便用户可以快速将命令与图像内容联系在一起。菜单主要分两种:主菜单(MenuStrip)和上下文菜单(ContextMenuStrip)。Visual Studio. NET 开发环境中可以使用集成开发环境来创建菜单,也可以通过编写代码来创建菜单。

8.3.1 主菜单

主菜单一般位于窗口的顶部,构成界面的下拉菜单,每个顶级菜单条又可以包含多个子菜单。在 Visual Studio. NET 开发环境中,主菜单的设计采用组件的方式,即向窗体添加一个主菜单控件,然后通过该控件提供的菜单设计器来完成主菜单的设计。

为 Windows 应用程序设计菜单的主要步骤如下。

（1）添加菜单控件

在工具箱的"菜单与工具栏"中双击 MenuStrip 控件,将它添加到窗体上,外观效果如图 8-27 所示。

单击"请在此处键入"进入编辑状态,然后输入菜单名,例如这里输入"文件(F)",如图 8-28 所示。

窗体主菜单设计器包括 3 个区域,如图 8-29 所示,其中"文件(F)"位置用于输入当前菜单名,其右侧的"请在此处键入"用于设计当前菜单同级的其他菜单,其卜部的"请在此处键入"用来设计当前菜单的下级菜单。

图 8-27　在窗体中添加 MenuStrip　　图 8-28　在 MenuStrip 控件中　　图 8-29　窗体主菜单的
　　　　　控件　　　　　　　　　　　　　　　　输入菜单名称　　　　　　　　　　　　3 个区域

（2）添加子菜单

可以为主菜单添加子菜单,单击主菜单下方的"请在此处键入",即可输入子菜单名称,其中横向分隔线使用"-"输入。

（3）设置菜单属性

可以单击选择主菜单项或子菜单项,然后设置其属性,菜单项 ToolStripMenuItem 常见属性的设置如表 8-8 所示。

表 8-8　ToolStripMenuItem 菜单项常见的属性

属性名称	说　　明
Checked	获取或设置一个值,该值指示是否选中
Image	设置显示在菜单项左边的图标
ShortcutKeys	设置快捷键
ToolTipText	设置鼠标指针移动到菜单项上时显示的提示内容

（4）编写功能代码

双击菜单项进入代码编辑窗口,完成菜单项的 Click 事件代码的编写。

8.3.2　上下文菜单

上下文菜单也称为快捷菜单,通常用户在右击鼠标时弹出。快捷菜单通过工具箱中的 ContextMenuStrip 控件添加。为 Windows 应用程序设计快捷菜单的主要步骤如下。

（1）添加 ContextMenuStrip 控件

在工具箱的"菜单与工具栏"中将 ContextMenuStrip 控件添加到窗体中。

（2）添加菜单项

单击"请在此处键入"，进入编辑状态，然后输入菜单名。

（3）设置窗体的 MainMenuStrip 属性

快捷菜单项的名称输入完成后，必须将窗体的 MainMenuStrip 属性设置为刚才添加的 ContextMenuStrip 控件，如图 8-30 所示。

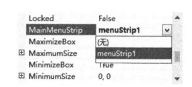

图 8-30 设置窗体的 MainMenuStrip 属性

（4）编写功能代码

双击菜单项进入代码编辑窗口，完成快捷菜单项的 Click 事件代码的编写。

8.4 工具栏的设计

工具栏提供了应用程序中最常用命令的快捷访问方式，它一般由多个按钮组成，每个按钮对应菜单中的一个菜单项，运行时，单击工具栏中的按钮就可以快速执行对应的命令。

工具栏的一般设计步骤如下。

（1）添加工具栏控件

在工具箱的"菜单与工具栏"中将 ToolStrip 控件添加窗体中。

图 8-31 工具栏中供添加的控件

（2）添加工具栏选项控件

在窗体中单击 ToolStrip 控件向下箭头的小按钮，在弹出的下拉菜单中选择一个控件进行添加，如图 8-31 所示。这里有八种控件供添加：Button（按钮）、Label（标签）、SplitButton（左侧为标准按钮与右侧为下拉按钮的组合）、DropDownButton（类似 SplitButton，单击左侧按钮会弹出下拉菜单）、Separator（分隔线）、ComboBox（组合框）、TextBox（文本框）和 ProgressBar（进度条）。

（3）设置工具栏选项控件的属性

ToolStripMenuItem 的基本属性如表 8-9 所示。

表 8-9 ToolStripMenuItem 的基本属性

属 性 名	说 明
Image	设置显示在按钮上的图标
Text	设置显示在按钮上的文本内容
ToolTipText	设置鼠标指针移动到按钮上时显示的提示内容

（4）编写功能代码

工具栏选项类似菜单项，双击工具栏控件可以进入代码编辑窗口并编写功能代码。

8.5　状态栏的设计

　　状态栏为 Windows 应用程序提供了一个区域,使其可以在不打断用户工作的情况下为用户显示有用的信息,状态栏通常位于窗口底部。Visual Studio. NET 2012 提供了 StatusStrip 控件来设置状态栏。

　　状态栏设计的一般步骤如下。

　　(1) 添加 StatusStrip 控件

　　在工具箱的"菜单与工具栏"中将 StatusStrip 控件添加到窗体中。

　　(2) 添加状态选项控件

　　在窗体中单击 StatusStrip 控件的向下箭头的小按钮,在弹出的下拉菜单选择一个控件添加,如图 8-32 所示。这里有 4 个控件可供添加:StatusLabel(面板)、ProgressBar(进度条)、DropDownButton(类似 SplitButton,单击左侧按钮会弹出下拉菜单)和 SplitButton(左侧为标准按钮和右侧为下拉按钮的组

图 8-32　状态栏中供添加的控件

合)。最常用的为 StatusLabel 控件,一般设置其 Text 属性,用于显示相关信息,也可以设置图标。

8.6　对话框的设计

　　对话框是 Windows GUI 程序中软件与用户交流的重要方式。

1. 模态对话框与非模态对话框

　　模态对话框与非模态对话框的区别在于对话框本身,而在于对话框的打开方式。如果一个对话框的打开方式是模态的,那么用户就只能操纵该对话框,在它被关闭之前,用户不能对程序进行其他操作。一个对话框的打开方式是非模态的,那么用户可以响应该对话框,也可以暂时不关闭它,而是操纵程序的其他功能,例如用户可以单击该对话框以外的地方,程序会立即响应单击事件,而刚才打开的对话框则会失去焦点。

　　通常使用 ShowDialog() 方法以模态方式打开对话框,使用 Show() 方法以非模态方式打开对话框。

2. 通用对话框

　　(1) OpenFileDialog 对话框

　　OpenFileDialog 对话框是"打开文件"对话框,该对话框提供了在磁盘上寻找要打开文件的功能,也提供了打开文件的具体方法。

该对话框常用的方法有：ShowDialog()方法用于以模态方式显示"打开文件"对话框，OpenFile()方法用于打开用户选定的文件。

(2) SaveFileDialog 对话框

SaveFileDialog 对话框是"保存文件"对话框，使用该对话框可以允许用户自行确定文件保存的位置和名称。

该对话框常用的方法有：ShowDialog()方法用于以模态方式显示"保存文件"对话框，OpenFile()方法用于打开用户选定的文件。

(3) FontDialog 对话框

FontDialog 对话框为用户提供了当前系统的字体选择功能，通过该对话框可以设置字体的名称、大小和风格等，该对话框常用的 ShowDialog()方法用于以模态方式显示"字体"对话框。

(4) ColorDialog 对话框

ColorDialog 对话框为用户提供了颜色选择功能，通过该对话框可以设置颜色。该对话框常用的 ShowDialog()方法用于以模态方式显示"颜色"对话框。

8.7 MDI 多窗体程序的设计

多文档界面(MDI)应用程序能同时显示多个文档，每个文档显示在各自的窗口中。MDI 应用程序中常包含"窗口"菜单，用于在窗口或文档之间进行切换。在 Windows 应用程序运行时，子窗体显示在父窗体工作空间之内，一般父窗体内不包含控件。

创建 MDI 主窗体的步骤如下：

(1) 创建一个应用程序项目。

(2) 将 Form1 窗体的 IsMdiContainer 属性设置为 True。

(3) 在父窗体显示子窗体的代码如下：

```
Form1 frm=new Form1();
frm.MdiParent=this;
frm.Show();
```

编程实战

任务 8-2 设计职员信息输入窗体与实现信息输入功能

【任务描述】

设计如图 8-33 所示的职员信息输入窗体并实现以下功能。

图 8-33 "职员信息输入"窗口运行的初始状态

（1）程序运行时,在信息输入窗口的各个控件中输入所需的职员信息。

（2）职员信息输入完成后单击"确定"按钮,将所输入的信息分行显示在一个MessageBox 消息对话框中。

（3）单击"重置"按钮,恢复窗口默认的初始状态。

【问题分析】

（1）学号、姓名和基本工资通常使用 TextBox 文本框输入。

（2）通常情况下,性别只能选择一个,使用 RadioButton 控件显示性别。兴趣爱好可以选择多个,使用 CheckBox 控件显示兴趣爱好。

（3）通常籍贯应有多个选项供选择,但只能选中一项,使用 ComboBox 控件显示籍贯列表供选择。

（4）出生日期使用 DateTimePicker 控件设置。

【任务实施】

（1）启动 Visual Studio 2012。

（2）创建项目 WindowsForms0802。

在 Visual Studio 2012 开发环境中,在解决方案 Solution08 中创建一个名称为WindowsForms0802 的项目。

（3）设置窗体的属性。

在窗体设计器中选择窗体,然后在窗体的"属性"窗口中将 name 属性值设置为frmStuInfo,Text 属性值设置为"职员信息输入",将窗体的大小属性 Size 的值设置为"310,320",Icon 属性设置为 student.ico。单击"保存"按钮，保存对 frmLogin 窗体的更改。

（4）在"职员信息输入"窗体中添加多个控件并调整其位置。

在"职员信息输入"窗体中依次添加 7 个 Label 控件、3 个 TextBox 控件、2 个RadioButton 控件、1 个 ComboBox 控件、1 个 DateTimePicker 控件、3 个 CheckBox 控件和 2 个 Button 控件。

对"职员信息输入"窗体中添加的多个控件进行布局的精心调整,使其纵向等距分布,横向对齐、纵向对齐。窗体中控件的位置经过精心调整后,可以将控件的位置固定,操作方法是在窗体内右击,在弹出的快捷菜单中选择"锁定控件"命令即可,"职员信息输入"窗体的最终布局效果如图 8-34 所示。

图 8-34　"职员信息输入"窗体的设计状态

单击"保存"按钮▢,保存对 frmStuInfo 窗体的更改。

(5)合理设置"职员信息输入"窗体中各个控件的属性。

"职员信息输入"窗体中各个控件的属性设置值如表 8-10 所示。

表 8-10　"职员信息输入"窗体中各个控件的 Name 属性值和 Text 属性值

序号	Name 属性值	Text 属性值	序号	Name 属性值	Text 属性值
1	lblNum	职员编号:	11	rbtnMale	男
2	lblName	姓　名:	12	rbtnWomen	女
3	lblSex	性　别:	13	cboBirthplace	(空)
4	lblBirthplace	籍　贯:	14	dtpBirthday	(空)
5	lblBirthday	出生日期:	15	txtBasicSalary	(空)
6	lblBasicSalary	基本工资:	16	chkBasketbal	篮球
7	lblHobby	兴趣爱好:	17	chkSwimming	游泳
8	btnOK	确定(&O)	18	chkSing	唱歌
9	txtNum	(空)	19	btnReset	重置(&R)
10	txtName	(空)			

单击"保存"按钮▢,保存对 frmStuInfo 窗体的更改。

(6)编写程序代码,实现窗体的功能。

切换到窗体的设计视图,双击窗体的空白位置,系统将自动切换到窗体的"代码编辑"窗口,且自动显示 frmStuInfo 窗体的 Load 事件过程,在大括号"{}"内添加代码,实现所需功能,frmStuInfo 窗体的 Load 事件过程的程序代码如表 8-11 所示。

表 8-11　frmStuInfo 窗体的 Load 事件过程的程序代码

行号	C#程序代码
01	private void frmStuInfo_Load(object sender, EventArgs e)
02	{
03	//窗体初始时,设置单选按钮、组合框的默认值
04	rbtnMale.Checked=true;
05	cboBirthplace.Items.AddRange(new string[]{"湖南","广东","湖北","江西"});
06	cboBirthplace.SelectedIndex=0;
07	}

切换到窗体的设计视图,双击窗体 frmStuInfo 中的"确定"按钮,系统将自动切换到窗体的"代码编辑"窗口,且自动显示"确定"按钮的 Click 事件过程,在大括号"{}"内添加代码,实现所需功能。"确定"按钮的 Click 事件过程的程序代码如表 8-12 所示。

表 8-12　窗体 frmStuInfo 中的"确定"按钮的 Click 事件过程的程序代码

行号	C#程序代码
01	private void btnOK_Click(object sender, EventArgs e)
02	{
03	string staffInfo="";
04	int num=0;
05	staffInfo=lblNum.Text+txtNum.Text.Trim()+"\n";
06	staffInfo+=lblName.Text+txtName.Text.Trim()+"\n";
07	if(rbtnMale.Checked)
08	{
09	staffInfo +=lblSex.Text +rbtnMale.Text+"\n";
10	}
11	else
12	{
13	staffInfo +=lblSex.Text+rbtnWomen.Text+"\n";
14	}
15	staffInfo +=lblBirthplace.Text +cboBirthplace.Text+"\n";
16	staffInfo +=lblBirthday.Text+dtpBirthday.Text+"\n";
17	staffInfo +=lblBasicSalary.Text+txtBasicSalary.Text +"元\n";
18	staffInfo +=lblHobby.Text;
19	if(chkBasketbal.Checked)
20	{
21	staffInfo +=chkBasketbal.Text;
22	num++;
23	}
24	if(chkSwimming.Checked)
25	{
26	if(num ==0)
27	{

行号	C#程序代码
28	staffInfo +=chkSwimming.Text;
29	}
30	else
31	{
32	staffInfo +="、"+chkSwimming.Text;
33	}
34	num++;
35	}
36	if(chkSing.Checked)
37	{
38	if(num ==0)
39	{
40	staffInfo +=chkSing.Text;
41	}
42	else
43	{
44	staffInfo +="、"+chkSing.Text;
45	}
46	num++;
47	}
48	if(num ==0)
49	{
50	staffInfo +="无"+"\n";
51	}
52	else
53	{
54	staffInfo +="\n";
55	}
56	MessageBox.Show("输入的职员信息如下:\n"+staffInfo);
57	}

再一次切换到窗体的设计视图,双击窗体 frmStuInfo 中的"重置"按钮,系统将自动切换到窗体的"代码编辑"窗口,且自动显示"重置"按钮的 Click 事件过程,在大括号"{}"内添加代码,实现所需功能。"重置"按钮的 Click 事件过程的程序代码如表 8-13 所示。

表 8-13　窗体 frmStuInfo 中的"重置"按钮的 Click 事件过程的程序代码

行号	C#程序代码
01	private void btnReset_Click(object sender, EventArgs e)
02	{
03	//遍历窗体中所有控件
04	foreach(Control item in this.Controls)

行号	C#程序代码
05	
06	if(item is TextBox)
07	{
08	item.Text="";
09	}
10	if(item is RadioButton)
11	{
12	RadioButton rbtn=(RadioButton)item;
13	rbtn.Checked=false;
14	rbtnMale.Checked=true;
15	}
16	if(item is CheckBox)
17	{
18	CheckBox chk=(CheckBox)item;
19	chk.Checked=false;
20	}
21	}

（7）运行程序。

在 Visual Studio 2012 主窗口中,设置 WindowsForms0802 项目为启动项目,选择"调试"→"启动调试"命令。或者直接按 F5 快捷键,该应用程序开始运行,程序运行的初始状态如图 8-33 所示。

在"职员信息输入"窗体输入所需信息,如图 8-35 所示,然后单击"确定"按钮,弹出如图 8-36 所示的显示职员信息的对话框,在该对话框中单击"确定"按钮即可。然后在"职员信息输入"窗口单击"重置"按钮,则重新恢复窗口默认的初始状态,如图 8-33 所示。

图 8-35　在"职员信息输入"窗体中输入所需信息

图 8-36　显示职员信息的对话框

任务 8-3　设计简易计事本与实现其基本功能

【任务描述】

Windows 操作系统自带“记事本”的外观效果如图 8-37 所示，参考其界面特点和菜单，设计一个类似的“记事本”，自制记事本包括菜单栏、工具栏、状态栏和多个控件，并能实现基本功能。

（1）在“记事本”窗口添加“文件（F）”、“编辑（E）”“格式（O）”“查看（V）”和“帮助（H）”等主菜单，在“帮助”主菜单中添加多个子菜单项。“记事本”的主菜单及“帮助”下拉菜单如图 8-37 所示。在“文件”主菜单中添加多个子菜单项，如图 8-38 所示。

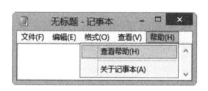

图 8-37　“记事本”的主菜单及“帮助”下拉菜单

图 8-38　“记事本”的“文件”下拉菜单

（2）在“记事本”窗口添加 1 个快捷菜单，该快捷菜单包含“剪切（T）”“复制（C）”和“粘贴（P）”3 个菜单项。

（3）在“记事本”窗口添加 1 个工具栏，该工具栏中添加两组按钮，第 1 组包括“新建”“打开”“保存”3 个按钮，第 2 组包括“剪切”“复制”和“粘贴”3 个按钮。

（4）在“记事本”窗口添加 1 个状态栏，该状态栏主要显示相关信息。

（5）在“记事本”窗口中添加 1 个 RichTextBox 控件，该控件用于文本内容和显示打开文件中的内容。

（6）在“记事本”窗口中添加 1 个 OpenFileDialog 控件和 1 个 SaveFileDialog 控件。

（7）单击“打开”菜单项或工具栏“打开”按钮，可以打开文本文件，并将打开文本文件的内容显示在 RichTextBox 控件中。

（8）在 RichTextBox 控件中输入文本内容，然后单击“保存”菜单项或工具栏中的“保存”按钮，可以将输入的内容保存在硬盘中的指定位置。

（9）单击“新建”菜单项或工具栏中的“新建”按钮能新建 1 个文件，并将 RichTextBox 控件内容清除。单击“退出”菜单项可以关闭“记事本”窗口，并退出应用程序。

【任务实施】

1. 创建项目 WindowsForms0803

在解决方案 Solution08 中添加一个名称为 WindowsForms0803 的项目。“记事本”

窗体的基本属性设置如表 8-14 所示。

表 8-14 "记事本"窗体的基本属性设置

属性名称	属性值	属性名称	属性值
（Name）	frmNotepad	MainMenuStrip	menuStrip1
Text	记事本	WindowState	Normal

2. 为"记事本"应用程序设计主菜单

（1）添加菜单控件

在工具箱"菜单与工具栏"中双击 MenuStrip 控件,将它添加到窗体上。单击"请在此处键入"进入编辑状态,然后输入菜单名"文件(F)",如图 8-39 所示。

依次在"文件(F)"主菜单的右侧分别添加"编辑(E)""格式(O)""查看(V)"和"帮助(H)"主菜单。

（2）添加子菜单

单击主菜单"文件"下方的"请在此处键入",即可输入子菜单名称,在主菜单"文件(F)"中依次添加下拉菜单项"新建""打开""保存""另存为""页面设置""打印"和"退出",其中横向分隔线使用"-"输入,如图 8-40 所示。

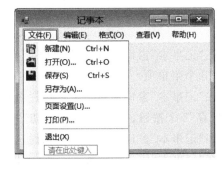

图 8-39 在 MenuStrip 控件中　　　图 8-40 在窗体中添加 5 个主菜单和 7 个下拉菜单项
输入菜单名称

接着在"帮助(H)"主菜单中添加下拉菜单项"查看帮助"和"关于记事本",同样横向分隔线使用"-"输入。

（3）设置菜单属性

可以单击选择主菜单项或子菜单项,然后设置其属性,"记事本"主要菜单项的属性设置如表 8-15 所示。

表 8-15 "记事本"主要菜单项的属性设置

属 性 名	属 性 值	属 性 名	属 性 值
Name	tsMenuItemNew	Name	tsMenuItemSave
Text	新建(N)	Text	保存(S)
Image	Properties. Resources. _new	Image	Properties. Resources. save

续表

属 性 名	属 性 值	属 性 名	属 性 值
ShortcutKeys	Ctrl+N	ShortcutKeys	Ctrl+S
Name	tsMenuItemOpen	Name	tsMenuItemExit
Text	打开(O)...	Text	退出(X)
Image	Properties. Resources. open		
ShortcutKeys	Ctrl+O		

（4）运行窗体

窗口的主菜单和下拉菜单项设置完成后，运行该窗体，窗口主菜单和"文件"下拉菜单如图 8-41 所示，"帮助"下拉菜单如图 8-42 所示。

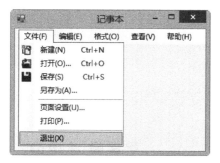

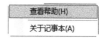

图 8-41　窗口运行时的主菜单和"文件"下拉菜单　　　　图 8-42　"帮助"下拉菜单

3. 为"记事本"窗口设计快捷菜单

（1）添加 ContextMenuStrip 控件

在工具箱的"菜单与工具栏"中将 ContextMenuStrip 控件添加到窗体中。

（2）添加菜单项

单击"请在此处键入"，进入其编辑状态，输入"剪切(T)"，然后在其下方依次输入"复制(C)"和"粘贴(P)"，如图 8-43 所示。

图 8-43　输入快捷菜单的菜单名

339

（3）设置窗体的 MainMenuStrip 属性

快捷菜单项的名称输入完成后，将窗体的 MainMenuStrip 的属性设置为刚才添加的 ContextMenuStrip 控件，即 nemuStrip1。

（4）运行窗体

窗口的快捷菜单设置完成后，运行该窗体，窗口的快捷菜单如图 8-44 所示。

4. 为"记事本"窗口添加控件与设置其属性

（1）在"记事本"窗口添加 1 个工具栏

在工具箱的"菜单与工具栏"中双击 ToolStrip 控件，将 ToolStrip 控件添加到"记事本"窗体中，其 Name 属性为 ToolBar1。然后单击 ToolStrip 控件向下箭头的小按钮，依次添加 3 个 Button 控件、1 个 Separator 控件、3 个 Button 控件，分别设置按钮的图标为对应的图片文件，设置 Text 属性为"新建""打开""保存""剪切""复制"和"粘贴"。工具栏添加完成后的效果如图 8-45 所示。

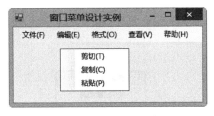

图 8-44 窗口运行时显示的快捷菜单 　　　　图 8-45 "记事本"窗口中添加的工具栏

（2）在"记事本"窗口添加 1 个状态栏。

在工具箱的"菜单与工具栏"中双击 StatusStrip 控件，将 StatusStrip 控件添加到"记事本"窗口，其 Name 属性为 statusStrip1。然后单击 StatusStrip 控件向下箭头的小按钮，在弹出的下拉菜单选择一个控件 StatusLabel 予以添加。

（3）在"记事本"窗口中添加通用对话框控件

在"记事本"窗口中添加 1 个 OpenFileDialog 控件和 1 个 SaveFileDialog 控件，其 Name 属性值分别为 OpenFileDialog1、SaveFileDialog1。

"记事本"窗口中添加的多个控件如图 8-46 所示。

图 8-46 在"记事本"窗口中添加多个控件

（4）在"记事本"窗口中添加 1 个 RichTextBoxr 控件

在"记事本"窗口的工具栏和状态栏之间添加 1 个 RichTextBox 控件。

RichTextBox 控件主要属性的设置如表 8-16 所示。

表 8-16　**RichTextBox 控件主要属性的设置**

属 性 名	属 性 值	属 性 名	属 性 值
（Name）	RichTextBox1	BackColor	Info
Dock	Fill	Text	空
ContextMenuStrip	contextMenuStrip1	ZoomFactor	1

5. 为"记事本"窗体编写代码实现其基本功能

（1）引入命名空间

引入命名空间的代码为：Imports System. Io。

（2）定义打开文件的路径为窗体级变量

定义窗体级变量的程序代码如下所示。

```
private string editFileName;
```

（3）编写窗体的 Load 事件过程的程序代码

窗体的 Load 事件过程的程序代码如表 8-17 所示。

表 8-17　**窗体的 Load 事件过程的程序代码**

序号	C#程序代码
01	private void frmNotepad_Load(object sender, EventArgs e)
02	{
03	richTextBox1.Modified=false;
04	toolStripStatusLabel1.Text="欢迎你使用记事本！";
05	}

（4）编写"新建"菜单项的 Click 事件过程的程序代码

"新建"菜单项的 Click 事件过程的程序代码如表 8-18 所示。

表 8-18　**"新建"菜单项的 Click 事件过程的程序代码**

序号	C#程序代码
01	private void tsMenuItemNew_Click(object sender, EventArgs e)
02	{
03	//检查文件是否修改过
04	if(AskForSaveFile())
05	{
06	editFileName="";
07	richTextBox1.Clear();　　　　　　　　　　//清除文本框
08	this.Text="无标题—记事本";
09	}
10	}

（5）编写自定义方法 AskForSaveFile 的程序代码

自定义方法 AskForSaveFile 的程序代码如表 8-19 所示。

表 8-19　自定义方法 AskForSaveFile 的程序代码

序号	C#程序代码
01	public bool AskForSaveFile()
02	{
03	DialogResult result=default(DialogResult);
04	if(richTextBox1.Modified)
05	{
06	result=MessageBox.Show("文件"+editFileName+"的内容已经改变,"+
07	"是否想保存文件?", "记事本", MessageBoxButtons.YesNoCancel,
08	MessageBoxIcon.Exclamation);
09	switch(result)
10	{
11	case DialogResult.Yes:
12	if(editFileName =="")
13	{
14	SaveAsFile();
15	}
16	else
17	{
18	WriteFile();
19	}
20	break;
21	case DialogResult.Cancel:
22	return false;
23	}
24	}
25	return true;
26	}

【代码解读】

自定义方法 AskForSaveFile 的程序代码说明如下:

每当新建或打开一个文件时,"记事本"程序都要判断当前正在编辑的文件是否已保存过。若没有保存过,应弹出对话框询问用户是否保存当前的文件。

第 04 行通过 RichTextBox1 控件的 Modified 属性用于判断文件内容是否保存过。如果 Modified 属性的值为 True,即未保存过,第 06~08 行的代码则会弹出对话框,询问是否保存文件。如果用户单击"是"按钮,第 12~15 行的代码则会调用 SaveAsFile()方法保存文件。如果用户单击"否"按钮,则调用 WriteFile()方法写文件。如果用户单击"取消"按钮,第 22 行代码则直接返回 False,表示放弃打开新文件的操作。

(6) 编写自定义方法 SaveAsFile 的程序代码

自定义方法 SaveAsFile 的程序代码如表 8-20 所示。

表 8-20　自定义方法 SaveAsFile 的程序代码

序号	程　序　代　码
01	public void SaveAsFile()
02	{
03	saveFileDialog1.Title="另存为";
04	saveFileDialog1.CheckFileExists=false;
05	saveFileDialog1.CheckPathExists=false;
06	saveFileDialog1.AddExtension=true;
07	saveFileDialog1.OverwritePrompt=true;
08	saveFileDialog1.Filter="文本文件(＊.txt)|＊.txt|RTF 文件(＊.RTF)
09	|＊.rtf|所有文件(＊.＊)|(＊.＊)";
10	saveFileDialog1.FilterIndex=1;　　　　　　　//指定默认的过滤器
11	saveFileDialog1.DefaultExt="＊.txt";
12	saveFileDialog1.RestoreDirectory=true;
13	if(saveFileDialog1.ShowDialog()==DialogResult.OK
14	&&(saveFileDialog1.FileName.Length>0))
15	{
16	try
17	{
18	editFileName=saveFileDialog1.FileName;
19	if(editFileName.Substring(editFileName.IndexOf(".")).ToUpper()==".RTF")
20	{
21	richTextBox1.SaveFile(saveFileDialog1.FileName);
22	}
23	else
24	{
25	WriteFile();
26	}
27	this.Text=saveFileDialog1.FileName;
28	}
29	catch(Exception ex)
30	{
31	MessageBox.Show(ex.Message);
32	}
33	}
34	}

【代码解读】

自定义方法 SaveAsFile 的程序代码的说明如下：

第 03 行设置 SaveFileDialog 的标题文本。

第 04 行设置当用户指定不存在的文件名时，不显示警告对话框。

第 05 行设置当用户指定不存在的路径时，不显示警告对话框。

第 06 行设置如果用户省略扩展名，对话框自动在文件名中添加扩展名。

第 07 行设置如果用户指定的文件名已存在，Save As 对话框显示警告信息。

第 08～09 行设置当前文件名筛选器字符串，该字符串决定对话框的"另存为文件类型"或"文件类型"框中出现的选择内容。

第 10 行设置文件对话框中默认筛选器的索引。

第 11 行设置默认的文件扩展名。

第 12 行设置对话框在关闭前还原为当前目录。

第 13～14 行弹出"另存为"对话框，由用户在该对话框中输入合适的文件名。

第 18 行将保存文件指定的文件名存储在窗体级变量 editFileName 中。

第 21 行对于 RTF 文件，调用 RichTextBox1 控件的 SaveFile 方法保存文件。

第 25 行对于非 RTF 文件，调用自定义方法 WriteFile 保存文件。

（7）编写自定义方法 WriteFile 的程序代码。

自定义方法 WriteFile 的程序代码如表 8-21 所示。

表 8-21　自定义方法 WriteFile 的程序代码

序号	程 序 代 码
01	`public void WriteFile()`
02	`{`
03	`    StreamWriter sw=default(StreamWriter);`
04	`    sw=new StreamWriter(editFileName, false, System.Text.Encoding.Default);`
05	`    sw.Write(richTextBox1.Text);`
06	`    sw.Close();`
07	`    richTextBox1.Modified=false;`
08	`}`

WriteFile()方法使用 StreamWriter 对象将 RichTextBox 控件中的内容写入到"另存为"对话框所指定的文件中。

StreamWriter 构造函数中参数的含义为：第 1 个参数为写入文件的路径与文件名；第 2 个参数为是否覆盖现有文件内容，False 表示不覆盖；第 3 个参数为编码方式，System. Text. Encoding. Default 为默认编码，System. Text. Encoding. ASCIIEncoding 为 ASCII 码，如果编码方式设置不正确可能会出现乱码。

由于 RichTextBox 控件的 Modified 属性在文件保存后不会自动复位，所以第 07 行代码将 Modified 属性复位为 False，以便标识当前文本框中的文件已保存过，这样在关闭记事本程序或打开新文件时，不会弹出要求用户保存现有文件的对话框。

（8）编写"打开"菜单项的 Click 事件过程的程序代码。

"打开"菜单项的 Click 事件过程的程序代码如表 8-22 所示。

表 8-22　"打开"菜单项的 Click 事件过程的程序

序号	C#程序代码
01	`private void tsMenuItemOpen_Click(object sender, EventArgs e)`
02	`{`
03	`    //文件已经被修改，询问是否要保存`

序号	C#程序代码
04	if(AskForSaveFile())
05	{
06	ReadFile();
07	}
08	}

（9）编写自定义方法 ReadFile 的程序代码。

自定义方法 ReadFile 的程序代码如表 8-23 所示。

表 8-23　自定义方法 ReadFile 的程序代码

序号	程 序 代 码
01	public void ReadFile()
02	{
03	StreamReader sr=default(StreamReader);
04	openFileDialog1.CheckFileExists=true;
05	openFileDialog1.Title="请选择需要打开的文件";
06	openFileDialog1.Filter="文本文件(*.txt)|*.txt|RTF文件(*.RTF)
07	|*.rtf|所有文件(*.*)|*.*";
08	openFileDialog1.FilterIndex=1;　　　　　　　//指定默认的过滤器
09	openFileDialog1.DefaultExt="*.txt";
10	if(openFileDialog1.ShowDialog()==DialogResult.OK &&
11	(openFileDialog1.FileName.Length>0))
12	{
13	try
14	{
15	editFileName=openFileDialog1.FileName;
16	this.Text=openFileDialog1.FileName;
17	if(editFileName.Substring(editFileName.IndexOf(".")).ToUpper()
18	=="".RTF")
19	{
20	richTextBox1.LoadFile(openFileDialog1.FileName);
21	}
22	else
23	{
24	sr=new StreamReader(editFileName, System.Text.Encoding.Default);
25	richTextBox1.Text=sr.ReadToEnd();
26	sr.Close();
27	}
28	}
29	catch(Exception ex)
30	{
31	MessageBox.Show(ex.Message);
32	}
33	}
34	}

自定义方法 ReadFile 的程序代码的说明如下:

第 20 行将 RTF 格式的文件内容读取到 RichTextBox 控件中。

第 24 行使用 StreamReader 对象将"打开"对话框中所选取非 RTF 格式文件的内容读取到 RichTextBox 控件中。

(10) 编写"保存"菜单项的 Click 事件过程的程序设计。

"保存"菜单项的 Click 事件过程的程序代码如表 8-24 所示。

表 8-24　"保存"菜单项的 Click 事件过程的程序代码

序号	C#程序代码
01	private void tsMenuItemSave_Click(object sender, EventArgs e)
02	{
03	if(editFileName == "") //如果文件件为空串则是新文件
04	{
05	SaveAsFile();
06	}
07	else
08	{
09	WriteFile();
10	}
11	}

(11) 编写"记事本"的工具栏中各个按钮 Click 事件过程的程序代码。

"记事本"的工具栏中"新建""打开"和"保存"按钮的 Click 事件过程的程序代码如表 8-25 所示。

表 8-25　"记事本"的工具栏中"新建""打开"和"保存"按钮的 Click 事件过程的程序代码

序号	程 序 代 码
01	private void tsBtnNew_Click(object sender, EventArgs e)
02	{
03	tsMenuItemNew.PerformClick(); //新建文件
04	}
05	private void tsBtnOpen_Click(object sender, EventArgs e)
06	{
07	tsMenuItemOpen.PerformClick(); //打开文件
08	}
09	private void tsBtnSave_Click(object sender, EventArgs e)
10	{
11	tsMenuItemSave.PerformClick(); //保存文件
12	}

表 8-25 通过调用 PerformClick() 方法,执行相应菜单项的 Click 事件过程的程序代码。

346

（12）编写"记事本"窗体中"退出"菜单项的 Click 事件过程的程序代码。

"记事本"窗体中"退出"菜单项的 Click 事件过程的程序代码如表 8-26 所示。

表 8-26　"记事本"窗体中"退出"菜单项的 Click 事件过程的程序代码

序号	程 序 代 码
01	private void tsMenuItemExit_Click(object sender, EventArgs e)
02	{
03	DialogResult result=default(DialogResult);
04	if(richTextBox1.Modified ==true)　　　　　　　　//文件尚未保存,询问是否要保存
05	{
06	result=MessageBox.Show("文件"+editFileName+
07	"尚未保存,是否要保存?", "记事本", MessageBoxButtons.YesNo,
08	MessageBoxIcon.Exclamation);
09	if(result ==DialogResult.No)
10	{
11	Application.Exit();　　　　　　　　　　//直接结束程序
12	}
13	else if(result ==DialogResult.Yes)
14	{
15	SaveAsFile();　　　　　　　　　　　//调用 SaveAsFile()存储文件□
16	}
17	else
18	{
19	return;
20	}
21	}
22	Application.Exit();　　　　　　　　　　　　//结束程序的执行
23	}

（13）编写 RichTextBox 控件的 TextChanged 事件过程的程序代码。

在"记事本"窗体中单击选择 RichTextBox 控件,然后在"属性"面板的工具栏中单击"事件"按钮⚡。切换到"事件"属性窗口,在"TextChanged"属性名右侧属性值设置位置双击即可进入 TextChanged 事件过程代码的编辑窗口,并在"事件"属性中显示对应的事件名 richTextBox1_TextChanged,如图 8-47 所示。

编写 TextChanged 事件过程的程序代码如下所示。

```
toolStripStatusLabel1.Text="内容已被修改,请及时保存!";
```

6. 运行"记事本"应用程序

在 Visual Studio 2012 主窗口中,设置 WindowsForms0803 项目为启动项目,单击工具栏中的"启动"按钮 ▶ 启动,该应用程序开始运行,程序运行的初始状态如图 8-48 所示。

347

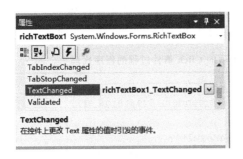

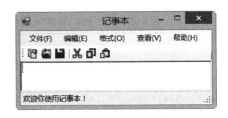

图 8-47 "事件"属性中显示的事件名
richTextBox1_TextChanged

图 8-48 "记事本"运行的初始状态

任务 8-4 设计人力资源管理系统的"主界面"

【任务描述】

创建如图 8-49 所示的"人力资源管理系统"主窗体,该窗体为其他窗体的父窗体,包括主菜单和状态栏,该窗体中有 3 个主菜单"基本设置""视图""系统管理"。"基本设置"菜单的下拉菜单项包括"职工信息输入""单位信息设置"和"基础数据设置"3 个菜单项,"视图"菜单的下拉菜单项包括"状态栏","系统管理"菜单的下拉菜单项包括"系统初始化"和"退出"。

图 8-49 "人力资源管理系统"主界面

将 WindowsForms0801 项目中的"用户登录"窗体和 WindowsForms0801"职员信息输入"窗体添加到本项目中,修改"用户登录"窗体中"登录"按钮 Click 事件过程的程序代码,当用户成功登录时,进入主窗体。单击选择"基本设置"下拉菜单项"职员信息输入","职员信息输入"窗体在父窗体中以子窗体的形式显示。"视图"菜单中的下拉菜单项"状态栏"用于实现显示或隐藏"状态栏"(StatusStrip)。

【任务实施】

1. 创建项目 WindowsForms0804

在解决方案 Solution08 中添加一个名称为 WindowsForms0804 的项目,"人力资源管理系统"主窗体的基本属性设置如表 8-27 所示。

表 8-27 "人力资源管理系统"主窗体的基本属性设置

属性名称	属 性 值	属性名称	属 性 值
（Name）	frmMain	IsMdiContainer	True
Text	人力资源管理系统	Icon	指定的图片文件

2. 为"人力资源管理系统"主窗体设计主菜单

在工具箱的"菜单与工具栏"中双击 MenuStrip 控件，将它添加到"人力资源管理系统"主窗体上。然后在该窗体中添加 3 个主菜单"基本设置""视图""系统管理"，分别添加其下拉菜单项。

"人力资源管理系统"主窗体菜单项的属性设置如表 8-28 所示。

表 8-28 "人力资源管理系统"主窗体菜单项的属性设置

属性名	属 性 值	属性名	属 性 值
Name	tsMenuItem01	Text	视图
Text	基本设置	Name	tsMenuItem0201
Name	tsMenuItem0101	Text	状态栏
Text	职员信息输入	Name	tsMenuItem03
Name	tsMenuItem0102	Text	系统管理
Text	单位信息设置	Name	tsMenuItem0301
Name	tsMenuItem0103	Text	系统初始化
Text	基础数据设置	Name	tsMenuItem0302
Name	tsMenuItem02	Text	退出

3. 在"人力资源管理系统"主窗体中添加状态栏

在工具箱的"菜单与工具栏"中双击 StatusStrip 控件，将 StatusStrip 控件添加到"人力资源管理系统"主窗体中，其 Name 属性为 statusStrip1，然后在状态栏中添加 2 个控件 StatusLabel，其 Name 属性分别设置为 toolStripStatusLabel1 和 toolStripStatusLabel2。

4. 编写"人力资源管理系统"主窗体的程序代码

（1）声明窗体级变量

声明一个静态全局变量 currentUserName，用于存放当前登录用户名称。声明代码如下所示。

```
public static string currentUserName="";
```

（2）编写 WindowsForms0804 项目中 Program 类的 Main()方法的程序代码

Main()方法的程序代码如表 8-29 所示。

表 8-29 WindowsForms0804 项目中 Program 类的 Main()方法的程序代码

行号	程序代码
01	static void Main()
02	{
03	Application.EnableVisualStyles();
04	Application.SetCompatibleTextRenderingDefault(false);
05	frmLogin frmUL=new frmLogin(); //新建 Login 窗口
06	frmUL.ShowDialog(); //使用模式对话框方法显示 frmUserLogin
07	if(frmUL.DialogResult ==DialogResult.OK) //判断是否登录成功
08	{
09	frmUL.Close();
10	Application.Run(new frmMain()); //在线程中打开主窗体
11	}
12	else
13	{
14	Application.Exit();
15	}
16	}

(3) 编写"人力资源管理系统"主窗体的 Load 事件过程的程序代码

"主界面"窗体 frmMain 的 Load 事件过程的程序代码如表 8-30 所示。

表 8-30 "主界面"窗体 frmMain 的 Load 事件过程的程序代码

行号	程序代码
01	private void frmMain_Load(object sender, EventArgs e)
02	{
03	toolStripStatusLabel1.Text="当前登录用户是:"+currentUserName;
04	toolStripStatusLabel2.Text="当前用户的登录时间是:"
05	+DateTime.Today.ToShortDateString();
06	statusStrip1.Text="欢迎使用人力资源管理系统!";
07	tsMenuItem0201.Checked=true;
08	}

(4) 编写"人力资源管理系统"主窗体中各个主要菜单按钮 Click 事件过程的程序代码

主窗体的"基本设置"主菜单中"职员信息输入"菜单项 Click 事件过程的程序代码如表 8-31 所示。

表 8-31 "基本设置"主菜单中"职员信息输入"菜单项 Click 事件过程的程序代码

行号	程序代码
01	private void tsMenuItem0101_Click(object sender, EventArgs e)
02	{
03	frmInfoManage frmIM=new frmInfoManage();

行号	程序代码
04	frmIM.MdiParent=this;
05	frmIM.Show();
06	}

主窗体的"视图"主菜单中"状态栏"菜单项 Click 事件过程的程序代码如表 8-32 所示。

表 8-32　"视图"主菜单中"状态栏"菜单项 Click 事件过程的程序代码

行号	程序代码
01	private void tsMenuItem0201_Click(object sender, EventArgs e)
02	{
03	if(tsMenuItem0201.Checked)
04	{
05	tsMenuItem0201.Checked=false;
06	statusStrip1.Visible=false;
07	}
08	else
09	{
10	tsMenuItem0201.Checked=true;
11	statusStrip1.Visible=true;
12	}
13	}

主窗体的"系统设置"主菜单中"退出"菜单项 Click 事件过程的程序代码如表 8-33 所示。

表 8-33　"系统设置"主菜单中"退出"菜单项 Click 事件过程的程序代码

行号	程序代码
01	private void tsMenuItem0302_Click(object sender, EventArgs e)
02	{
03	if(MessageBox.Show("您是否真的要退出人力资源管理系统?", "提示信息",
04	MessageBoxButtons.YesNo, MessageBoxIcon.Information)==DialogResult.Yes)
05	{
06	Application.Exit();
07	}
08	}

5. 修改"用户登录"窗体中"登录"按钮 Click 事件过程的程序代码

Click 事件过程的程序代码修改后如表 8-34 所示。

表 8-34 "用户登录"窗体中"登录"按钮 Click 事件过程的程序代码

行号	程 序 代 码
01	`private void btnLogin_Click(object sender, EventArgs e)`
02	`{`
03	`    if(!String.IsNullOrEmpty(txtName.Text)`
04	`        && !String.IsNullOrEmpty(txtPassword.Text))`
05	`    {`
06	`        //如果用户名为 better,密码 123456,则登录成功`
07	`        if(txtName.Text == "better" && txtPassword.Text == "123456")`
08	`        {`
09	`            if(MessageBox.Show("合法用户,登录成功!", "提示信息",`
10	`                MessageBoxButtons.OKCancel, MessageBoxIcon.Information)`
11	`                == DialogResult.OK)`
12	`            {`
13	`                frmMain.currentUserName=txtName.Text.Trim();`
14	`                this.DialogResult=DialogResult.OK;`
15	`            }`
16	`            else`
17	`            {`
18	`                this.DialogResult=DialogResult.Cancel;`
19	`            }`
20	`        }`
21	`        else`
22	`        {`
23	`            MessageBox.Show("用户名或密码有误!");`
24	`            txtPassword.Focus();`
25	`            txtPassword.Text="";`
26	`        }`
27	`    }`
28	`    else`
29	`    {`
30	`        MessageBox.Show("用户名或密码不能为空!");`
31	`    }`
32	`}`

6. 运行"人力资源管理系统"的主窗口

在 Visual Studio 2012 主窗口中,设置 WindowsForms0804 项目为启动项目,单击工具栏中的"启动"按钮 ▶ 启动▾,该应用程序开始运行,首先显示"用户登录"窗口,在该窗口的"用户名"文本框中输入正确的用户名,这里输入"better",在"密码"文本框中输入正确的密码,这里输入"123456",如图 8-50 所示。

然后在"用户登录"窗体中单击"登录"按钮,显示如图 8-51 所示的"提示信息"对话框。

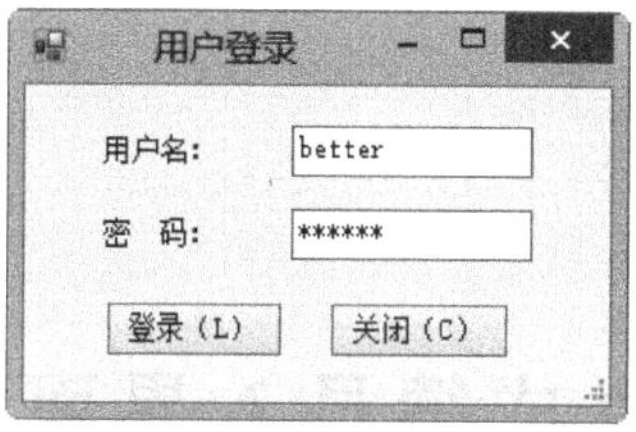

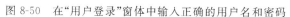

图 8-50　在"用户登录"窗体中输入正确的用户名和密码

图 8-51　"提示信息"对话框

在"提示信息"对话框中单击"确定"按钮,显示主窗口"人力资源管理系统",如图 8-52 所示。

图 8-52　"人力资源管理系统"主窗口

在"人力资源管理系统"主窗口的"基本设置"菜单中选择"职员信息输入"命令,则在主窗口内显示"职员信息输入"对话框,如图 8-53 所示。

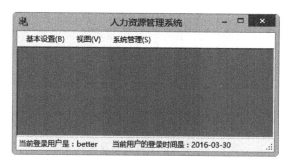

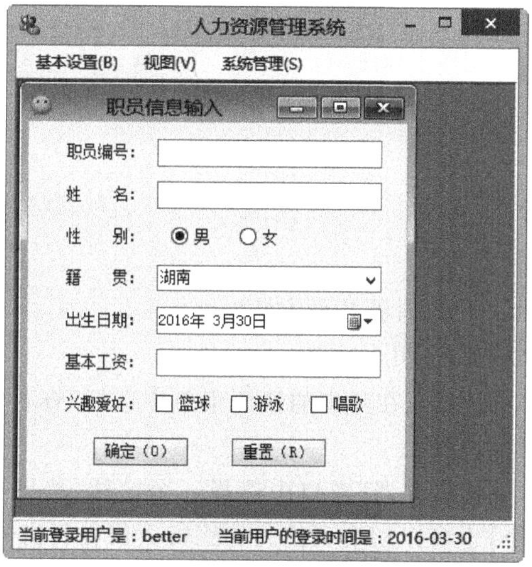

图 8-53　在"人力资源管理系统"主窗口内显示"职员信息输入"对话框

在"职员信息输入"对话框内单击右上角的"关闭"按钮  ，即可关闭子窗口,在"人力资源管理系统"主窗口的"系统管理"菜单中选择"退出"命令或单击右上角的"关闭"按

353

钮 × ,即可关闭主窗口。

同步训练

任务 8-5　设计学生成绩录入界面

设计一个录入学生的基本信息和课程成绩的 Windows 应用程序,要求在窗体的"班级名称"组合框控件中列出班级名称,在所有的"课程名称"组合框中列出待选择的课程名称。程序运行时,用户选择一个班级名称,在"学号"组合框中自动显示对应班级全体职员的学号,在"学号"组合框中选择一个"学号",自动显示对应的姓名和性别。分别在"课程名称"组合框中选择课程名称,然后在对应的成绩数字框中输入成绩,单击"判断"按钮求出平均成绩,且判断是否符合评选"三好职员"的基本条件,如果符合条件则选中单选按钮"是",否则选中单选按钮"否"。单击"关闭"按钮则关闭窗口,退出系统。

提示:将表 8-35 所示的数据存储在一个结构数组中。

表 8-35　学生的基本信息及课程成绩

学　　号	姓名	性别	班级名称	英语	体育	C♯程序设计	数据库应用
201703100105	黄莉	女	软件 071	95	87	92	96
201703100107	张皓	男	软件 071	84	91	96	80
201703100111	赵华	男	软件 072	90	84	71	92
201703100124	肖芳	女	软件 073	86	88	85	89
201703100125	刘峰	男	软件 073	82	94	89	93

析疑解难

【问题 1】　查看窗体的代码有哪几种方法?

查看窗体的代码主要有以下几种方法。

(1)在窗体中空白位置右击,在弹出的快捷菜单中选择"查看代码"命令,可以切换到代码的编辑窗口查看窗体的代码。

(2)先在"解决方案资源管理器"窗口中选择一个窗体,然后在 Visual C♯ 的主窗口选择"视图"→"代码"命令,也可以切换到代码的编辑窗口查看窗体的代码。

(3)先在"解决方案资源管理器"窗口中选择一个窗体,然后单击"解决方案资源管理器"窗口的工具栏中的按钮 ◇◇ ,也可以切换到代码的编辑窗口中查看窗体的代码。

【问题 2】　对于包括多个窗体的项目,如何设置启动窗体?

对于有多个窗体的应用程序,系统默认应用程序的第一个窗体为启动窗体。当需要改变启动窗体时,可以进行重新设置。设置方法为:从"解决方案资源管理器"窗口的项目中打开程序文件(默认为 Program.cs),在 Main()方法中修改代码来更改启动窗体。例如项目 WindowsForms0801 中有两个窗体 Form1 和 Form2,默认情况下 Form1 窗体为启动窗体,如果要将 Form2 窗体设置为启动窗体,则 Main()方法的程序修改为:

```
static void Main()
{
    Application.EnableVisualStyles();
    Application.SetCompatibleTextRenderingDefault(false);
    //Application.Run(new Form1());
    Application.Run(new Form2());
}
```

【问题 3】　比较面向过程的结构程序设计方法与面向对象的可视化程序设计方法的特点。

目前程序设计的方法主要有面向过程的结构化方法、面向对象的可视化方法。这些方法充分利用现有的软件工具,不但可以减轻开发的工作量,而且还使得系统开发的过程规范、易维护和修改。

(1) 面向过程的结构化程序设计方法的主要特点如下:

① 采用自顶向下、逐步求精的设计方法。

② 采用结构化、模块化方法编写程序。

③ 模块内部的各部分自顶向下地进行结构划分,各个程序模块按功能进行组合。

④ 各程序模块尽量使用三种基本结构,不用或少用 goto 语句。

⑤ 每个程序模块只有一个入口和一个出口。

(2) 面向对象的可视化程序设计方法的主要特点为:面向对象的可视化程序设计方法尽量利用已有的软件开发工具完成编程工作,为各种信息系统的开发提供了强有力的技术支持和实用手段。利用这些可视化的软件生成工具,可以大量减少手工编程的工作量,避免各种编程错误的出现,极大地提高了系统的开发效率和程序质量。

可视化编程技术的主要思想是用图形工具和可重用部件来交互地编制程序。它把现有的或新建的模块代码封装于标准接口软件包中。可视化编程技术中的软件包可能由某种语言的一个语句、功能模块或程序组成,由此获得的是高度的平台独立性和可移植性。在可视化编程环境中,用户还可以自己构造可视控制部件,或引用其他环境构造的符合软件接口规范的可视控制部件,增加了编程的效率和灵活性。

可视化编程采用对象本身的属性与方法来解决问题,在解决问题的过程中,可以直接在对象中设计事件处理程序,很方便地让用户实现无固定顺序的操作。

可视化编程的用户界面中包含各种类型的可视化控件,例如标签、文本框、按钮、组合框等。编程人员在可视化环境中,利用鼠标便可建立、复制、移动、缩放或删除各种控件,每个可视化控件包含多个事件,利用可视化编程工具提供的语言为控件的事件程序编程,当某个控件的事件被触发,则相对应的事件驱动程序被执行,完成各种操作。

单元习题

（1）若要改变文本框中所显示文本的颜色，应设置文本框的（　　）属性。

    A. ForeColor   B. BackColor

    C. BackgroundImage   D. FillColor

（2）如果将窗体的 FormBoderStyle 设置为 None，则（　　）。

    A. 窗体没有边框并不能调整大小   B. 窗体没有边框但能调整大小

    C. 窗体有边框但不能调整大小   D. 窗体是透明的

（3）要使窗体刚运行时，显示在屏幕的中央，应设置窗体的（　　）属性。

    A. WindowsState   B. StartPostion   C. CenterScreen   D. CenterParent

（4）窗体的标题栏显示的标题由窗体的（　　）属性决定。

    A. BackColor   B. Text   C. ForeColor   D. Opacity

（5）关闭窗体需要调用窗体的（　　）方法。

    A. Show   B. Hide   C. Activate   D. Close

（6）在 ComboBox 控件的 SelectedChangeConmited 事件处理方法中，应使用 ComboBox 对象的（　　）属性获取用户新选项的值。

    A. SelectedIndex   B. NewValue   C. SelectedItem   D. Text

（7）诸如文本框、组合框、单选按钮是从（　　）中添加到窗体。

    A. 帮助菜单   B. 菜单栏   C. 工具栏   D. 工具箱

（8）以下（　　）控件中，可以将其他控件分组。

    A. GroupBox   B. TextBox   C. ComboBox   D. Label

（9）在 WindForm 窗体中，为了禁用一个名为 btnLogin 控件，以下写法正确的是（　　）。

    A. btnLogin. Enabled＝true;   B. btnLogin. Enabled＝false;

    C. btnLogin. Visible＝false;   D. btnLogin. Visible＝true;

（10）通过设置单选按钮的（　　）属性为 true，可以使用户选中一组单选按钮中的一个，则自动清除同组其他单选按钮的选中状态。

    A. Checked   B. CheckAlign   C. AutoCheck   D. TextAlign

（11）通过设置控件的（　　）属性，可以使控件的大小随控件内容自动调节。

    A. AutoCheck   B. AutoSize   C. SizeMode   D. Size

（12）若要让列表框 ListBox 以多列形式显示，应设置列表框的（　　）属性。

    A. SelectionMode   B. MultiColumn

    C. SelectedItem   D. SelectedIndex

单元 9　数据库访问应用程序设计

ADO. NET(ActiveX Data Objects. NET)是数据库应用程序的数据访问接口,它提供了对 Microsoft SQL Server 数据源以及通过 OLE DB 和 XML 公开的数据源一致的访问,使用 ADO. NET 连接数据源,并检索、处理和更新所包含的数据。ADO. NET 是 . NET Framework 提供给 . NET 开发人员的一组类,其功能全面而且灵活,在访问各种不同类型的数据时可以保持操作的一致性。ADO. NET 的各个类位于 System. Data. dll 中,并且与 System. Xml. dll 中的 XML 类相互集成。ADO. NET 的两个核心组件是: . NET Framework 数据提供程序和 DataSet。. NET Framework 数据提供程序是一组包括 Connection、Command、DataReader 和 DataAdapter 对象的组件,负责与后台物理数据库的连接,而 DataSet 是断开连接结构的核心组件,用于实现独立于任何数据源的数据访问。

程序探析

任务 9-1　获取并输出"用户表"中的用户总数

【任务描述】

(1) 在 SQL Server 2014 中创建数据库 HRdata,在该数据库中创建一个数据表"用户表"。

(2) 创建 Windows 窗体应用程序 Form0901. cs,窗体的设计外观如图 9-1 所示。

图 9-1　窗体 frm0901 的设计外观

(3) 编写程序获取并输出"用户表"中的用户总数。

【任务实施】

(1) 创建数据库和数据表。

启动 SQL Server 2014 Management Studio,创建数据库 HRdata,在该数据库中创建"用户表"数据表,该数据表的设计视图(数据表的结构数据)如图 9-2 所示,其记录数据如图 9-3 所示。

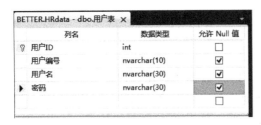

图 9-2 数据表"用户表"的设计视图

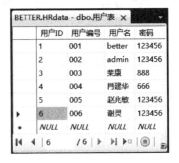

图 9-3 数据表"用户表"中的记录

(2)启动 Visual Studio 2012。

(3)创建项目 WindowsForms0901。

在 Visual Studio 2012 开发环境中,首先创建一个名称为 Solution09 的解决方案,然后在该解决方案中创建一个名称为 WindowsForms0901 的项目。

(4)在 WindowsForms0901 项目中创建 Windows 窗体应用程序 Form0901.cs,窗体的设计外观如图 9-1 所示,窗体中控件的属性设置如表 9-1 所示。

表 9-1 窗体 frm0901 中控件的属性设置

控件类型	属性名称	属 性 值
Label	Name	label1
	Name	label2
	Text	用户数量为:
	Text	label2

(5)引入必要的命名空间。

在窗体 Form0901 的代码编辑窗口中引入命名空间 System.Data.SqlClient,代码如下所示。

```
using System.Data.SqlClient;
```

(6)编写 Frm0901_Load 事件过程的程序代码。

Frm0901_Load 事件过程的程序代码如表 9-2 所示。

表 9-2 Frm0901_Load 事件过程的程序代码

序号	程 序 代 码
01	//创建连接对象
02	SqlConnection sqlConn=new SqlConnection();
03	sqlConn.ConnectionString="Server=(local);Database=HRdata;
04	Integrated Security=SSPI";

续表

序号	程序代码
05	//创建数据命令对象
06	SqlCommand sqlComm=new SqlCommand();
07	try
08	{
09	if(sqlConn.State ==ConnectionState.Closed)
10	{
11	//打开连接
12	sqlConn.Open();
13	}
14	//设置 SqlCommand 对象所使用的连接
15	sqlComm.Connection=sqlConn;
16	//设置赋给 SqlCommand 对象的是 SQL 语句
17	sqlComm.CommandType=CommandType.Text;
18	//设置所要执行的 SQL 语句
19	sqlComm.CommandText="Select Count(*)From 用户表";
20	//执行数据命令并输出结果
21	label2.Text=sqlComm.ExecuteScalar().ToString();
22	}
23	catch(SqlException ex)
24	{
25	MessageBox.Show(ex.Message);
26	}
27	finally
28	{
29	if(sqlConn.State ==ConnectionState.Open)
30	{
31	sqlConn.Close();
32	}
33	}

（7）运行程序。

设置 WindowsForms0901 项目为启动项目，然后按 Ctrl＋F5 快捷键开始运行程序，窗体 frm0901 的运行结果如图 9-4 所示。

图 9-4　窗体 frm0901 的运行结果

359

知识导读

9.1 ADO.NET 概述

ADO. NET 是数据库应用程序的数据访问接口,其主要功能包括与数据库建立连接、向数据库发送 SQL 语句和处理数据库执行 SQL 语句后返回的结果。ADO. NET 包含了多个对象,使用这些对象应先引入相应的命名空间。System. Data 命名空间提供了 ADO. NET 的基本类。System. Data. SqlClient 命名空间中的类用于访问 Microsoft SQL Server 7.0 或更高版本的 SQL Server 数据库。System. Data. SqlClient 是 SQL Server . NET Framework 精简版数据提供程序,该数据提供程序与. NET Framework 的 System. Data. SqlClient 命名空间相对应;System. Data. OleDb 命名空间中的类用于访问 Access、SQL Server 6.5 或更低版本、DB2、Oracle 或其他支持 OLE DB 驱动程序的数据库;System. Data. Odbc 命名空间中的类用于访问 ODBC 数据源;System. Data. OracleClient 命名空间中的类用于访问 Oracle 数据库。

ADO. NET 涉及的基本概念和技术较多,为了便于读者形象地理解,我们首先用一个实例来说明。如图 9-5 所示,某商店需要从某生产厂家进货,首先必须在生产厂家与商家之间有运输通道(公路、铁路、水路、航空路线),然后商家向厂家发送订单,订单规定了所需货品的品种、数量、规格、型号等要求,厂家接收订单后发货,通过运输工具将货物运输到商家的仓库,最后商店从仓库取货到门面的柜台。

从数据库提取数据也与此类似,数据库相当生产厂家,内存相当于商店的仓库。访问数据库时由 Connection 对象负责连接数据库;Command 对象下达 SQL 命令(相当于订单);DataAdapter 使用 Command 对象在数据源中执行 SQL 命令,负责在数据库与 DataSet 之间传递数据(相当于运输工具);内存中的 DataSet 对象用来保存所查询到的数据记录。另外 Fill 命令用来填充数据集 DataSet,Update 命令用来更新数据源,如图 9-6 所示。

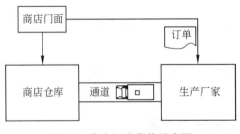

图 9-5　商店订购货物示意图

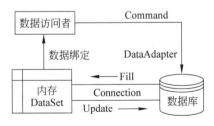

图 9-6　ADO. NET 工作原理示意图

数据库应用程序访问数据库的一般过程为:首先连接数据库;接着发出 SQL 命令,告诉数据库要提取哪些数据;最后返回所需的数据。

ADO.NET 的主要对象如表 9-3 所示,通常情况下,Command 对象和 DataReader 对象配合使用,Command 对象通过 ExecuteReader 执行 SQL 命令,并把结果返回给 DataReader 对象。DataAdapter 对象和 DataSet 对象配合使用,DataAdapter 对象执行 SQL 命令,并通过自身的 Fill 方法填充 DataSet 对象,将数据存放在内存的数据集对象 DataSet 中,DataSet 对象可以包含多个数据表,通过 DataView 或 DataTable 显示 DataSet 对象中的数据。

表 9-3　ADO.NET 的主要对象及其主要功能

对象名称	含　义	主　要　功　能
Conntion	连接对象	用于与数据库建立连接,使用一个连接字符串描述连接数据源所需的信息。连接 SQL Server 7.0 或更高版本的数据库使用 SqlConnection 对象,连接 OLE DB 数据源使用 OleDBConnection 对象
Command	命令对象	用于对数据源执行 SQL 命令并返回结果,SQL Server 7.0 或更高版本的数据库使用 SqlCommand 对象,OLE DB 数据源使用 OleDBCommand 对象
DataReader	数据读取器对象	用于单向读取数据源的数据,只能将数据源的数据从头至尾依次读出,SQL Server 7.0 或更高版本的数据库使用 SqlDataReader 对象,OLE DB 数据源使用 OleDBDataReader 对象
DataAdapter	数据适配器对象	用于对数据源执行 SQL 命令并返回结果,在 DataSet 与数据源之间建立通道,将数据源中的数据写入 DataSet 中,或者根据 DataSet 中的数据更新数据源。SQL Server 7.0 或更高版本的数据库使用 SqlDataAdapter 对象,OLE DB 数据源使用 OleDbDataAdapter 对象
DataSet	数据集对象	DataSet 对象是内存中存储数据的容器,是一个虚拟的中间数据源,它利用数据适配器所执行的 SQL 命令或存储过程来填充数据。一旦从数据源提取出所需的数据并填充到数据集对象中,就可以断开与数据源的连接
DataView	数据视图对象	用于创建 DataTable 中所存储数据的不同视图,对 DataSet 中的数据进行排序、过滤和查询等操作

9.2　创建与使用 Connection 对象

使用 ADO.NET 连接数据源,并检索、处理和更新所包含的数据。要将后台数据库中的数据呈现在用户界面中,必须先连接到数据源,对于 ADO.NET 这个操作,通过 Connection 对象来完成,Connection 对象用于建立与特定数据源的连接,其操作过程是:①建立 Connection 对象;②打开连接;③将数据操作命令通过连接传送到数据源执行并取得其返回的数据;④数据处理完成后,关闭连接。

ADO.NET 的 Connection 对象用于建立与特定数据源的连接,使用一个连接字符串来描述连接数据源所需的连接信息,包括所访问数据源的类型、所在位置和名称等信息。ADO.NET 创建 Connection 对象时根据所连接的数据库类型选择采用 SqlConnection 类或者 OleDbConnection 类。通过 SqlConnection 对象建立与 SQL Server 数据库的连接,通过 OleDbConnection 对象建立支持 OLE DB 的数据源连接。

9.2.1 ADO.NET 的 SqlConnection 连接对象

ADO.NET 的 SqlConnection 对象用于建立与 SQL Server 数据库的连接,建立数据库连接时,需要提供连接信息,例如数据库所在的位置、数据库名称、用户账号、密码等相关信息,使用一个连接字符串来描述连接数据源所需的连接信息,包括所访问数据源的类型、所在位置、名称等信息。使用 SqlConnection 类时应引入命令空间 System.Data.SqlClient。

1. 建立 SqlConnection 对象时的连接字符串

建立 SqlConnection 对象时的关键点就是设置正确的连接字符串,连接字符串主要包括连接一个数据源时所需的各项信息,主要键值有:

(1) 指定使用哪一个 OLE DB 提供程序。

(2) 指定连接哪一台服务器。

(3) 指定访问哪一个数据库。

(4) 登录时采用哪一种安全性验证模式。

(5) 连接被打开时,确定是否返回安全性的相关信息。

(6) 确定等待服务器响应的时间为多少。

连接字符串中各个键值对起什么作用? 应如何设置呢? 表 9-4 中对此进行了详细说明。

表 9-4 SqlConnection 对象的连接字符串中键值的功能及设置

键 值 名 称	可替代的键值名称	功 能 说 明
Provider		指定 OLE DB 提供程序,对于连接的数据源为 SQL Server 数据库,可以省略不写
Server	① Data Source ② Address ③ Addr ④ Network Address	指定要连接的数据库服务器名称或网络地址。如果要连接本机上的 SQL Server,可设置为"(local)"或者 localhost 或者"."或者"127.0.0.1"
Database	Initial Catalog	指定要连接的数据库名称
Integrated Security	Trusted_Connection	① 如果将此键值设置为 True,表示使用当前的 Windows 账户证书进行验证,也就是使用信任的连接,一般设置为 SSPI,也可以设置为 yes。 ② 如果将此键值设置为 False,必须在连接字符串中指定用户标识(User ID)与密码(Password)。该键值的默认值为 False,也就是说如果没有设置 Integrated Security 的属性值,则采用 SQL Server 登录账户来连接 SQL Server 数据库

键 值 名 称	可替代的键值名称	功 能 说 明
User ID		指定 SQL Server 登录账户的名称
Password	Pwd	指定 SQL Server 登录账户的密码
Persist Security Info		如果将此键值设置为 False 或 No(建议使用,且为默认值)时,则当连接被打开或曾经处于打开状态时,并不会将安全性相关信息(例如登录密码)作为连接的一部分返回
Connection Timeout		SqlConnection 等待服务器响应的时间(单位:秒)。如果时间已到但服务器还未响应,将会停止尝试并抛出一个异常。默认值为 15 秒。0 表示没有限制,应避免使用

根据用户账号和用户密码进行身份验证的连接字符串的示例如下所示。

```
String strConn="Server=(local);Database=HRdata;User ID=sa;Password=123456";
```

采用 Windows 安全验证模式的连接字符串的示例如下所示。

```
String strConn="Server=(local);Database=HRdata; Integrated Security=SSPI";
```

连接字符串中的各个配置项称为"键值"(Keyword),其书写规范如下:

(1) 采用键值与属性值两两成对的写法,键值与属性值使用"="号来连接。

(2) 每一个键值对之间使用";"分隔。

(3) 键值不区分大小写。

(4) 如果键值的属性值是布尔值,可以使用 yes 代替 true,使用 no 代替 false。整数值会被当作字符串。

(5) 如果要在字符串中包括前置或后置空格,必须将属性值包括在单引号或双引号中。整数值、布尔值前后的任何前置或后置空格都会被忽略。

(6) 如果属性值本身包括分号、单引号或双引号,则必须将此属性值包括在双引号中。如果属性值同时包括分号与双引号字符时,则必须将此属性包括在单引号中。

(7) 如果某个键值在连接字符串中重复设置多次,将采用最后一次设置的值。

2. SqlConnection 对象的主要属性

利用 SqlConnection 对象的各个属性,不仅可以获取连接的相关信息,也可以对连接进行所需的设置。SqlConnection 对象的主要属性如表 9-5 所示。

表 9-5　SqlConnection 对象的主要属性

属 性 名	功 能	注 意 事 项
ConnectionString	取得或设置连接的字符串,其中包含源数据库名称和建立连接所需的其他参数	① 当连接处于关闭状态时才可以设置 ConnectionString 属性。 ② 如果重新设置一个当前处于关闭状态的连接的 ConnectionString 属性时,将使得所有的连接字符串值与相关属性被重新设置

属 性 名	功　　能	注 意 事 项
DataSource	设置连接的数据库所在位置,一般为数据库所在的主机名称,或者是 Microsoft Access 文件的名称	不能使用 DataSource 属性来改变 SqlConnection 对象所要连接的 SQL Server 实例
Database	① 如果连接当前处于关闭状态,该属性返回当初建立 SqlConnection 对象时在连接字符串中指定的数据库名称。② 如果连接当前处于打开状态,该属性返回连接当前所使用的数据库名称	不能使用 Database 属性来改变连接所使用的数据库。要更改一个已打开的连接所使用的数据库,可以使用 ChangeDatabase 方法
ConnectionTimeout	取得在尝试建立连接时的等待时间,默认值为 15 秒	0 值表示无限制,即无限制地等待连接
PacketSize	取得与 SQL Server 实例通信的网络数据包的大小(单位:字节)	如果传送大量的 image 数据,该属性可设置为大于默认值
ServerVersion	取得一个已打开的连接所连接的 SQL Server 实例的版本	返回的版本编号的格式为:主号.次号.组件
State	取得连接当前的状态,默认值为 Closed	如果连接当前是关闭的,将返回 0,如果连接是打开的,将返回 1

3. SqlConnection 对象的主要方法

(1) Open 方法

Open 方法使用连接字符串中的数据来连接数据源并建立开放连接。

连接的打开是指根据连接字符串的设置与数据源建立顺畅的通信关系,以便为后来的数据操作做好准备。如果使用 Open 方法打开连接则称为显式打开方式。在某些情况下连接不需要使用 Open 打开,而会随着其他对象的打开而自动打开,这种打开方式称为隐式打开方式,例如调用数据适配器的 Fill 方法或 Update 方法就能隐式打开连接。

(2) Close 方法

Close 方法用于关闭连接。

当调用数据适配器(DataAdapter)对象的 Fill 方法或 Upate 方法时,会先检查连接是否已打开。如果尚未打开,则先自行打开连接,执行其操作,然后再次关闭连接。

对于 Fill 方法,如果连接已经打开,则直接使用连接而不会关闭连接。

(3) CreatCommand 方法

CreatCommand 方法用于建立并返回与 SqlConnection 相关联的 SqlCommand 对象。

4. 使用构造方法 SqlConnection()创建 SqlConnection 对象

SqlConnection 类提供了以下两种构造方法创建 SqlConnection 对象。

(1) 使用默认构造方法 SqlConnection()创建 SqlConnection 对象

默认构造方法不包括任何参数,它所建立的 SqlConnection 对象在未设定它的任何属性之前,它的 ConnectionString、Database 和 DataSource 属性的初始值为空字符值("")，而 ConnectionTimeout 属性的初始值为 15 秒。

使用 SqlConnection 类的默认构造方法建立连接时,先建立 SqlConnection 对象,然后再设置 ConnectionString 属性以便指定连接字符串,语法格式如下所示。

```
SqlConnection <连接对象名>=new SqlConnection();
```

示例代码如下:

```
SqlConnection conn=new SqlConnection();
sqlConn.ConnectionString="Server=(local);Database=HRdata;
                          User ID=sa;Password=123456";
```

(2) 使用带参数的构造方法 SqlConnection(String)创建 SqlConnection 对象

语法格式如下:

```
SqlConnection <连接对象名>=new SqlConnection(<连接字符串>);
```

这个构造方法以一个连接字符串作为其参数,一般有两种表现方式。

方式一:将连接字符串作为参数,直接写在括号内,代码如下。

```
SqlConnection sqlConn=new SqlConnection("Server=(local);Database=HRdata;
                          User ID=sa;Password=123456");
```

方式二:先定义一个字符串变量保存连接字符串,然后以字符串变量作为构造方法的参数,代码如下。

```
String strConn="Server=(local);Database=HRdata;User ID=sa;Password=123456";
SqlConnection sqlConn=new SqlConnection(strConn);
```

9.2.2 ADO. NET 的 OleDBConnection 连接对象

OleDBConnection 对象主要用于访问 Oracle、Access 和 Excel 电子表格等类型的数据源,OleDBConnection 对象的连接字符串的主要键值有 Provider、Data Source、User ID 和 Password,各个键值的主要功能及设置如表 9-6 所示。

表 9-6 **OleDBConnection** 对象的连接字符串中键值的功能及设置

数据源类型	Access	Oracle	MS SQL Server
Provider	Microsoft. Jet. OLEDB. 4. 0	MSDAORA	SQLOLEDB
Data Source	指定数据库的完整路径	指定数据库名称	指定数据库名称
User ID	指定登录用户名	指定登录用户名	指定登录用户名
Password	指定密码	指定密码	指定密码

连接 Access 数据库必须使用 OleDBConnection 类,在连接字符串中将 Provider 键值设置成“Microsoft. Jet. OLEDB. 4. 0”,使用 Data Source 键值指定数据库文件的完整路径。

连接 Access 数据库的连接字符串示例如下所示。

```
String strConn=" Provider=Microsoft.Jet.OLEDB.4.0; Data Source="+Application.
StartupPath +"\HRdata.mdb ";
```

其中 Application. StartupPath 表示当前 Visual Studio 项目文件夹中 bin 子文件夹的绝对路径。

9.3　创建与使用 SqlCommand 对象

使用 ADO. NET 的 Connection 对象建立了连接后,可以使用 Command 对象对数据源执行 SQL 语句或存储过程,从而把数据返回到 DataReader 或者 DataSet 中,实现查询、修改和删除等操作。我们可以使用 SqlCommand 类的构造方法创建对应的SqlCommand 对象。

1. SqlCommand 类的构造方法

要将某一个类实例化,必须通过其构造方法来进行。SqlCommand 类提供了四种构造方法来建立 SqlCommand 类的实例。

(1) 创建 SqlCommand 对象的基本语法格式

语法格式如下:

```
SqlCommand sqlComm=new SqlCommand(<SQL 字符串>, <Connection 对象>);
```

其中"SQL 字符串"就是要执行的 SQL 语句,"Connection 对象"是前面连接数据库时建立的连接对象。

(2) SqlCommand 类的四种构造方法

SqlCommand 类提供了以下四种构造方法建立 SqlCommand 对象。

① SqlCommand()。使用无参构造方法创建 SqlCommand 对象时使用其属性设定参数值。

应用示例如下:

```
SqlConnection sqlConn=new SqlConnection();
SqlCommand sqlComm=new SqlCommand();
sqlConn.ConnectionString="Server=(local);Database=HRdata;User
                        ID=sa;Password=123456";
sqlComm.Connection=sqlConn;
sqlComm.CommandType=CommandType.Text;
sqlComm.CommandText="Select 用户编号,用户名,密码 From 用户表";
```

② SqlCommand(<string>)。使用包含 1 个参数的构造方法创建 SqlCommand 对象时,参数为要执行的 SQL 语句,使用其属性设置连接对象。

应用示例如下:

```
String strSql="Server=(local);Database=HRdata;User ID=sa;Password=123456";
String strComm=" Select 用户编号,用户名,密码 From 用户表";
SqlConnection sqlConn=new SqlConnection(strSql);
SqlCommand sqlComm=new SqlCommand(strComm);
sqlComm.Connection=sqlConn
```

③ SqlCommand(<string>，<sqlConnection>)。使用包含 2 个参数的构造方法创建 SqlCommand 对象时,参数分别为要执行的 SQL 语句和连接对象。

应用示例如下:

```
String strSql="Server=(local);Database=HRdata;User ID=sa;Password=123456";
String strComm=" Select 用户编号,用户名,密码 From 用户表";
SqlConnection sqlConn=new SqlConnection(strSql);
SqlCommand sqlComm=new SqlCommand(strComm,sqlConn);
```

④ SqlCommand(<string>，<sqlConnection>，<sqlTransaction>)。使用包含 3 个参数的构造方法创建 SqlCommand 对象时,参数分别为要执行的 SQL 语句、连接对象和 Transact-SQL 事务。

2. SqlCommand 对象的主要属性

SqlCommand 对象的主要属性如表 9-7 所示。

表 9-7　SqlCommand 对象的主要属性

属 性 名 称	属 性 说 明	默认值
Connection	获取或设置 Connection 对象	空引用
CommandText	获取或设置要执行的 SQL 语句或存储过程	空字符串
CommandType	获取或设置命令的类型,有三种供选取的值: Text、TableDirect、StoreProcedure 分别代表 SQL 语句、数据表及存储过程	Text
CommandTimeout	获取或设置在终止执行命令尝试并生成错误之前的等待时间(以秒为单位),值 0 表示无限期地等待执行命令	30 秒
Parameters	用于设置 SQL 语句或存储过程的参数	—

3. SqlCommand 对象的主要方法

SqlCommand 对象的主要方法如表 9-8 所示。

表 9-8　SqlCommand 对象的主要方法

方 法 名 称	方 法 说 明
ExecuteScalar	用于执行查询语句,并返回单一值或者结果集中的第一行的第一列的值(忽略其他列或行)。该方法适合于只有一个结果的查询,例如使用 Sum、Avg、Max、Min 等函数的 SQL 语句
ExecuteReader	用于执行查询语句,并返回一个 DataReader 类型的行集合
ExecuteNonQuery	用于执行 SQL 语句,并返回 SQL 语句所影响的行数。该方法一般用于执行 Insert、Delete、Update 等命令

方 法 名 称	方 法 说 明
ExecuteXmlReader	用于执行查询语句,并生成一个 XmlReader 对象
Cancel	用于取消 Command 对象的执行
GetType	获取当前实例的 Type

4. 使用 SqlCommand 对象的 ExecuteScalar 方法来执行数据命令

调用 SqlCommand 对象的 ExecuteScalar 方法来执行数据命令,主要应用于以下两种场合。

(1) 通过 SqlCommand 对象所执行的 SQL 语句或存储过程只会返回单一值。例如取得计算或者聚合函数的运算结果,就可以调用 SqlCommand 对象的 ExecuteScalar 方法来执行数据命令。

(2) 如果想取得结果集的第一条数据记录的第一个字段的内容,也可以使用 ExecuteScalar 方法,此时虽然 SqlCommand 对象所执行的 SQL 语句或存储过程会返回结果集而不只是单一值,但 ExecuteScalar 方法将只返回结果集的第一条数据记录的第一个字段的内容,其他的数据记录与字段将会被忽略。

9.4 创建与使用 SqlDataReader 对象

ADO. NET 的 SqlDataReader 对象又称为数据读取器,数据读取器提供了一种高效的数据读取方式,就效率而言,数据读取器高于数据集,适合于单次且短时间的数据读取操作。SqlDataReader 所提取的数据流一次只处理一条记录,而不会将结果集中的所有记录同时返回,可以避免耗费大量的内存资源。

ADO. NET 的 SqlDataReader 对象主要用于从数据源提取只进、只读的数据流,由于它是"只进"的,所以不能任意浏览,只能从前往后顺序游览;由于它是"只读"的,所以不能更新数据。

如果要创建 SqlDataReader 对象或者 OleDbDataReader 对象,则必须调用 Command 对象的 ExecuteReader 方法,而不能直接使用构造方法。当一个数据读取器处于打开状态时,连接将被此数据读取器独占,此数据读取器尚未关闭之前,除了可以执行关闭操作之外,不能对 Connection 执行任何其他操作,即使建立另一个数据读取器也不允许,这种情况会一直持续到关闭 DataReader 对象为止。所以 DataReader 对象使用完毕后,应尽快关闭它。如果数据命令包括输出参数或返回值,则必须等到数据读取器被关闭后才能使用。

使用 sqlComm 命令对象创建 SqlDataReader 对象的代码如下所示。

```
SqlDataReader sqlDR;
sqlDR=sqlComm.ExecuteReader();
```

1. SqlDataReader 类的主要属性

SqlDataReader 类的主要属性如表 9-9 所示。

表 9-9　SqlDataReader 类的主要属性

属 性 名 称	属 性 说 明
FieldCount	获取当前行中的列数。默认值为－1。如果所执行的查询并未返回任何记录，则该属性会返回 0
HasRows	用于判断 SqlDataReader 对象是否包含记录
IsClosed	获取一个值，该值指示数据读取器是否关闭。如果 DataReader 已关闭，则返回 true；否则返回 false
Item	获取以本机格式取得列的值，即字段值
RecordsAffected	获取执行 SQL 语句所插入、修改或删除的行数。如果没有任何行受到影响或读取失败，则返回 0

当 SqlDataReader 关闭后，只能访问 IsClosed 和 RecordsAffected 属性。尽管可以在 SqlDataReader 打开时随时访问 RecordsAffected 属性，但调用 Close() 方法关闭 SqlDataReader 后，返回 RecordsAffected 的值更能确保返回值的正确性。

2. SqlDataReader 类的主要方法

SqlDataReader 类的主要方法如表 9-10 所示。

表 9-10　SqlDataReader 类的主要方法

方 法 名 称	方 法 说 明
Close	关闭 SqlDataReader 对象
GetName	获取指定字段的名称
GetOrdinal	在给定字段名称的情况下获取从零开始的序列号
GetSqlValues	获取当前行中的所有属性列
GetString	获取指定字段的字符串形式的值
GetType	获取当前实例的数据类型
GetDataTypeName	将字段序号传递给 GetDataTypeName 方法，可取得字段的原始数据类型名称
GetFieldType	将字段序号传递给 GetFieldType 方法，可取得代表对象的类型
GetValue	获取以本机格式表示的指定字段的值
GetValues	获取当前行集合中的所有属性列
IsDBNull	获取一个值，该值指示字段中是否包含不存在的或缺少的值。如果指定的字段值与 DBNull 等效，则返回 true，否则返回 false
NextResult	当读取批处理 SQL 语句的结果时，使数据读取器前进到下一个结果。默认情况下，数据读取器定位在第一个结果上
Read	DataReader 的默认位置是在第一条记录之前，要调用 Read 方法前进到下一条记录才能开始访问记录。如果 Read 方法能够顺利地前移到下一条记录，它会返回 True；如果已经没有下一条记录，它会返回 False

9.5　创建与使用 SqlDataAdapter 对象

ADO. NET 的 SqlDataAdapter 对象又称为"数据适配器",其主要作用是在数据源与 DataSet 对象之间传递数据,它使用 SqlCommand 对象从数据源中检索数据,且将获取的数据填入 DataSet 对象中,也能将 DataSet 对象中更新数据写回数据源。SqlDataAdapter 对象通常包含 4 个命令,分别用来选择、新建、修改与删除数据源中的记录,调用 Fill 方法将记录填入数据集内,调用 Update 方法更新数据源中相对应的数据表。

ADO. NET 的 SqlDataAdapter 对象的主要作用是在数据源与 DataSet 对象之间传递数据,也俗称为"数据搬运工"。

1. SqlDataAdapter 构造方法的重载形式

SqlDataAdapter 类有以下 4 种重载形式。

（1）SqlDataAdapter()

第 1 种重载形式不需要任何参数,使用此构造方法建立 SqlDataAdapter 对象,然后将 SqlCommand 对象赋给 SqlDataAdapter 对象的 SelectCommand 属性即可。

（2）SqlDataAdapter(＜sqlCommand＞)

第 2 种重载形式使用指定的 SqlCommand 作为参数来初始化 SqlDataAdapter 类的实例。

（3）SqlDataAdapter(＜string＞,＜sqlConnection＞)

第 3 种重载形式使用指定的 Select 语句或者存储过程以及 SqlConnection 对象来初始化 SqlDataAdapter 类的实例。

（4）SqlDataAdapter(＜string＞,＜string＞)

第 4 种重载形式使用指定的 Select 语句或者存储过程以及连接字符串来初始化 SqlDataAdapter 类的实例。

2. SqlDataAdapter 类的主要属性

数据访问最主要的操作是查询、插入、删除、更新 4 种。DataAdapter 对象提供了 4 个属性与这 4 种操作相对应,设置了这 4 个属性后,SqlDataAdapter 对象就知道如何从数据库获得所需的数据,或者新增记录,或者删除记录,或者更新数据源。4 种属性如表 9-11 所示。

表 9-11　SqlDataAdapter 类的主要属性

属 性 名 称	属 性 说 明
SelectCommand	设置或获取从数据库中选择数据的 SQL 语句或存储过程
InsertCommand	设置或获取向数据库中插入新记录的 SQL 语句或存储过程
DeleteCommand	设置或获取数据库中删除记录的 SQL 语句或存储过程

属 性 名 称	属 性 说 明
UpdateCommand	设置或获取更新数据源中记录的 SQL 语句或存储过程
TableMappings	获取一个集合，它提供数据源表和 DataTable 之间的主映射，该对象决定了数据表中的字段与数据源之间的关系。默认值是一个空集合

SelectCommand、InsertCommand、DeleteCommand、UpdateCommand 这 4 个属性的值应设置成 Command 对象，而不能直接设置成字符串类型的 SQL 语句。这 4 个属性都包括 CommandText 属性，可以用于指定所需执行的 SQL 语句。

3. SqlDataAdapter 类的 Fill 方法

SqlDataAdapter 对象的 Fill 方法用于向 DataSet 对象填充从数据源中读取的数据，使用 SelectCommand 属性所指定的 Select 语句或者存储过程从数据源中提取记录数据，并将所提取的数据填充到数据集对应的数据表中。如果 SelectCommand 属性的 Select 语句或者存储过程没有返回任何记录，则不会在数据集中建立表。如果 SelectCommand 属性的 Select 语句或者存储过程返回多个结果集，则会将各个结果集的记录分别存入多个不同的数据表中，这些表的名称按顺序分别为 Table、Table1. Table2 等。

如果数据集中并不存在对应的表，则 Fill 方法会先建立数据表然后再将记录填入其中；如果对应的数据表已经存在，则 Fill 方法会根据当前所提取的记录来重新整理表的记录，以便使其数据与数据源中的数据一致。Fill 方法的返回值为已在 DataSet 中成功添加或刷新的行数，但不包括受不返回行的语句影响的行。

在调用 Fill 方法时，相关的连接对象不需要处于打开状态，但是为了有效控制与数据源的连接、减少连接打开的时间和有效利用资源，一般应自行调用连接对象的 Open 方法来明确打开连接，调用连接对象的 Close 方法来明确关闭连接。

（1）调用 Fill 方法的语法格式

调用 Fill 方法的语法格式有多种，常见的格式如下：

```
<DataAdapter 对象名>.Fill(<DataSet 对象名>,<临时数据表名>)
```

其中第 1 个参数是数据集对象名，表示要填充的数据集对象；第 2 个参数是一个字符串，表示本地缓冲区中所建立的临时表的名称。

（2）Fill 方法的重载版本

Fill 方法最常用的有以下 4 个重载版本。

① Fill(<dataset>)

在 DataSet 中添加或刷新行以保证与数据源中的行匹配，参数为要用记录填充的数据集 DataSet 对象。

② Fill(<dataTable>)

在 DataSet 的指定范围中添加或刷新行，以保证使用 DataTable 名称的数据源中的行匹配，参数为用于表映射的 DataTable 的名称。这一形式的 Fill 也可以将所提取的数据填入到一个不隶属于任何数据集的独立存在的数据表中。

③ Fill(<dataset>, <string>)

在 DataSet 中添加或刷新行以匹配使用 DataSet 和 DataTable 名称的数据源中的行，第 1 个参数为要用记录填充的数据集 DataSet 对象，第 2 个参数为用于表映射的源表的名称。

④ Fill(<dataset>, <int>, <int>, <string>)

在 DataSet 的指定范围中添加或刷新行以匹配使用 DataSet 和 DataTable 名称的数据源中的行，第 1 个参数为要用记录填充的数据集 DataSet 对象，第 2 个参数为起始记录的记录号（从 0 开始算起），第 3 个参数为要检索的最大记录数（即从起始记录开始要提取多少条记录），第 4 个参数为用于表映射的源表名称。如果将第 3 个参数设置为 0，将会提取起始记录之后的所有记录。如果第 3 个参数的值大于其余记录的数量，则只会返回剩余的记录并且不会引发错误。如果对应的 Select 语句或者存储过程会返回多项结果集，则 Fill 方法只将第 3 个参数应用到第一个结果集。

（3）Fill 方法的正确使用

① 如果调用 Fill()之前连接已关闭，则先将其打开以检索数据，数据检索完成后再将连接关闭。如果调用 Fill()之前连接已打开，连接仍然会保持打开状态。

② 如果数据适配器在填充 DataTable 时遇到重复列，它们将以 columnname1，columnname2，columnname3，…这种形式命名后面的列。

③ 如果传入的数据包含未命名的列，它们将以 column1、column2 的形式命名存入 DataTable。

④ 向 DataSet 添加多个结果集时，每个结果集都放在一个单独的数据表中。

⑤ 可以在同一个 DataTable 中多次使用 Fill()方法。如果存在主键，则传入的行会与已有的匹配行合并；如果不存在主键，则传入的行会追加到 DataTable 中。

4. SqlDataAdapter 类的 Update 方法

Update 方法用于将数据集 DataSet 对象中的数据按 InsertCommand 属性、DeleteCommand 属性和 UpdateCommand 属性所指定的要求更新数据源，即调用 3 个属性中所定义的 SQL 语句更新数据源。

Update 方法常见的调用格式如下：

```
<SqlDataAdapter 对象名>.Update(<DataSet 对象名>,<临时数据表名>)
```

其中第 1 个参数为数据集对象名，表示要将哪个数据集对象中的数据更新到数据源；第 2 个参数是一个字符串，表示临时表的名称。

调用 DataAdapter 对象的 Update 方法更新数据源时会自动调用 AcceptChanges 方法。调用 DataAdapter 对象中的 Update 方法更新数据库时，如果直接更新数据集中的所有数据会使更新的效率非常低，原因是数据集中可能只有少数的数据有变化，而大多数的数据没有变化，不需要更新。更好的办法是利用 GetChanges 方法获取所有被修改的数据，并把这些变化的数据提交给 DataAdapter 对象去更新，这样程序的效率便提高了。但是如果 DataSet 中的数据没有变化，GetChanges 方法将返回空，用空的对象去更新数据库会出现异常。为了避免出现异常，可以在更新前利用 HasChanges 方法判断是否有数据被修改。

9.6 创建与使用 DataSet 对象

DataSet 对象是内存中的数据缓存，专门用来存储从数据源中读出的数据，就像是一个被复制到内存中的数据库副本，具有完善的结构描述信息，其结构与真正的数据库相似，也可以同时存储多个数据表以及数据表之间的关联。这样，对数据进行的各种处理，都在 DataSet 对象上完成，不必与数据库一直保持连接。当在 DataSet 上完成所有的操作后，再将对数据的更改通过 Update 命令传回数据源。

DataSet 对象包含 DataTable 对象的集合，DataTable 对象包含 DataRow 对象的集合，DataRow 对象包含 DataColumn 的集合。通过 DataSet 对象的 Tables 属性可以访问 DataTable 对象，通过 DataTable 对象的 Rows 属性可以访问 DataRow 对象，通过 DataRow 对象的 Columns 属性可以访问 DataColumn 对象。

DataSet 对象是内存中存储数据的容器，是一个虚拟的中间数据源，它利用数据适配器所执行的 SQL 语句或者存储过程来填充数据。DataSet 内部包含由一个或多个 DataTable 对象组成的集合，此外它还包含了 DataTable 对象的主键、外键、条件约束以及 DataTable 对象之间的关系等。可以将 DataSet 看成一个关系数据库，DataTable 相当于数据库中的数据表，DataRow 和 DataColumn 就是该表中的记录行和字段。所有的表（DataTable）组成了 DataTableCollection，所有的记录行（DataRow）组成了 DataRowCollection，所有的字段（DataColumn）组成了 DataColumnCollection。

DataSet 对象模型比较复杂，DataSet 的组成结构示意图如图 9-7 所示，从图中可以看出，DataSet 对象有许多属性，其中最重要的是 Tables 属性和 Relations 属性。

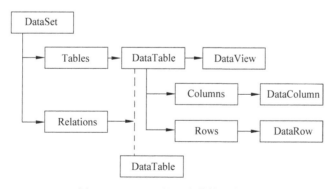

图 9-7 DataSet 的组成结构示意图

1. DataSet 对象

（1）创建 DataSet 对象

DataSet 对象不区分 SQL Server. NET Framework 数据提供者和 OLE DB. NET

Framework 数据提供者,不管使用哪个. NET 数据提供者,声明 DataSet 对象的方法是相同的。

创建 DataSet 对象的语法格式如下:

```
DataSet  <DataSet 对象名>=new DataSet();
```

(2) DataSet 对象的主要属性

DataSet 对象的主要属性如表 9-12 所示。

表 9-12 DataSet 对象的主要属性

属性名称	属 性 说 明
Tables	获取包含在 DataSet 中的 DataTable 对象的集合,每个 DataTable 对象代表数据库中的一个数据表。表示某一个特定表的方法:<数据集名>.Tables[<索引值>],索引值从 0 开始
Relations	获取用于将表链接起来并允许从父表浏览到子表的关系集合
DataSetName	获取或设置当前 DataSet 的名称
HasErrors	获取一个值,该值指示此 DataSet 中的任何 DataTable 中的任何行中是否存在错误。如果任何表中存在错误,则返回 true;否则返回 false

(3) DataSet 对象的主要方法

DataSet 对象的主要方法如表 9-13 所示。

表 9-13 DataSet 对象的主要方法

方法名称	方 法 说 明
HasChanges	用于判断 DataSet 中的数据是否有变化,如果数据有变化,该方法返回 True,否则返回 False。数据的变化包括添加数据、修改数据和删除数据
GetChanges	用于获得自上次加载以来或调用 AcccptChanges 以来 DataSet 中所有变动的数据,该方法返加一个 DataSet 对象
AcceptChanges	用于提交自加载 DataSet 或上次调用 AcceptChanges 以来对 DataSet 进行的所有更改。提交后,GetChanges 方法将返回空
RejectChanges	回滚自创建 DataSet 以来或上次调用 DataSet. AcceptChanges 以来对其进行的所有更改。调用此方法时,仍处于编辑模式的任何记录行将取消其编辑;添加的新记录行将被移除;已修改的和已删除的记录行返回到其原始状态
Clear	清除 DataSet 中所有的数据
Clone	复制 DataSet 的结构,包含所有 DataTable 架构、关系和约束。但不复制任何数据
Copy	复制 DataSet 的结构和数据
Merge	将指定的 DataSet、DataTable 或 DataRow 对象予以合并
Reset	将 DataSet 重置为其初始状态

2. DataTable 对象

每一个 DataTable 对象代表了数据库中的一个表,每个 DataTable 数据表都由相应的记录行和字段组成。

374

（1）建立与使用 DataTable

DataTable 的命名空间为 System . Data，代表内存中的数据表。在 ADO. NET 中，DataTable 常作为 DataSet 的一个成员对象来使用。建立 DataTable 包括两种情况，即建立包含在数据集中的表和建立独立使用的表。

建立包含在数据集中的表的方法主要有以下两种。

方法一：利用数据适配器的 Fill 方法自动建立 DataSet 中的 DataTable 对象。

先通过数据适配器从数据源中提取记录数据，然后调用数据适配器的 Fill 方法，将所提取的记录存入 DataSet 中对应的数据表内，如果数据集中不存在对应的表，Fill 方法会先建立数据表再将记录填入其中。

方法二：将建立的 DataTable 对象添加到 DataSet 中。

先建立 DataTable 对象，然后调用 DataSet 的表集合 Tables 的 Add 方法将 DataTable 对象添加到 DataSet 中。

（2）DataTable 对象的常用属性

每个 DataTable 对象都有两个重要的属性：Rows 属性和 Columns 属性。Rows 属性值是一个数据表的 DataRow 对象的集合，每个 DataRow 对象代表了数据表中的一行数据，Rows 属性可以通过索引值表示某一条特定的记录，第一条记录的索引值为 0；Columns 属性是一个数据表的 DataColumn 对象的集合，每一个 DataColumn 对象代表了数据表中的每个列。

（3）DataTable 对象的常用方法

DataTable 对象的常用方法是 NewRow 方法。该方法用于创建与当前表结构相同的一个空记录，这个空记录就是一个 DataRow 对象。NewRow 方法只是生成一个 DataRow 对象，并不能向数据表中添加新的记录行。

DataTable 对象只能存在于一个 DataSet 对象中，如果想要把 DataTable 对象添加到多个 DataSet 对象中，就必须使用 Copy 方法或 Clone 方法。Copy 方法创建一个新的 DataTable，它与原来的 DataTable 结构相同，并且包含相同的数据；Clone 方法创建一个新的 DataTable，它与原来的 DataTable 结构相同，但没有包含数据。

3. DataRow 对象

DataRow 对象用来表示 DataTable 中单独的一条记录。每一条记录都包含多个字段，DataRow 对象用 Item 属性表示这些字段，Item 属性后加索引值或字段名可以表示一个字段的内容。例如 DataSet1. Tables[0]. Row[0]. Item[0]，表示数据集的第 1 个数据表中的第 1 条记录的第 1 个字段的值。

DataRow 的常用方法说明如下。

（1）Add 方法

Add 方法用于向 DataTable 对象中添加一个新行。

（2）Delete 方法

Delete 方法用于从 DataTable 对象的 DataRow 集合中删除指定的行。删除行时，必须通过 Rows 属性的索引值指定要删除行的位置。

4. DataColumn 对象

数据表字段的结构描述是使用 DataColumn 对象来定义的,要向数据表添加一个字段,必须先建立一个 DataColumn 对象,设置其各项属性,然后将它添加到 DataTable 的字段集合 DataColumnCollection 中。DataTable 的字段集合就是 DataColumnCollection,它定义了 DataTable 的结构描述并判断每个 DataColumn 可以包括的数据类型,可以使用 DataTable 的 Columns 属性来访问 DataColumnCollection。

(1) 使用 Count 属性来判断集合中有多少个 DataColumn 对象,使用 Item 属性从字段集合中取得指定的 DataColumn 对象。

(2) 使用 DataColumnCollection 的 Add 方法或 Remove 方法来添加或删除 DataColumn 对象;使用 Clear 方法清除字段集合中的所有字段;使用 Contains 方法来验证指定的索引或字段名称是否存在于字段集合中。

编程实战

任务 9-2　使用 SqlDataAdapter 对象从"用户表" 中获取并输出全部用户数据

【任务描述】

(1) 在项目中创建 Windows 窗体应用程序 frmGetUserData. cs,窗体的设计外观如图 9-8 所示。

图 9-8　窗体 frmGetUserData 的设计外观

(2) 编写程序,使用 SqlDataAdapter 对象从"用户表"中获取并输出全部用户数据。

【任务实施】

(1) 启动 Visual Studio 2012。

(2) 在解决方案 Solution09 中创建一个名称为 WindowsForms0902 的项目。

(3) 在项目 WindowsForms0902 中添加 Windows 窗体 frmGetUserData,在该窗体

中添加控件,设置该控件的 Name 属性为 dataGridView1,设置 Dock 属性为 Fill,窗体的设计外观如图 9-8 所示。

（4）引入必要的命名空间。

在 frmGetUserData 窗体的代码编辑窗口中引入命名空间 System. Data. SqlClient,代码如下：

```
using System.Data.SqlClient;
```

（5）编写 frmGetUserData_Load 事件过程的程序代码。

frmGetUserData 窗体中 frmGetUserData _ Load 事件过程的程序代码如表 9-14 所示。

表 9-14　frmGetUserData 窗体中 frmGetUserData_Load 事件过程的程序代码

序号	程 序 代 码
01	private void frmGetUserData_Load(object sender, EventArgs e)
02	{
03	SqlConnection sqlConn=new SqlConnection();
04	SqlCommand sqlComm=new SqlCommand();
05	SqlDataAdapter sqlDA=new SqlDataAdapter();
06	DataSet ds=new DataSet();
07	sqlConn.ConnectionString="Server=(local);Database=HRdata;
08	Integrated Security=SSPI";
09	sqlComm.Connection=sqlConn;
10	sqlComm.CommandType=CommandType.Text;
11	sqlComm.CommandText="Select 用户编号,用户名,密码 From 用户表";
12	sqlDA.SelectCommand=sqlComm;
13	sqlDA.Fill(ds, "用户");
14	dataGridView1.DataSource=ds.Tables[0];
15	}

（6）运行程序。

设置 WindowsForms0902 项目为启动项目,然后按 Ctrl＋F5 快捷键开始运行程序,其运行结果如图 9-9 所示。

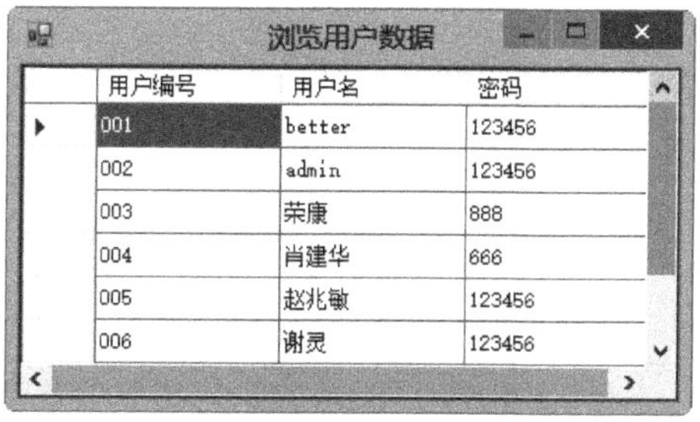

图 9-9　窗体 frmGetUserData 的运行结果

任务 9-3　通过三层架构方式实现用户登录和新增用户功能

【任务描述】

（1）在解决方案 Solution09 中添加数据库访问项目 HRDB、业务处理项目 HRApp 和应用程序项目 HRUI。

（2）在数据库访问项目 HRDB 中添加数据库操作类 HRDBClass 及相应方法，在业务处理项目 HRApp 中添加业务处理类 HRUserClass 及相应方法。

（3）在应用程序项目 HRUI 中添加"用户登录"窗体，并实现用户登录的功能。

（4）在应用程序项目 HRUI 中添加"新增用户"窗体，并实现新增用户的功能。

【任务实施】

1. 在解决方案中创建多个项目

（1）创建数据库访问项目

在解决方案 Solution09 中添加数据库访问项目，将其命名为 HRDB。

（2）创建业务处理项目

在解决方案 Solution09 中添加业务处理项目，将其命名为 HRApp。

（3）创建应用程序项目

在解决方案 Solution09 中添加应用程序项目，将其命名为 HRUI。

在解决方案 Solution09 中创建多个项目，我们将数据库访问类、业务处理类和界面应用程序项目分别放置在不同的文件夹中，而解决方案文件则放在这些文件夹之外，这样有利于文件的管理，便于维护。

2. 创建数据库操作类 HRDBClass 及对应的方法

在数据库访问项目 HRDB 中创建数据库操作类（HRDBClass），数据库操作类（HRDBClass）各个公用成员的功能如表 9-15 所示。

表 9-15　HRDBClass 类各个公用成员的功能

成 员 名 称	成员类型	功 能 说 明
conn	变量	数据库连接对象
openConnection	方法	创建数据库连接对象，打开数据库连接
closeConnection	方法	关闭数据库连接
getDataBySQL	方法	根据传入的 SQL 语句生成相应的数据表，该方法的参数是 SQL 语句
updateDataTable	方法	根据传入的 SQL 语句更新相应的数据表，更新包括数据表的增加、修改和删除

将项目 HRDB 中系统自动生成的类 Class1.cs 重命名为 HRDBClass.cs。双击类文件 HRDBClass.cs，打开代码编辑器窗口，在该窗口中编写程序代码。

（1）引入命名空间

由于数据库操作类中需要使用多个数据库访问类和 MessageBox 类，所以首先应在 HRDBClass 类中引入对应的命名空间，代码如下：

```
using System.Windows.Forms;
using System.Data;
using System.Data.SqlClient;
```

（2）声明数据库连接对象

数据库连接对象 conn 在 HRDBClass 类的多个方法中需要使用，所以将其定义为窗体级局部变量，代码如下：

```
SqlConnection conn;
```

（3）编写 openConnection 方法的程序代码

openConnection 方法的程序代码如表 9-16 所示。

表 9-16　openConnection 方法的程序代码

行号	程 序 代 码
01	private void openConnection()
02	{
03	//数据库连接字符串
04	string strConn="Server=(local);Database=HRdata; Integrated
05	Security=SSPI";
06	conn=new SqlConnection(strConn);
07	if(conn.State ==ConnectionState.Closed)
08	{
09	conn.Open();
10	}
11	}

（4）编写 closeConnection 方法的程序代码

closeConnection 方法的程序代码如表 9-17 所示。

表 9-17　closeConnection 方法的程序代码

行号	程 序 代 码
01	private void closeConnection()
02	{
03	if(conn.State ==ConnectionState.Open)
04	{
05	conn.Close();
06	}
07	}

（5）编写 getDataBySQL 方法的程序代码

getDataBySQL 方法的程序代码如表 9-18 所示。

表 9-18　getDataBySQL 方法的程序代码

行号	程 序 代 码
01	public DataTable getDataBySQL(string strComm)
02	{
03	SqlDataAdapter adapterSql;
04	DataSet ds=new DataSet();
05	try
06	{
07	openConnection();
08	adapterSql=new SqlDataAdapter(strComm, conn);
09	adapterSql.Fill(ds, "table01");
10	closeConnection();
11	return ds.Tables[0];
12	}
13	catch(Exception ex)
14	{
15	MessageBox.Show("创建数据表发生异常!异常原因:"+
16	ex.Message, "错误提示信息",
17	MessageBoxButtons.OK, MessageBoxIcon.Error);
18	}
19	return null;
20	}

（6）编写 updateDataTable 方法的程序代码

updateDataTable 方法的程序代码如表 9-19 所示。

表 9-19　updateDataTable 方法的程序代码

行号	程 序 代 码
01	public bool updateDataTable(string strComm)
02	{
03	try
04	{
05	SqlClientCommand comm;
06	openConnection();
07	comm=new SqlClientCommand(strComm, conn);
08	comm.ExecuteNonQuery();
09	closeConnection();
10	return true;
11	}
12	catch(Exception ex)

行号	程序代码
13	{
14	MessageBox.Show("更新数据失败!"+ex.Message, "提示信息");
15	return false;
16	}
17	}

3. 创建业务处理类 HRUserClass 及对应的方法

（1）业务处理类 HRUserClass 成员的说明

在业务处理项目 HRApp 中创建业务处理类 HRUserClass，业务处理类 HRUserClass 各个成员及其功能如表 9-20 所示。

表 9-20　HRUserClass 类各个成员及其功能

成员名称	成员类型	功能说明
objHRDB	变量	HRDB 类库中 HRDBClass 类的对象
getUserName	方法	获取数据表"用户表"中所有的用户名称
getUserInfo	方法	根据检索条件获取相应的用户数据。该方法有两种重载形式，第一种形式包含 2 个参数，用于获取指定"用户名"和"密码"的用户数据；第二种形式包含 1 个参数，用于获取指定"用户名"的用户数据
userAdd	方法	新增用户

（2）添加引用

在业务处理类 HRUserClass 中需要使用 HRDB 类库的 HRDBClass 类中所定义的方法，必须将类库 HRDB 添加到类库 HRApp 的引用中。

（3）添加类

在业务处理项目 HRApp 中添加一个类 HRUserClass.cs。

（4）业务处理类 HRUserClass 成员的代码编写

双击类文件 HRUserClass.cs，打开代码编辑器窗口，在该窗口中编写程序代码。

① 引入命名空间。首先应引入所需的命名空间，代码如下所示。

```
using System.Data;
using System.Windows.Forms;
```

② 声明 HRDB 类库中 HRDBClass 类的对象。对象 objHRDB 在 HRUserClass 类的多个方法中需要使用，所以将其定义为窗体级局部变量，代码如下所示。

```
HRDB.HRDBClass objHRDB=new HRDB.HRDBClass();
```

③ 编写 getUserName 方法的程序代码。getUserNamer 方法的程序代码如表 9-21 所示。

表 9-21　getUserNamer 方法的程序代码

行号	程 序 代 码
01	public DataTable getUserName()
02	{
03	string strComm;
04	strComm="Select 用户名 From 用户表 ";
05	return objHRDB.getDataBySQL(strComm);
06	}

④ 编写 getUserInfo 方法的程序代码。getUserInfo 方法有两种重载形式,其程序代码分别如表 9-22 和表 9-23 所示。

表 9-22　包含 2 个参数的 getUserInfo 方法的程序代码

行号	程 序 代 码
01	public DataTable getUserInfo(string userName, string password)
02	{
03	string strComm;
04	strComm="Select 用户编号,用户名,密码 From 用户表 Where 用户名='" +
05	userName+"' And 密码='"+password+"'";
06	return objHRDB.getDataBySQL(strComm);
07	}

表 9-23　包含 1 个参数的 getUserInfo 方法的程序代码

行号	程 序 代 码
01	public DataTable getUserInfo(string userName)
02	{
03	string strComm;
04	strComm="Select 用户编号,用户名,密码 From 用户表 Where 用户名='" +
05	userName+"' ";
06	return objHRDB.getDataBySQL(strComm);
07	}

⑤ 编写 userAdd 方法的程序代码。userAdd 方法的程序代码如表 9-24 所示。

表 9-24　userAdd 方法的程序代码

行号	程 序 代 码
01	public bool userAdd(string userListNum, string userName, string userPassword)
02	{
03	//增加用户数据
04	string strInsertComm;
05	strInsertComm="Insert Into 用户表(用户编号,用户名,密码)Values('"+
06	userListNum+"','"+userName+"','"+userPassword+"')";
07	return objHRDB.updateDataTable(strInsertComm);
08	}

4. 设计"用户登录"界面

（1）添加 Windows 窗体

在 HRUI 项目中添加一个 Windows 窗体 frmLogin.cs。

（2）设计 frmLogin 窗体的外观

在 frmLogin 窗体中添加 1 个 PictureBox 控件、2 个 Label 控件、1 个 ComboBox 控件、1 个 TextBox 控件和 2 个 Button 控件，调整各个控件的大小与位置，窗体的外观如图 9-10 所示。

图 9-10 "用户登录"窗体的外观设计

（3）设置 frmLogin 窗体与控件的属性

"用户登录"窗体及控件的主要属性设置如表 9-25 所示。

表 9-25 "用户登录"窗体及控件的主要属性设置

窗体或控件类型	窗体或控件名称	属 性 名 称	属性设置值
Form	frmLogin	AcceptButton	btnLogin
		CancelButton	btnCancel
		Icon	已有的 ico 文件
		Text	用户登录
PictureBox	PictureBox1	BackgroundImage	已有的图片
Label	lblUserName	AutoSize	True
		Text	用户名
		TextAlign	MiddleCenter
	lblPassword	AutoSize	True
		Text	密 码
		TextAlign	MiddleCenter
ComboBox	cboUserName	FormattingEnabled	True
TextBox	txtPassword	PasswordChar	*
		Text	（空）

续表

窗体或控件类型	窗体或控件名称	属 性 名 称	属性设置值
Button	btnLogin	Text	登录(&L)
		Image	已有的图片
		ImageAlign	MiddleRight
	btnCancel	Text	取消(&C)
		Image	已有的图片
		ImageAlign	MiddleRight

5. 编写"用户登录"窗体的程序代码

（1）添加引用

在"用户登录"应用程序中需要使用 HRApp 类库的 HRUserClass 类中所定义的方法，必须将 HRApp 类库添加到 HRUI 类库的引用中。

（2）声明窗体级变量

声明 HRApp 类库中 HRUserClass 类的对象 objUser，代码如下所示。

```
HRApp.HRUserClass objUser=new HRApp.HRUserClass();
```

（3）编写窗体的 Load 事件过程的程序代码

frmLogin 窗体的 Load 事件过程的程序代码如表 9-26 所示。

表 9-26 frmLogin 窗体的 Load 事件过程的程序代码

行号	程 序 代 码
01	private void frmLogin_Load(object sender, EventArgs e)
02	{
03	DataTable dt;
04	dt=objUser.getUserName();
05	cboUserName.DataSource=dt;
06	cboUserName.DisplayMember="用户表.用户名";
07	cboUserName.ValueMember="用户名";
08	cboUserName.SelectedIndex=0;
09	}

（4）编写"登录"按钮 Click 事件过程的程序代码

frmLogin 窗体中"登录"按钮 Click 事件过程对应的程序代码如表 9-27 所示。

表 9-27 frmLogin 窗体中"登录"按钮 Click 事件过程的程序代码

行号	程 序 代 码
01	private void btnLogin_Click(object sender, EventArgs e)
02	{
03	if(cboUserName.Text.Trim().Length ==0)

行号	程 序 代 码
04	{
05	MessageBox.Show("用户名不能为空,请输入用户名!", "提示信息",
06	MessageBoxButtons.OK, MessageBoxIcon.Warning);
07	cboUserName.Focus();
08	return;
09	}
10	DataTable dt=new DataTable();
11	dt=objUser.getUserInfo(cboUserName.Text.Trim(),
12	txtPassword.Text.Trim());
13	if(dt.Rows.Count !=0)
14	{
15	MessageBox.Show("合法用户,登录成功!", "提示信息",
16	MessageBoxButtons.OKCancel, MessageBoxIcon.Information);
17	}
18	else
19	{
20	dt=objUser.getUserInfo(cboUserName.Text.Trim());
21	if(dt.Rows.Count ==0)
22	{
23	MessageBox.Show("用户名有误,请重新输入用户名!", "提示信息",
24	MessageBoxButtons.OK, MessageBoxIcon.Error);
25	cboUserName.Focus();
26	cboUserName.SelectedIndex=-1;
27	return;
28	}
29	else
30	{
31	MessageBox.Show("密码有误,请重新输入密码!", "提示信息",
32	MessageBoxButtons.OK, MessageBoxIcon.Error);
33	txtPassword.Focus();
34	txtPassword.Clear();
35	return;
36	}
37	}
38	}

（5）编写"取消"按钮 Click 事件过程的程序代码

"取消"按钮 Click 事件过程的程序代码如表 9-28 所示。

表 9-28　"取消"按钮 Click 事件过程的程序代码

行号	程 序 代 码
01	private void btnCancel_Click(object sender, EventArgs e)
02	{
03	if(MessageBox.Show("你真的不登录系统吗?", "退出系统提示信息",
04	MessageBoxButtons.YesNo, MessageBoxIcon.Information)==
05	DialogResult.Yes)
06	{
07	Application.Exit();
08	}
09	}

6. 测试"用户登录"窗体

(1) 设置解决方案的启动项目

设置 HRUI 项目为解决方案的启动项目。

(2) 设置启动对象

解决方案的启动项目设置完成后,接下来设置启动项目中的启动对象。在"解决方案资源管理器"中右击项目 HRUI,在弹出的快捷菜单中选择菜单命令属性,打开 HRUI 的属性页,在"应用程序"的"启动对象"列表中选择 HRUI.Program,然后在工具栏中单击"保存选定项"按钮即可。

打开文件 Program.cs,在 main 方法中修改启动窗体,代码如下所示。

```
static void Main()
{
    Application.EnableVisualStyles();
    Application.SetCompatibleTextRenderingDefault(false);
    Application.Run(new frmLogin());
}
```

(3) 界面测试

① 测试内容:用户界面的视觉效果和易用性;控件状态、位置及内容确认。

② 确认方法:目测,如图 9-11 所示。

图 9-11　"用户登录"窗体运行的初始状态

③ 测试结论：合格。

（4）功能测试

功能测试的目的是测试该窗体的功能要求是否能够实现，同时测试用户登录模块的容错能力。准备的测试用例如表 9-29 所示。

表 9-29　"用户登录"窗口的测试用例

序号	测 试 数 据		预 期 结 果
	用户名	密码	
1	better	123456	显示"合法用户，登录成功"的提示信息
2	（空）	（不限）	显示"用户名不能为空，请输入用户名"的提示信息
3	adminX	（不限）	显示"用户名有误，请重新输入用户名"的提示信息
4	better	123	显示"密码有误，请重新输入密码"的提示信息

① 测试输入正确的用户名和密码时，"确定"按钮的动作。

在如图 9-11 所示的窗体中，选择用户名"better"，输入密码"123456"，然后单击"确定"按钮，出现如图 9-12 所示的提示信息。

"用户表"数据表中的确存在用户名为"admin"、密码为"123456"的数据，"用户表"数据表中现有的记录数据如表 9-29 所示。

② 测试"用户名"为空时，"确定"按钮的动作。

如图 9-11 所示，光标停在"用户名"文本框中，但没有选择 1 个"用户名"，此时单击"确定"按钮，出现如图 9-13 所示的提示信息。

图 9-12　登录成功的提示信息　　　　图 9-13　"用户名不能为空"的提示信息

③ 测试"用户名"有误时，"确定"按钮的动作。

在"用户名"文本框中输入"adminX"，从表 9-29 可以看出，目前"用户表"数据表中不存在"adminX"的用户名，也就是所输入的"用户名"有误，此时，单击"确定"按钮时会出现如图 9-14 所示的提示信息。

④ 测试"密码"为空或输入错误时，"确定"按钮的动作。

在"用户名"文本框中输入正确的用户名"better"，在"密码"文本框中输入错误的密码"123"，然后单击"确定"按钮，会出现如图 9-15 所示的提示信息。

在"用户名"文本框中输入正确的用户名"better"，光标停在"密码"文本框中，但没有输入任何密码，然后单击"确定"按钮，也会出现如图 9-15 所示的提示信息。

图 9-14 "用户名有误"的提示信息　　　　　图 9-15 "密码有误"的提示信息

⑤ 测试"取消"按钮的有效性。

在"用户登录"窗口中单击"取消"按钮,出现如图 9-16 所示的"退出系统提示信息"。

7. 设计"新增用户"界面

(1) 添加 Windows 窗体

在 HRUI 项目中添加一个 Windows 窗体 frmAddUser。

(2) 设计 frmAddUser 窗体的外观

在 frmAddUser 窗体中添加 3 个 Label 控件、3 个 TextBox 控件和 2 个 Button 控件,调整各个控件的大小与位置,窗体的外观如图 9-17 所示。

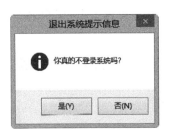

图 9-16 退出系统的提示信息　　　　图 9-17 "新增用户"窗体的外观设计

(3) 设置 frmAddUser 窗体与控件的属性

"新增用户"窗体及控件主要属性的设置如表 9-30 所示。

表 9-30 "新增用户"窗体及控件主要属性的设置

窗体或控件类型	窗体或控件名称	属性名称	属性设置值
Form	frmAddUser	Text	新增用户
		KeyPreview	True
Label	lblUserNum	Text	用户编号
	lblUserName	Text	用户名称
	lblUserPassword	Text	用户密码

窗体或控件类型	窗体或控件名称	属性名称	属性设置值
TextBox	txtUserNum	Text	（空）
	txtUserName	Text	（空）
	txtUserPassword	Text	（空）
ToolStripButton	btnSave	Text	保存(&S)
	btnCancel	Text	取消(&C)

8. 编写"新增用户"窗体的程序代码

（1）声明窗体级变量

声明 HRApp 类库中 HRUserClass 类的对象 objUser，代码如下所示。

```
HRApp.HRUserClass objUser=new HRApp.HRUserClass();
```

（2）编写"保存"按钮的 Click 事件过程的程序代码

"保存"按钮 btnSave 的 Click 事件过程的程序代码如表 9-31 所示。

表 9-31 "保存"按钮 btuSave 的 Click 事件过程的程序代码

行号	程 序 代 码
01	`private void btnSave_Click(object sender, EventArgs e)`
02	`{`
03	`  try`
04	`  {`
05	`     if(objUser.userAdd(txtUserNum.Text.Trim(),`
06	`       txtUserName.Text.Trim(), txtUserPassword.Text.Trim()))`
07	`     {`
08	`       MessageBox.Show("已成功新增一个用户", "提示信息");`
09	`       txtUserNum.Text="";`
10	`       txtUserName.Text="";`
11	`       txtUserPassword.Text="";`
12	`     }`
13	`  }`
14	`  catch(Exception ex)`
15	`  {`
16	`     MessageBox.Show(ex.Message, "错误提示信息");`
17	`     return;`
18	`  }`
19	`}`

（3）编写"取消"按钮 Click 事件过程的程序代码

"新增用户"窗体中"取消"按钮 Click 事件过程的程序代码只有一条语句，即"this.Close();"，用于关闭"新增用户"窗体。

9. 测试"新增用户"窗体

（1）修改文件 Program.cs 中 main 方法的代码

打开 Program.cs 文件，在 main 方法中修改启动窗体，代码如下所示。

```
Application.Run(new frmAddUser());
```

（2）用户界面测试

① 测试内容：用户界面的视觉效果和易用性；控件状态、位置及内容确认。

② 确认方法：目测，如图 9-18 所示。

③ 测试结论：合格。

（3）功能测试

功能测试的目的是测试该窗体的功能要求是否能够实现，同时测试"新增用户"窗体的容错能力。

在如图 9-18 所示的"新增用户"窗体的"用户编号"文本框中输入"007"，在"用户名"文本框中输入"测试用户"，在"密码"文本框中输入"123456"，如图 9-19 所示。然后单击"保存"按钮，出现如图 9-20 所示提示信

图 9-18 "新增用户"窗体运行的初始状态

息对话框，单击"确定"按钮，一个新用户便新增成功。单击"取消"按钮，可以关闭"新增用户"窗口。

图 9-19 测试输入新的用户数据

图 9-20 成功新增一个用户的提示信息

同步训练

任务 9-4　使用 SqlDataReader 对象从"用户表"中获取并输出所有的用户名

（1）创建项目 WindowsForms0904。

（2）在 WindowsForms0904 项目中添加 Windows 窗体，在该窗体中添加一个 ComboBox 控件。

（3）编写程序，使用 SqlDataReader 对象从"用户表"中获取所有的用户名，并将获取的用户名添加到 ComboBox 控件的列表中。

任务 9-5　创建"更改密码"窗体
与实现更改密码功能

（1）创建项目 WindowsForms0905。

（2）在 WindowsForms0905 项目中添加 Windows 窗体。在该窗体中添加 4 个 Label 控件、4 个 TextBox 控件（分别用于输入"用户名""原密码""新密码"和"确认密码"）和 2 个 Button 控件（分别为"确定"按钮和"取消"按钮），调整各个控件的大小与位置。

（3）编写程序，实现更改密码功能。

析疑解难

【问题 1】　从数据源提取数据主要有哪两种机制？简述其各自的主要流程。

从数据源提取数据主要有两种机制，各自的主要流程简述如下。

（1）使用"数据命令＋数据读取器"访问机制读取数据的主要流程

创建 Connection 对象 → 创建 Command 对象 → 创建 DataReader 对象 → 打开 Connection 对象→设置数据命令对象 Command 的 Connection 属性、CommandType 属性和 CommandText 属性→调用 Command 对象的 ExecuteReader 方法执行 SQL 查询语句，并将查询结果赋给 DataReader 对象→利用 DataReader 的 HasRows 属性判断数据读取器对象是否包含数据记录→利用循环结构来反复调用 DataReader 对象的 Read 方法逐行读取数据 → 调用 DataReader 对象的 Close 方法来关闭数据读取器 → 最后关闭 SqlConnection 连接对象。

如果使用带参数的 ExecuteReader 方法，且以"CommandBehavior. CloseConnection"作为其参数，也就是说使用 ExecuteReader(CommandBehavior. CloseConnection)的形式来执行数据命令、调用 SqlDataReader 对象的 Close 方法来关闭数据读取器时，数据命令所使用的连接会自动被关闭，此时不需要关闭连接的代码。

"数据命令＋数据读取器"的数据访问机制主要适合以下场合：只返回单一记录的查询；查询的数据只用于浏览而不需要更新；动态执行 SQL 命令来新增、修改与删除数据记录；通过 SQL 语句创建或删除数据库对象；Web 网页中的数据访问等。

（2）使用"数据适配器＋数据集"访问机制提取数据的主要流程

创建 Connection 对象 → 创建 Command 对象 → 创建 DataAdapter 对象 → 创建 DataSet 对象→调用 DataAdapter 对象的 Fill 方法，填充 DataSet 对象中的 DataTable

对象。

"数据适配器＋数据集"的数据访问机制主要适合以下场合:反复多次使用数据记录;实现数据绑定;使用来自多个数据表或者多个数据源中的数据;分布式应用程序等。

【问题 2】 ADO.NET 中实现数据更新的方法主要有哪些?

(1) 使用 ADO.NET 的数据命令 SqlCommand 对象实现更新数据

ADO.NET 中可以使用数据命令 SqlCommand 对象直接在数据源执行新增、修改和删除数据的操作,调用 SqlCommand 对象的 ExecuteNonQuery 方法来执行 Insert 语句、Update 语句和 Delete 语句,分别实现新增记录、修改数据和删除记录的功能。ExecuteNonQuery 方法会返回受影响的记录条数,也就是新增、修改或者删除了多少条数据记录,如果操作失败,则 ExecuteNonQuery 方法会返回 0。

如果使用存储过程实现新增、修改或删除数据,其实现过程为:首先建立 SqlCommand 对象,将 SqlCommand 对象的 CommandType 的属性设置为 CommandType.StoredProcedure,且指定所要执行的存储过程的名称;然后取得与设置各个输入参数,并调用 ExecuteNonQuery 方法来执行新增、修改或删除操作。

(2) 使用 ADO.NET 的数据适配器 SqlDataAdapter 对象实现更新数据

要使用数据适配器 SqlDataAdapter 对象实现数据更新,关键是配置数据适配器的 SelectCommand、InsertCommand、UpdateCommand 和 DeleteCommand 属性。

使用数据适配器从后台数据库中提取数据且填充到数据集中,通过绑定方式在用户界面中显示数据集中的数据时,由于数据集采用中断连接的访问方式,这种情况如果使用数据适配器 SqlDataAdapter 更新数据源的数据,一般分以下两步完成:首先利用用户界面在数据集中新增、修改或删除数据,这些数据的变化只发生在数据集中,后台数据表中的数据并没有同步发生变化;然后调用数据适配器的 Update 方法将数据集的更新写回数据源。

单元习题

(1) 连接字符串各项键值中,下列(　　)键值用于指定连接的数据库。

  A. Data Source　　　　　　　　　　B. Database

  C. Server　　　　　　　　　　　　　D. Workstation ID

(2) 下列(　　)正确地表示当前 Visual Studio 项目文件夹中"bin"子文件夹的绝对路径。

  A. Application.StartupPath　　　　　B. Application.UserAppDataPath

  C. Application.CommonAppDataPath　D. Application.ExecutablePath

(3) 使用连接对象的(　　)方法可以实现动态更改一个已打开的连接所使用的数据库。

  A. Open　　　　　　　　　　　　　B. ChangeDatabase

  C. StateChange　　　　　　　　　　D. BeginTransaction

（4）如果 Command 对象执行的是存储过程，其属性 CommandType 应取下列（　　）值。

　　A．CommandType. Text　　　　　　　B．CommandType. StoredProcedure

　　C．CommandType. TableDirect　　　　D．没有限制

（5）Command 对象执行查询语句时，调用下列（　　）方法，会返回结果集中的第一条记录的第一个字段的值。

　　A．ExecuteReader　　　　　　　　　B．ExecuteScalar

　　C．ExecuteNonQuery　　　　　　　　D．ExecuteXmlReader

（6）以下对 SqlDataReader 对象描述中不正确的是（　　）。

　　A．它是向前导航的对象，必须在表中从头到尾地读取记录

　　B．当 SqlDataReader 初次打开时，当前的记录指示器位于第一个记录之前

　　C．在使用 SqlDataReader 对象时，相关联的 SqlConnection 对象忙于为 SqlDataReader 对象服务，此时不能对 SqlConnection 执行任何其他操作，只能关闭

　　D．只能返回结果集中的第一条记录的第一个字段的值

（7）用来把 DataSet 的修改保存回数据库的 SqlDataAdapter 方法是（　　）。

　　A．Save　　　　　　B．GetChanges　　　　C．AcceptChange　　　D．Update

（8）数据适配器 SqlDataAdapter 填充数据集的方法是（　　）。

　　A．Fill　　　　　　B．GetChanges　　　　C．AcceptChanges　　D．Update

（9）调用 SqlCommand 对象的（　　）方法可以执行 Insert 语句、Update 语句和 Delete 语句。

　　A．ExecuteReader　　　　　　　　　B．ExecuteScalar

　　C．ExecuteNonQuery　　　　　　　　D．ExecuteXmlReader

（10）调用数据集的（　　）方法可以判断数据集是否包含变更的记录（包括新增、修改或删除的记录）。

　　A．HasError　　　　B．HasChanges　　　C．HasRows　　　　D．GegChanges

（11）将数据集变更写回数据源时，为了提高数据更新的效率，只需要将已变更的记录返回数据源。返回只包含已变更数据记录的数据集或数据表时，应调用数据集或数据表的（　　）方法。

　　A．AcceptChanges　　　　　　　　　B．HasChanges

　　C．RejectChanges　　　　　　　　　D．GegChanges

（12）使用 SqlConnection 类连接 SQL Server 数据库，需要引用（　　）命名空间。

　　A．MySql. Data. MySqlClient　　　　B．System. Data. SqlClient

　　C．System. Data. OleDBClient　　　　D．System. Data. OracleClient

附录 C#程序设计处理数据说明

本书各单元所需的相关数据准备如下：

安吉利公司从网上购买了多件家电产品、数码产品和计算机产品等，所购商品的基本信息如附表 1 所示，货币单位为"￥"。

附表 1　安吉利公司所购商品的基本信息

序号	商品编码	商品名称	商品类型	价格	折扣率	购买数量	库存数量
1	1509659	华为 P8	手机	2888.00	8％	1	5
2	1217499	Apple iPhone 6	手机	4688.00	8％	2	4
3	1490773	佳能 IXUS 275	数码产品	11920.00	8％	3	9
4	1777837	海信 LED55EC520UA	电视机	4599.00	6％	10	8
5	1588189	创维 50M5	电视机	2499.00	5％	4	5
6	1079888	三星 N7508v	手机	1698.00	8％	6	10
7	1309456	ThinkPad E450C	笔记本电脑	3998.00	6％	5	7
8	1548446	OPPO R7	手机	2499.00	6％	8	12
9	1261903	惠普 g14-a003TX	笔记本电脑	2999.00	6％	9	15
10	1125065	英特尔酷睿 i5-5430	CPU	1339.00	8％	10	17
11	1256865	中兴 V5 Max	手机	708.00	6％	11	18
12	1119116	尼康 COOLPIX S9600	数码相机	1099.00	6％	12	20
13	1468155	长虹 50N1	电视机	2799.00	6％	13	25
14	1466274	华硕 FX50JX	笔记本电脑	4799.00	6％	14	30

参 考 文 献

[1] 谭恒松.C♯程序设计与开发[M].北京：清华大学出版社,2014.

[2] 邵顺增,李琳.C♯程序设计[M].北京：清华大学出版社,2013.

[3] 宋先斌.C♯应用开发[M].北京：清华大学出版社,2011.

[4] 李继武,彭德林.C♯语言程序设计[M].北京：中国水利水电出版社,2010.